Non est ad astra mollis e terris via
(non è semplice la via dalla terra per le stelle)
Seneca, *Hercules Furens*

*A Daniela e Claudia, per avere reso più bella la
mia via per le stelle*

Marcello Spagnulo

con la collaborazione di
Mauro Balduccini e Federico Nasini

Elementi di management dei programmi spaziali

 Springer

Marcello Spagnulo

ISBN 978-88-470-2308-6   ISBN 978-88-470-2309-3 (eBook)
DOI 10.1007/978-88-470-2309-3

Springer Milan Dordrecht Heidelberg London New York

© Springer-Verlag Italia 2012

Questo libro è stampato su carta FSC amica delle foreste. Il logo FSC identifica prodotti che contengono carta proveniente da foreste gestite secondo i rigorosi
standard ambientali, economici e sociali definiti dal Forest Stewardship Council

Copertina: Simona Colombo, Milano
Impaginazione: CompoMat S.r.l., Configni (RI)
Stampa: GECA Industrie Grafiche, Cesano Boscone (MI)

Springer-Verlag Italia S.r.l., Via Decembrio 28, I-20137 Milano
Springer fa parte di Springer Science + Business Media (www.springer.com)

Prefazione

Enrico Saggese

Che cos'è un grande progetto, un grande programma?

La realizzazione di un gasdotto internazionale, lo sviluppo ed il lancio commerciale di un nuovo velivolo da trasporto passeggeri, la realizzazione del tunnel sotto il Canale della Manica tra Francia ed Inghilterra, il progetto e la realizzazione di una centrale elettrica nucleare, la costruzione sulla terra degli elementi costitutivi della Stazione Spaziale Internazionale ed il loro invio ed assemblaggio nello spazio.

Sono tutti esempi di grandi programmi.

Tutte le realizzazioni sopra citate sono state rese possibili attraverso enormi investimenti in ricerca e sviluppo e significativi programmi industriali, che hanno caratteristiche ben precise: una elevata dimensione finanziaria , una elevata durata, un alto tasso di innovazione, una dimensione spesso internazionale, e quasi sempre un livello di rischio tecnologico significativo.

Per la sua intrinseca natura un programma spaziale si inserisce nel quadro delle attività scientifiche ed industriali le cui caratteristiche sono state sopra definite.

I programmi spaziali richiedono quindi investimenti molto elevati, e sono i Governi, per il tramite delle agenzie spaziali, a finanziarne la realizzazione. Solo in un secondo tempo quando l'applicazione derivante da un programma spaziale diviene pervasiva e fruibile ad un vasto mercato, allora enti privati commerciali cominciano ad investire nei sistemi spaziali.

Questa caratteristica del settore, oltre a costituire una barriera contro la concorrenza, richiede però che l'investitore pubblico sia pienamente consapevole della strategia scientifica ed industriale del proprio paese, ponendosi come sintesi delle istanze scientifiche, industriali e politiche della nazione.

Ciò è oltremodo importante poi nelle sedi di cooperazione internazionale, dove l'interesse nazionale deve coesistere con i compromessi derivanti dalle negoziazioni politiche che tentano di prevalere su quelle tecnologiche o scientifiche.

Il processo decisionale di un programma spaziale è quindi un percorso complesso e variegato, nel quale l'agenzia spaziale nazionale svolge un ruolo fondamentale per la tutela e la valorizzazione sia degli investimenti pregressi che di quelli futuri della nazione.

Una volta deciso ed avviato un programma spaziale, ecco che la problematica fondamentale risiede nella corretta gestione, nel management che può riassumersi in due fattori chiave: controllo dei tempi e controllo dei costi.

L'essenza del management è dunque nella capacità di pianificare, di controllare e di intervenire nella realizzazione del progetto per mantenere tempi e costi stabiliti all'avvio del programma.

Questa capacità ha una valenza duplice: si esplicita dal punto di vista industriale come la capacità di gestire la produzione in maniera corretta (cioè nei tempi e nei costi stabiliti nel contratto), e dal punto di vista dell'agenzia come la capacità di saper investire con una pianificazione corretta.

Se il primo aspetto risulta di facile intuizione (management industriale), il secondo non è a prima vista di immediata comprensione ma ha un impatto enorme sulla gestione dei programmi.

Si tratta della capacità di un'agenzia di pianificare ed investire in tempi e modalità corrette, cioè coerenti con le strategie nazionali ed internazionali, e non creare ritardi od anticipi nelle attività scientifiche od industriali, tali da indurre disequilibri nella spesa pubblica.

Tali disequilibri generano residui attivi (o passivi) di spesa che influenzano il governo di un'agenzia chiamata ad investire in programmi di lungo periodo ed ad elevato tasso strategico.

Ecco che il management dei programmi spaziali non si esaurisce solo nel corretto tecnicismo gestionale, ma spazia nell'alveo della cosiddetta "governance" del settore spaziale, in quella sfera cioè di pianificazione e conduzione strategica degli investimenti pubblici.

Da queste sintetiche considerazioni ne discende che il settore spaziale è di per sé peculiare ed il management dei programmi è una pratica molto complessa, i cui processi decisionali e gestionali hanno poi avuto il pregio nel passato di costituire un modello di riferimento per altri settori industriali proprio a causa della loro unicità tecnologica e realizzativa.

Gli elementi trattati in questo libro intendono avvicinare il lettore alle specificità di questo settore, illustrando come la concezione, la gestione, il finanziamento e la messa in essere di un programma spaziale, così come la storia pregressa che ne ha influenzato la concezione stessa, siano tra le più complesse attività umane.

Tutte attività per le quali l'esistenza di risorse umane, donne e uomini, altamente qualificate e specializzate è un prerequisito fondamentale ed indissolubile.

Enrico Saggese
Presidente dell'Agenzia Spaziale Italiana ASI

Prefazione

Roberto Vittori

Dal 16 maggio al 1 giugno 2011 ho avuto il privilegio di tornare per la terza volta, dopo la missione "Marco Polo" nel 2002 e la missione "Eneide" nel 2005, sulla Stazione Spaziale Internazionale ISS. Questa volta, non con le astronavi russe Soyuz, ma a bordo dello Space Shuttle Endevour decollato dall'assolato ed afoso poligono di Cape Canaveral in Florida.

Sedici incredibili giorni a bordo dell'Endeavour e della ISS per vivere sensazioni ed esperienze conosciute anni prima ma sempre nuove, affascinanti ed avvolgenti. Sedici giorni di lavoro che sono stati il risultato di anni ed anni di lavoro, di addestramento, di prove, in altre parole di programmazione e pianificazione.

Ecco che leggere e scrivere una prefazione per un libro che parla di programmi spaziali, dopo averli vissuti di persona, lascia una strana sensazione.

Dopo aver vissuto per anni un training particolare, fatto di intense attività metodicamente programmate, ed aver vissuto dei giorni a bordo della ISS, conduce ora, leggendo retroscena e metodologie, ad incuriosirsi, ad interessarsi ed a riflettere.

Lo spazio, come settore, è in continua evoluzione ed è sempre più un ambiente di lavoro accessibile a tutti, diviene quindi una opportunità di crescita e di sviluppo, ma resta costante l'assoluto rigore metodologico e gestionale che sottende ogni attività ad esso legata.

Nel vivere giorni incredibili di intensa attività all'interno della Stazione Spaziale in orbita alla velocità di 28000 Km/h intorno al nostro pianeta, non si ha la sensazione immediata di cosa ci sia dietro quei momenti; ma basta riflettere un momento per rendersi conto di quanto tutto ciò che pochi hanno il privilegio di vivere sia la conseguenza del lavoro di migliaia di donne e di uomini che per anni hanno progettato, realizzato e gestito un insieme di programmi e di progetti per costruire una grande casa nello spazio.

La disciplina del management dei programmi spaziali, soprattutto quelli nei quali è presente il fattore umano, è quindi talmente complessa e variegata da sfuggire nella sua totale interezza anche all'astronauta che vive nello spazio, a colui cioè che incarna l'essenza stessa del motivo per cui donne ed uomini progettano navi spaziali o stazioni orbitanti.

Ecco che poter leggere un testo che entra nel merito di alcuni dei meccanismi vitali del trinomio "sviluppo tecnologico- management-finanziamento", aiuta a comprendere meglio come funziona questo mondo affascinante e complesso, dove poche centinaia di oggetti spaziali in orbita intorno alla terra ci aiutano ogni giorno sulla terra a comprendere il clima, ci aiutano a comunicare, ci aiutano a localizzarci, e ci aiutano a vivere nello spazio per esplorare, per sperimentare nuovi modi di spingere la vita umana oltre le frontiere della terra stessa.

Oggi abbiamo "esperienza" di come si vive nello spazio, grazie a logiche progettuali e gestionali assolutamente sconosciute sino a poche decine di anni fa, e pertanto il principio induttivo diviene fondamentale per poter estrarre regole generali dai casi singoli di esperienze pregresse, per poter rendere sistematici e codificare processi e comportamenti, così da creare standard di riferimento per nuovi ed innovativi programmi che spingano l'uomo sempre più lontano nell'universo.

In questo senso è doveroso un grazie all'autore di questo libro. Un mio amico personale a cui non si può non riconoscere la tensione per la chiarezza, per il rigore analitico, per la capacità di analisi e di sintesi, ma soprattutto per la passione che si evince dallo sforzo narrativo.

Una passione che è per tutti noi e per le future generazioni di scienziati, di ingegneri, di astronauti e di esseri umani in generale, il seme della curiosità e della conoscenza.

Roberto Vittori
Pilota dell'Aeronautica Militare Italiana,
Astronauta dell'Agenzia Spaziale Europea

Prefazione

Paolo Gaudenzi

Le attività spaziali costituiscono uno dei campi dell'attività umana dove gli ambiziosi traguardi raggiunti – la messa in orbita del primo satellite, il volo spaziale umano, i programmi applicativi per le telecomunicazioni ed il telerilevamento, la conquista della luna, la costruzione della grande stazione spaziale orbitante - si sono dovuti confrontare con la maturità delle tecnologie, le sfide dell'innovazione e della ricerca, le risorse disponibili, le competenze organizzative, la capacità di gestire i rischi ed i costi e di mantenere i tempi di realizzazione nei margini attesi.

Questa difficile sintesi tra l'ambizione e la realizzazione, tra la visione e la reale operatività caratterizza tutte le più grandi imprese, in tutti i settori dell'agire umano, e, a prescindere dalle motivazioni di natura economico e sociale, militare, scientifica, umanitaria o culturale che le hanno mosse, i fattori che caratterizzano le grandi imprese e le rendono realizzabili sono elementi ricorrenti.

I programmi spaziali però incarnano la dimensione della grande impresa umana più di ogni altra e colpiscono ancora il nostro immaginario mentre dimostrano quotidianamente, basta osservare una immagine della grande stazione spaziale internazionale per averne immediata conferma, la fattibilità e la concretezza di un successo che sembra affermarsi ogni giorno.

Merito dell'autore di questo libro, l'Ing. Marcello Spagnulo, è di offrire al lettore in questo testo sui programmi spaziali una visione completa dei fattori che caratterizzano una impresa spaziale, una attività che, come tutte le grandi imprese, si caratterizza sempre come assai complessa, ricca di sfide e di rischi, con tempi e costi considerevoli e spesso fortemente incerti.

Il testo affronta, con una articolazione vasta e ricca di dettagli, le specificità del settore spaziale a partire da una visione di tali sviluppi nei diversi contesti geografici e con una estesa trattazione degli sviluppi storici e delle prospettive di mercato dello spazio. In questo modo l'autore definisce più o meno implicitamente le ragioni per le quali l'uomo ha deciso di proiettarsi nello spazio e ha definito gli obiettivi delle missioni spaziali che poi ha portato a termine.

Un capitolo è dedicato al management di programma, attività nella quale l'autore, per le diverse esperienze svolte nella sua ricca e diversificata carriera, ha potuto acquisire competenze dirette. La descrizione del management proposta nel testo arricchisce dunque una trattazione sistematica dell'argomento con la visione dell'esperienza. Il management di programma è il primo dei grandi fattori che sono necessari per lo sviluppo di ogni grande impresa e, nello specifico, di programmi spaziali. Il testo ne esamina gli aspetti fondamentali, dedicando però ampi spazi a specifiche aree quali quelli del management della configurazione (così importante anche nel vicino campo dell'aeronautica) e del management dei ritardi, argomento di forte interesse e di estrema attualità per tutti i programmi industriali di una certa complessità.

Le missioni spaziali sono attività caratterizzate da elevati livelli di rischio. A tali aspetti il testo dedica una attenzione specifica con particolare dettaglio per gli aspetti di "reliability e di security" tecnica e finanziaria e per il mercato dell'assicurazione dei programmi spaziali.

La gestione dei costi e degli aspetti finanziari chiudono il testo con due capitoli dedicati ad argomenti solitamente trascurati nei percorsi di formazione alle attività spaziali ma di importanza crescente nei futuri programmi spaziali. Il costo è un fattore sempre più critico nelle missioni e nello sviluppo, realizzazione ed gestione di sistemi spaziali. Questa criticità, legata a diversi fattori ma rilevante sia per le attività spaziali finanziate da enti governativi sia per le attività spaziali operanti sul mercato, ha di fatto trasformato il costo da un fattore di gestione di programma ad un fattore di progetto della missione. Gli aspetti finanziari sono poi quelli dove forse il futuro delle attività spaziali troverà, paradossalmente, il maggior grado di innovatività. Il futuro di molte imprese spaziali oggi in fase di sviluppo sarà legato alla capacità di realizzare forme di finanziamento che vedano partnership di tipo pubblico-privato impegnate nello sviluppo e nella realizzazione dei programmi.

Un testo articolato e completo dunque ma non per questo un testo di difficile lettura anche per coloro che non sono stati coinvolti con le attività spaziali nella formazione universitaria o nell'esperienza professionale.

È questa una caratteristica importante per un testo sui programmi spaziali. Infatti, per quanto importanti possano essere gli aspetti tecnologici e scientifici certamente determinanti per la realizzazione ed il successo di ogni impresa spaziale, lo spazio non è un mondo di soli ingegneri e scienziati. Le professionalità coinvolte in ogni programma spaziale abbracciano uno spettro molto vasto che va dall'economia al management, dagli aspetti legali a quelli finanziari, dagli aspetti politici a quelli militari e di sicurezza, dalle scienze della vita alla medicina.

Il testo di Marcello Spagnulo si offre a questo mondo di utenti che in alcuni casi si affaccia al mondo spaziale solo ad un certo punto della propria carriera e può utilizzare questo libro come strumento di ingresso nel mondo dei programmi spaziali e di approfondimento dei diversi aspetti trattati.

Per la sua articolazione e la sua complessità e completezza il testo si propone anche molto appropriatamente quale strumento di approfondimento delle tematiche trattate proprio a beneficio di quegli esperti tecnici - scienziati e ingegneri – che, coinvolti nello specifico problema, a volte possono perdere di vista la visione di insieme del programma con tutti gli elementi non strettamente tecnologici che la caratterizzano.

La partecipazione di Marcello Spagnulo alla comunità dei docenti del Master in Satelliti e piattaforme orbitanti della Università di Roma "La Sapienza", Università dove peraltro egli stesso si è laureato in Ingegneria Aeronautica, non è estranea al suo desiderio ed al suo sforzo di concepire e realizzare un testo così ricco e completo.

Nella mia esperienza di docente e nella definizione dello scopo e dei contenuti didattici del master in satelliti ho avuto la fortuna di incontrare molti professionisti che, come gli autori di questo libro, hanno voluto trasmettere la loro esperienza alle giovani generazioni e ad altri professionisti che desideravano aggiornare le loro competenze professionali e penetrare nel mondo delle attività spaziali.

Come è noto la "Sapienza" è stata la culla delle attività spaziali italiane e forse per questo motivo nella nostra tradizione culturale è sempre stata presente una dimensione operativa ed applicativa accanto alla dimensione della formazione accademica e della ricerca di base.

Tale tradizione ci consente oggi di sviluppare programmi di ricerca e sviluppo nei diversi ambiti dello spazio in una forte sinergia con il mondo delle agenzie spaziali, delle aziende e degli enti istituzionali coinvolti a vario titolo nello spazio. Percorsi di alta formazione nel settore dei sistemi e delle missioni spaziali vedono la comunità accademica in stretto contatto con le diverse organizzazioni che sviluppano ed operano i programmi spaziali.

Per tali percorsi il testo di Marcello Spagnulo costituirà negli anni a venire uno strumento prezioso offerto per il progresso culturale e professionale di chi vorrà impegnarsi nelle imprese spaziali del prossimo futuro.

Paolo Gaudenzi
Professore ordinario di "Costruzioni e Strutture Aerospaziali",
Università di Roma "La Sapienza"

Premessa

La foto di copertina di questo libro non è stata scelta a caso. L'immagine, scattata il 21 luglio 1969 dall'oblò del modulo di comando "Columbia" dell'Apollo 11, ci mostra il modulo lunare "Eagle" che risale dalla superficie della luna dopo essersi posato sulla stessa solo ventiquattro ore prima.

A bordo del modulo lunare i primi due esseri umani mai sbarcati su un corpo celeste diverso dalla terra.

La missione Apollo 11, della quale la foto di copertina rappresenta a mio avviso l'immagine più eclatante raffigurando una piccola macchina costruita dall'uomo che viaggia nel vuoto siderale tra la luna e la terra, segnò un apice, un culmine certamente ancora oggi mai più raggiunto dalla comunità scientifica e industriale impegnata nell'affascinante e difficile mestiere di inviare esseri umani o sonde intorno alla terra o nello spazio profondo.

Ma tutto il programma Apollo segnò uno spartiacque. Non solo per il suo successo tecnologico, politico, scientifico, ma anche per il suo valore di riferimento concettuale e progettuale.

Per far funzionare perfettamente a 380.000 km di distanza dalla terra, il milione di pezzi che costituivano l'astronave Apollo, l'ente spaziale americano NASA, insieme alle industrie e alle università coinvolte nel programma lunare, concepì regole e procedure che hanno segnato le modalità di progetto e di gestione di tutti i programmi spaziali seguenti.

Ecco perché un libro che prova a illustrare alcuni principi generali di management dei programmi spaziali, non può non dare il giusto credito a una tale impresa umana che ha lasciato il segno ancora oggi nelle attività che vedono donne e uomini in Europa, oltre che in USA, Russia Giappone, India, Cina, Canada, e altri paesi ancora cimentarsi nel progetto e nella costruzione di satelliti e di navi spaziali.

Ma c'è anche un altro motivo, più personale, nella scelta della foto di copertina.

Per ogni Ingegnere che, come me, ha studiato le basi dell'astrodinamica per apprendere come affrontare affascinanti sfide intellettuali e tecnologiche del nostro mestiere, uno dei testi di base è stato il libro "Fundamental of Astrodynamics" scritto nel 1971 da tre Professori, Roger Bate, Donald Mueller e Jerry White, che lavoravano nel Dipartimento di Astronautica dell'Accademia della US Air Force.

Questo libro aveva la stessa foto di copertina.

La mia copia mi fu donata nel 1981 da un Ingegnere del Goddard Space Center della NASA, che non smetterò mai di ringraziare per avermi aiutato a capire un po' meglio il nostro mondo.

Ringraziamenti

L'autore ringrazia i co-autori, Ing. Mauro Balduccini e Dott. Federico Nasini, che hanno curato la stesura rispettivamente dei Capitoli 6 e 7.

L'autore ringrazia il Dott. Rick Fleeter, fondatore e Presidente della AeroAstro Inc., per i consigli preziosi e il supporto nella realizzazione editoriale dell'opera.

Un ringraziamento speciale all'Ing. Armando Tempesta della Thales Alenia Space Italia SpA per il suo supporto nell'armonizzazione del testo.

Un ringraziamento all'Ing. Arnaldo Auletta e alla Dott.ssa Francesca Romana Marazzi di Finmeccanica SpA per aver fornito dati, figure e grafici preziosi all'elaborazione del testo, così come all'Ing. Mario Canale della Thales Alenia Space Italia SpA per il suo supporto nelle elaborazioni grafiche.

Roma, 25 gennaio 2011   *Marcello Spagnulo*

Indice

Specificità del settore spaziale

1

Nel XX secolo le frontiere dell'aria e dello spazio sono state superate dall'uomo sulle ali meccaniche del progresso tecnologico e industriale, ma mentre lo spazio relativamente vicino alla superficie terrestre, entro i 12000 metri di altezza da terra, è divenuto un luogo pullulante di traffico e di vita per via della diffusione del trasporto aeronautico, lo spazio più esterno, oltre i 100 Km, è stato attraversato solo da poche centinaia di uomini e donne nell'arco degli ultimi cinquant'anni.

Le ali meccaniche sulle quali questi uomini e donne hanno volato fuori dell'atmosfera terrestre si chiamano lanciatori spaziali, e sono dei missili sofisticati a bordo dei quali sono stati collocate capsule e abitacoli per riparare l'essere umano dalle mortali condizioni extra atmosferiche.

La storia della missilistica coincide negli ultimi cinquant'anni del XX secolo quindi con la storia dello sviluppo delle attività nello spazio dell'uomo, cioè l'astronautica.

A causa delle letali condizioni dello spazio fuori dell'atmosfera terrestre, l'uomo ha progettato e realizzato l'invio nello spazio di robot, cioè delle sonde o dei satelliti con equipaggiamenti elettronici in grado di ricevere e trasmettere dati, fare fotografic volando intorno alla terra, o sbarcando ad esempio su Marte o viaggiando nello spazio più profondo.

Robot però, non esseri umani.

In realtà quindi non si potrebbe parlare "compiutamente" di conquista dello spazio, un termine a nostro avviso impropriamente spesso utilizzato per enfatizzare le pur significative realizzazioni dell'uomo, intrise di implicito fascino dovuto alla complessità e all'ignoto sovrastante.

In realtà le implicazioni strategiche e militari delle attività umane nello spazio, sia con astronauti che con l'invio di satelliti o sonde, sono state sin da subito comprese e utilizzate dalle Istituzioni militari dei Paesi più potenti della terra, e in particolare dei due che sono risultati i vincitori della seconda guerra mondiale, gli USA e la ex-Unione Sovietica, l'URSS.

Leggere la storia della missilistica spaziale e dell'astronautica significa per i primi anni ripercorrere le vicende scientifiche e industriali di questi due paesi.

Spagnulo M.: Elementi di management dei programmi spaziali
DOI 10.1007/978-88-470-2309-3_1, © Springer-Verlag Italia 2012

Ma dagli anni '70 altri paesi, tra cui l'Europa, hanno intrapreso via via con maggior solidità ed efficienza alle attività spaziali, e l'evoluzione del settore è in costante cambiamento poiché continenti emergenti, Cina e india in primis, hanno ormai sviluppato capacità industriali in alcuni casi superiori a quelle europee.

A oggi si è quindi sviluppata una vera e propria "Governance" dello spazio, cioè un insieme di organizzazioni e regole che sono state messe in essere nelle nazioni industrializzate per sviluppare e gestire le attività spaziali.

Beninteso ogni nazione ha sviluppato, e sviluppa secondo le evoluzioni storiche e politiche, una propria "Governance" dello Spazio, e le sfide del prossimo futuro su scala globale passano quindi anche attraverso strumenti sempre più globali, seppure critici e difficili da realizzare, per far evolvere la "Governance" di questo settore.

1.1
Cenni storici dello sviluppo delle attività spaziali nel mondo

I primi programmi spaziali vennero avviati dalla fine della seconda guerra mondiale nel campo della missilistica, e furono condotti dalle due potenze vincitrici Stati Uniti e Russia, le quali si appropriarono degli scienziati tedeschi e delle loro conoscenze tecnologiche.

I tedeschi avevano infatti avviato durante la guerra importanti sviluppi tecnologici nel campo della missilistica arrivando a realizzare dei missili, le V-2, in grado di raggiungere gli 80 Km di altezza a una velocità di oltre 5000 Km/h, in pratica i primi missili costruiti dall'uomo capaci di raggiungere lo spazio extra atmosferico.

I russi avviarono la loro avventura spaziale con scopi e programmi militari e lavorarono senza far trapelare lo stato di avanzamento dei loro sviluppi.

Gli Stati Uniti ebbero inizialmente programmi ridotti e resi piuttosto discordi tra loro a causa delle rivalità fra i vari rami delle forze armate che sin dall'inizio avevano intuito le potenzialità dell'uso dello spazio.

Ma i loro lavori che ebbero all'inizio un aspetto pubblico apparentemente scientifico si svolsero comunque più apertamente, sicché fu maggiormente possibile seguirne i progressi.

Gli scopi pubblici iniziali dei programmi spaziali furono legati alla scienza della terra e cioè all'esplorazione dell'alta atmosfera.

In previsione dell'"Anno Geofisico Internazionale", nel 1957, gli USA annunciarono il progetto "Vanguard" per lanciare nello spazio, mediante missili, piccole capsule contenenti speciali apparati elettronici per misure di fenomeni fisici nell'alta atmosfera.

La missione prevedeva di far restare le capsule in orbita intorno alla terra, facendone dei piccoli satelliti come la Luna, ma artificiali.

I russi annunciarono la stessa cosa e, con grande meraviglia del mondo, precedettero gli Stati Uniti riuscendo, il 4 ottobre 1957, a mettere in orbita il primo satellite artificiale, lo Sputnik 1 con un razzo R-7 Semiorka lanciato dalla base spaziale di Baikonour nel Kazahstan.

Solo il 31 Gennaio 1958, dopo un drammatico fallimento del lanciatore Vanguard, gli americani riuscirono nel primo lancio del missile Jupiter progettato dal tedesco Werner Von Braun, che era stato a capo del programma V-2 durante la guerra.

Cominciò così tra le due potenze mondiali una sequenza di lanci di satelliti sempre più complessi tecnicamente.

Il superamento dell'orbita terrestre fu ancora merito russo: il 2 gennaio 1959 il Lunik 1 sfiorò la Luna, poi il 12 Settembre 1959 il Lunik 2 cadde direttamente sulla superficie lunare; infine il 4 ottobre sempre del 1959 il Lunik 3 percorse un'orbita che passava attorno alla Luna e ne fotografò la superfici nascosta, rimasta sino ad allora sconosciuta all'uomo.

I lanci dei satelliti divennero numerosissimi, fra i tanti può ricordarsi il Pioner V lanciato in orbita solare, e lo Sputnik V che portò in orbita due cani, recuperati vivi al suolo; fino al Venusik che passò a 100.000 Km da Venere.

Poi fu la volta dell'uomo nello spazio e il 12 Aprile 1961 il cosmonauta russo Yuri Gagarin compì il primo volo nello spazio con la capsula Vostok I, posta sulla cima del lanciatore Semiorka costruito dal padre dell'astronautica russa Serghej Korolev.

L'impresa di Gagarin fu breve ma intensa, dopo un'orbita di 108 minuti attorno alla Terra, rientrò illeso.

Il 6 Agosto, German Titov, sulla Vostok II, compì 17 orbite in circa 25 ore.

Fig. 1.1 Il decollo da Baikonour di Yuri Gagarin il 12 aprile 1961 (fonte: RIA Novosti)

Il successo spaziale russo portò a un cambiamento radicale di mentalità e attitudine negli USA, sia perché emerse una questione di orgoglio nazionale sia perché divenne impellente recuperare il campo perduto da un punto di vista militare, oltre che scientifico.

La corsa frenetica a mettere a punto lanciatori si fece intensa, e quando anche il missile Redstone e le capsule abitate Mercury furono pronte, gli USA inviarono nello spazio i loro primi uomini, i "magnifici sette", come furono definiti gli astronauti selezionati tra le fila dei piloti e dei collaudatori dei ranghi militari.

Il 5 maggio 1961 Alan Shepard compì un volo sub-orbitale poi seguirono John Glenn il 20 Febbraio 1962 col primo vero volo orbitale, seguito poi da Scott Carpenter il 24 Maggio dello stesso anno, e via via tutti gli altri.

Ma ancora i russi, nell'agosto del 1962, effettuarono una "premiere" spaziale lanciando una grossa capsula con a bordo l'astronauta Nikolaiev e dopo due ore una seconda con l'astronauta Popovic. Per tre giorni le due capsule viaggiarono a una distanza minima di 5 Km e in collegamento radio. Gli stessi astronauti ritornarono sulla terra sani e salvi dopo aver passato nello spazio oltre quattro giorni.

Il Presidente degli USA John Kennedy, in un famoso discorso del 1961, annunciò che gli americani avrebbero avviato un programma spaziale per far arrivare un uomo sulla luna entro la fine degli anni '60 e farlo rientrare sano e salvo sulla terra.

L'enorme sforzo tecnologico e industriale americano si concentrò da quel momento sull'obiettivo della missione lunare.

La decisione americana di puntare tutti gli sforzi sul programma spaziale lunare fu presa quando gli Stati Uniti erano sotto shock per la supremazia spaziale sovietica, e affrontavano gravi crisi militari come quella di Cuba e del Vietnam.

Gli americani intendevano così recuperare, di fronte all'opinione pubblica, il prestigio di prima potenza mondiale in assoluto e così puntarono sul programma lunare "Apollo" sia per riposizionarsi politicamente e strategicamente nel confronto con i russi, sia per alimentare con un nuovo sogno americano lo spirito nazionalistico dei propri cittadini.

Fig. 1.2 La terra fotografata per la prima volta dalla luna dagli astronauti dell'Apollo 8 nei giorni di Natale del 1968 (fonte: NASA)

Nel 1964 la capsula russa Voskhod I, guidata dal colonnello Vladimir Komarov e con K. Feoktistov e il medico Boris Yegorov fu lanciata con successo.

Alla Voskhod I seguì la Voskhod II, lanciata il 18 Marzo 1965 e il 24 dello stesso mese gli americani lanciarono la loro prima navicella biposto guidata, la Gemini, con a bordo Virgil Grissom e John Young, con l'obiettivo di spianare la strada all'esplorazione della Luna.

Era stato necessario sviluppare un lanciatore, il Titan II, molto più potente del Redstone per consentire agli USA di far volare le capsule Gemini.

Seguirono, da parte americana, altri nove voli del programma Gemini per acquisire migliori conoscenze sulle manovre di "rendez-vous" da compiere nello spazio in missioni molto più impegnative come quelle delle future astronavi Apollo.

La serie di voli del programma Gemini ebbe fine nel Novembre 1966, mentre Von Braun e la sua equipe del centro della NASA ad Huntsville in Alabama ultimava la realizzazione del gigantesco lanciatore Saturno con l'obiettivo di raggiungere la luna con le capsule Apollo.

L'opinione pubblica mondiale veniva informata, spesso in modo spettacolare, solamente delle attività spaziali civili e in particolare delle sonde inviate sulla Luna, Marte e Venere, sia da parte russa che da quella americana.

Poi il programma spaziale Apollo entrò nel vivo dei suoi successi e tra la fine del '68 e la metà del '69, con i voli dall'Apollo 7 all'Apollo 10, vennero compiuti con pieno successo i collaudi più significativi per preparare lo sbarco sulla Luna che avvenne il 21 Luglio 1969 con la missione Apollo 11.

Tutto il mondo seguì con apprensione le fasi dell'allunaggio in diretta televisiva, quando l'astronauta Neil Armstrong poggiò cautamente un piede sulla polvere lunare pronunciando la frase: "È un piccolo passo per un uomo, ma un balzo gigantesco per l'umanità".

Armstrong era accompagnato da Edwin Aldrin, che scese con lui sulla luna a bordo del veicolo LEM, mentre Michael Collins rimase sulla capsula Apollo in orbita lunare.

Le spedizioni sulla luna si susseguirono con ritmo veloce di circa due all'anno, finché per ragioni di bilancio e progressivo disinteresse del pubblico per tali missioni la NASA decise di arrestare le missioni Apollo nel 1972.

In totale furono effettuate dagli americani 9 missioni verso la luna con ventiquattro astronauti, i soli ad avere lasciato l'orbita terrestre sino a oggi. Di questi ventiquattro solo dodici scesero sulla luna, e tutti e ventiquattro tornarono sulla terra sani e salvi.

Molta emozione destò la missione Apollo 13 che rischiò di tramutarsi in tragedia quando a metà tra la terra e la luna un'esplosione sull'astronave troncò drasticamente l'ossigeno e l'energia disponibile. Il modulo di discesa lunare LEM fu usato come scialuppa di salvataggio e il suo motore fu fatto funzionare per riportare sulla terra l'equipaggio sfibrato da un'odissea che superò in realtà tutti i film di fantascienza sino ad allora realizzati.

Gli anni '70 videro in seguito russi e americani cooperare in attività spaziali a bordo delle rispettive stazioni orbitanti intorno alla terra, la Mir e lo Skylab, ma i programmi spaziali più interessanti non erano più quelli con astronauti bensì quelli

Fig. 1.3 Due momenti della missione Apollo 11: il decollo del 16 luglio 1969 e lo sbarco sulla Luna del 20 luglio (fonte: NASA)

delle sonde interplanetarie che svelavano i segreti di Giove, di Saturno e dei pianeti più remoti.

Nel contempo l'industria spaziale cominciò a sviluppare su base sempre più ricorrente i satelliti per le applicazioni militari e civili di comunicazione, soprattutto per telefonia e televisione, e osservazione della terra, per la meteorologia e il monitoraggio, e quindi prese forma la configurazione delle industrie mondiali, in USA in Unione Sovietica e in Europa, in grado di costruire satelliti via via più grandi ed efficienti.

Nel 1960 la Bell Telephone Laboratories americana annunciò di aver effettuato la prima telefonata attraverso un satellite costruito dall'uomo.

Il satellite si chiamava "Echo" e non era altro che una gigantesca sfera di 30 metri di diametro fatta di plastica ricoperta di alluminio, in orbita a circa 1600 chilometri di quota. Il 12 agosto del 1960, un segnale inviato da Goldstone, in California, dopo aver rimbalzato sulla superficie di Echo, era stato ricevuto dai Bell Laboratories a Holmdel nel New Jersey, sulla costa opposta degli Stati Uniti. Il segnale, trasmesso nella banda delle microonde, era un messaggio preregistrato del Presidente Eisenhower.

Era la prima dimostrazione della possibilità di comunicazioni radio su scala mondiale.

Ma le orbite come quella del satellite Echo non erano idonee a comunicazioni permanenti, così si fece strada l'idea apparsa nel 1945 in un articolo sulla rivista scientifica "Wireless World"in cui l'autore, l'inglese Arthur C. Clarke, dimostrò, senza minimamente pensare alle implicazioni rivoluzionarie delle sue tesi, che un satellite posto in orbita circolare equatoriale a un'altezza di 35.786 Km dalla terra compie una rivoluzione completa ogni 24 ore, e che quindi un osservatore sulla superficie terrestre potrebbe vedere un satellite geostazionario sempre nella medesima posizione nel cielo.

Clarke provò anche che erano sufficienti pochi satelliti in orbita geostazionaria per poter offrire servizi di comunicazione in tutto il mondo.

Dalla pubblicazione di questo articolo, passarono poi venti anni prima che il primo satellite geostazionario per telecomunicazioni (servizi di telefonia), Early Bird, venisse lanciato per conto di Intelsat, la *International Telecommunications Satellite Organisation*, nell'aprile del 1965.

Da quella data a oggi sono stati messi in orbita centinaia di satelliti geostazionari che coprono tutti i continenti del mondo.

In Europa fu l'Agenzia Spaziale Europea ESA, creata nel 1975, a sviluppare i satelliti di telecomunicazione OTS che furono forniti alla Organizzazione Eutelsat basata a Parigi e che di fatto era una Intelsat su scala europea, e i satelliti MeteoSat per l'osservazione meteorologica. Anche questi ultimi furono poi dati a una apposita organizzazione europea, EumetSat, per la gestione della flotta di satelliti e dei relativi servizi.

Da questa crescente capacità industriale nacque poi anche un settore commerciale, che utilizzando gli spin-off degli utilizzi militari e scientifici, introdusse nel mercato iniziative private di business legate essenzialmente alla telefonia e alla televisione. Questo mercato contribuì a far crescere anche un altro mercato, quello dei servizi di lancio, cioè della vendita di servizi di trasporto spaziale per satelliti.

Tornando al decennio 1971-1981 gli americani, dopo il programma spaziale Apollo, avviarono e realizzarono il programma Space Shuttle, che rivoluzionò il concetto di trasporto spaziale, puntando a far volare una astronave a forma di aereo quasi interamente riutilizzabile.

Nel 1981 lo Shuttle iniziò con successo i suoi voli, mentre i russi abbandonarono progressivamente i loro sviluppi di navette spaziali a causa delle ristrettezze economiche dovute al crescente declino socio-economico del regime comunista sovietico.

Alla fine degli anni '80 gli USA apparivano i vincitori della corsa allo spazio, potendo dotarsi di una flotta di Space Shuttle che decollavano e atterravano da Cape Kennedy, mentre la Russia utilizzava sempre i suoi lanciatori derivati dal primo missile Semiorka.

Altre nazioni, tra cui quelle europee, si affacciavano sempre meno timidamente all'attività di lancio spaziale.

Mai i disastri degli Space Shuttle, del Challenger nel 1986 e del Columbia nel 2003, ebbero un impatto drammatico sulle attività spaziali americane e internazionali, poiché dai voli dello Shuttle dipendeva la costruzione ancora in corso della Stazione Spaziale Internazionale ISS progettata dalla NASA in cooperazione con le agenzie europea, giapponese, russa e canadese.

La ISS ideata negli anni '80 cominciò a essere assemblata in orbita nel 1998, e i primi astronauti vi entrarono il 2 novembre del 2000. La ISS, oggi completata e abitata in permanenza da sei astronauti, orbita a 360 Km d'altezza ed è raggiunta oltre che dagli Space Shuttle anche dalle capsule russe Soyuz lanciate da Baikonour.

L'incidente del Columbia nel 2003 ha però minato la fiducia negli Space Shuttle il cui uso terminerà nel 2011 con la missione STS-135. Così per andare nello spazio

Fig. 1.4 8 luglio 2011, lo Space Shuttle Atlantis decolla per l'ultima missione della navetta spaziale dopo trenta anni (fonte: NASA)

non ci saranno alternative alle capsule russe Soyuz, in attesa di nuove astronavi americane che sono però ancora nel pieno di una difficile definizione progettuale.

Al momento quindi la stazione spaziale internazionale ISS rappresenta l'unica grande infrastruttura spaziale frutto di una grande cooperazione internazionale.

Anche le attività spaziali per la ricerca scientifica hanno rappresentato un settore di grande cooperazione internazionale. Inizialmente negli anni '60 e '70 le missioni scientifiche di sonde automatiche erano esclusivo appannaggio della Russia e degli Stati Uniti, ma dagli anni '80 anche Europa, Giappone, India e Cina hanno sviluppato missioni scientifiche di grande interesse e risultati.

I pianeti del sistema solare sono stati visitati molte sonde quali i Voyager e la sonda Cassini-Huygens frutto di una importante cooperazione tra USA ed Europa; tre rover americani hanno viaggiato a lungo sulla superficie del pianeta Marte; l'ESA ha inviato una sonda nel nucleo della cometa di Halley, ha realizzato una capsula che è atterrata su Titano, una luna di Saturno, e nel 2009 ha messo in orbita due satelliti, Herschel e Planck, che stanno producendo una immensa mole di dati sull'universo profondo e sconosciuto.

Il telescopio spaziale "Hubble", messo in orbita e riparato più volte nello spazio dagli equipaggi dello Space Shuttle, fornisce ormai da quasi vent'anni immagini stupefacenti della Via Lattea e dell'universo profondo.

Grazie ai satelliti e alle sonde spaziali le immagini dei pianeti, delle galassie, e delle meraviglie del cosmo sono divenute ormai familiari in tutti i libri scolastici e le riviste di divulgazione popolare.

1.2
Cenni storici dello sviluppo delle attività spaziali in Europa

Nella metà degli anni '60 Unione Sovietica e USA avevano già inviato satelliti e uomini nello spazio ed erano in competizione per la conquista della luna.

I paesi europei si convinsero che era necessario quindi sviluppare un proprio programma spaziale, anche per consolidare la nuova e fragile entità politica europea che si era data il mandato alla fine della seconda guerra mondiale di integrare le proprie capacità industriali e tecnologiche.

Ed era altrettanto chiaro che nessun programma spaziale poteva essere concepito in assenza di un sistema di lancio affidabile e di una base spaziale attrezzata.

In realtà in Europa le due potenze vincitrici della seconda guerra mondiale, la Francia e l'Inghilterra, avevano già dagli anni '50 iniziato sviluppi nazionali di tecnologie spaziali nei lanciatori, ma con un approccio radicalmente diverso.

Gli inglesi si erano sin da subito appoggiati alle tecnologie statunitensi per sviluppare dei missili balistici, i Bluestreak, in grado di trasportare bombe atomiche e nel contempo di poter essere trasformati in lanciatori spaziali. Gli inglesi utilizzavano la basi di Woomera in Australia per le operazioni e agli inizi degli anni '60 avevano sviluppato un programma avanzato nella gestione delle operazioni di lancio.

L'Inghilterra fu difatti la quarta nazione al mondo a mettere in orbita un satellite, dopo Russia, USA e Italia.

L'Italia nel 1964 aveva realizzato un vero gioiello tecnologico costruendo e lanciando un satellite, il San Marco dalla base americana di Wallops Island, e adattando poi nel 1967 una piattaforma petrolifera in Kenia a base di lancio. Aveva avviato lo sviluppo di tecnologie per la realizzazione dei satelliti, ma non aveva sviluppato tecnologie nel settore dei lanciatori poiché era stato ritenuto più economico e affidabile acquistare direttamente dei veicoli americani invece che investire nella loro realizzazione ex-novo.

Dopo qualche anno verso la fine degli anni '60 anche gli inglesi decisero come gli italiani e ritennero politicamente più economico affidarsi per i lanci dei satelliti inglesi a lanciatori statunitensi, invece che continuare a investire ingenti finanziamenti su questa tecnologia.

I francesi invece decisero sin da subito di puntare su uno sviluppo in proprio di tecnologie dei lanciatori, anzi fecero della missilistica uno dei cardini della politica della "Force de Frappe" fortemente voluta dal Generale De Gaulle, Presidente della Repubblica Francese.

La "Force de Frappe" era la capacità autonoma della Francia di difendere il proprio territorio e attaccare all'esterno con capacità nucleare. Per fare ciò la nazione doveva dotarsi di aerei, navi, sottomarini e missili.

Da quest'ultimi il passo verso i lanciatori spaziali fu breve.

Il Presidente De Gaulle, a cui non sfuggì la forte valenza militare dello spazio, nel 1961 creò il Centro Nazionale di Studi Spaziali, CNES, che ancora oggi è l'agenzia nazionale francese per le attività spaziali, alla cui testa chiamò un generale dell'Aviazione.

Il CNES si focalizzò sullo studio e la realizzazione di satelliti e nello sviluppo dei lanciatori "Diamant".

Il "Diamant" era un lanciatore a tre stadi che effettuò con successo 10 lanci su 12 dal 1965 al 1975 e consentì alla Francia di mettere in orbita 11 satelliti.

La Francia diventò la quinta nazione a lanciare un satellite nello spazio, ma fu la sola dopo Russia e USA ad averlo fatto con tecnologie sviluppate in proprio e non acquisite, anche parzialmente, oltre oceano.

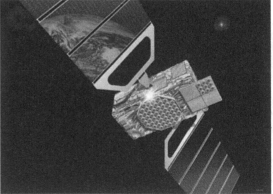

Fig. 1.5 Passato e futuro dell'Agenzia Spaziale Europea: da sinistra a destra il decollo nel 1979 del primo lanciatore Ariane, il satellite Olympus di telecomunicazioni e, a destra, il futuro satellite Galileo (fonte: ESA)

Nel momento in cui in Francia venne creato il CNES, gli organismi comunitari europei intrapresero la messa in atto di una ricerca comune nei programmi spaziali, così nel giro di due anni un ristretto numero di paesi europei dettero vita a due agenzie spaziali, l'ESRO, *European Space Research Organisation*, e l'ELDO *European Launcher Development Organisation*.

ESRO doveva promuovere lo studio dello spazio realizzando satelliti, mentre ELDO, creata nel marzo 1962, doveva occuparsi di sviluppare un autonomo sistema di lancio.

Il punto di svolta si ebbe nel 1975, con la creazione dell'*Agenzia Spaziale Europea* ESA nella quale confluirono le due organizzazioni ELDO ed ESRO.

Una migliore organizzazione e un omogeneo utilizzo delle risorse portarono anche ai primi risultati incoraggianti sia nei lanciatori che nei satelliti.

Si svilupparono così i programmi Ariane per il veicolo di lancio, MeteoSat per la meteorologia, OTS per le telecomunicazioni, oltre a un certo numero di sonde scientifiche.

In pratica si gettarono le basi per le attività spaziali dei nostri giorni.

1.3
Cenni storici dello sviluppo delle attività spaziali in Italia

Se l'avvio delle ricerche spaziali in Italia fu dovuto alla personalità dell'illustre fisico nucleare Edoardo Amaldi, è incontestabile che quelle ricerche ebbero un altro protagonista d'eccezione in Luigi Broglio, nella sua duplice veste di accademico dell'Università di Roma e alto ufficiale dell'Aeronautica Militare.

Questa duplice rete di rapporti rese possibili sinergie fra il mondo della ricerca universitaria e gli ambienti militari, dando luogo al progetto San Marco, il principale programma di ricerca spaziale nazionale negli anni '60, che condusse l'Italia a essere il terzo paese nel 1964, dopo l'Unione Sovietica e Stati Uniti, a mettere in orbita il proprio satellite con un proprio di team di lancio:

Questo miracolo italiano fu completato nel 1967 dall'acquisizione di una capacità di lancio e dall'allestimento di una base spaziale equatoriale al largo delle coste del Kenia.

Il successivo declino del poligono e del progetto San Marco fu però innescato anche da avvenimenti internazionali, quali il fallimento dell'organizzazione Europea ELDO alla fine degli anni '60, all'interno della quale l'Italia era incaricata di sviluppare un satellite di prova.

Al momento della chiusura dell'organizzazione per non perdere del tutto il lavoro svolto dalle proprie industrie, l'Italia decise di intraprendere un nuovo progetto nazionale, il progetto Sirio, un satellite sperimentale di comunicazioni ad altissime frequenze.

Anche in questo caso, nonostante l'allungamento dei tempi previsti, a causa delle sfavorevoli congiunture economiche degli anni '70, si assistette a un secondo "miracolo italiano", che portò il nostro Paese a precedere di alcuni mesi un progetto europeo parzialmente concorrente, mettendo in orbita il Sirio con pieno successo.

Il progetto Sirio permise all'industria nazionale di acquisire capacità e conoscenze sia per la competenza nell'assemblaggio di strutture spaziali sia per la competenza scientifica e applicativa.

Ma al di là dei successi tecnologici di quegli anni, l'industria italiana si trovò a svolgere un faticoso apprendistato, fronteggiando numerose difficoltà.

La limitatezza dei progetti spaziali, sia civili che militari, italiani, era dovuta soprattutto all'instabilità politica, che scoraggiava i governi dall'intraprendere iniziative di lungo periodo. L'ampliamento delle attività spaziali, che comprendevano missili, satelliti, stazioni di terra, richiedeva elevati e costosi programmi di ricerca e sviluppo non sostenibili con le finanze nazionali. Inoltre la radicata tradizione di effettuare produzioni su licenza, basate su accordi tra le industrie americane e i militari statunitensi, cominciava a entrare in contrasto con l'opzione europea, che era più orientata allo sviluppo di capacità tecnologiche proprie.

Comunque alla fine degli anni '70, il governo approvò il primo Piano Spaziale Nazionale, PSN, ma occorse ancora un decennio per istituire un organismo unico, l'Agenzia Spaziale Italiana ASI, in grado di superare le duplicazioni e le interferenze dei vari enti pubblici preposti sino a quel momento alla conduzione della attività spaziali.

Le difficoltà economiche e politiche della ricerca spaziale italiana, ben illustrate dal declino del progetto San Marco e dalle tensioni che circondavano il programma Sirio, caratterizzarono gli anni settanta.

Così la partecipazione italiana ai programmi internazionali dell'ESA fu un contraltare positivo alle debolezze della situazione interna.

Il progetto internazionale di maggior rilevanza fu, per l'Italia, la collaborazione tra ESA e NASA per la realizzazione dello Spacelab, un modulo pressurizzato abitabile per esperimenti scientifici, che volava nella stiva dello Space Shuttle.

Il programma durò dal 1974 al 1983, e l'Italia fu il maggior paese contribuente dopo la Germania.

Spacelab costituì un punto di svolta per l'industria italiana. La selezione da parte dell'ESA con gare internazionali costrinse l'industria aerospaziale europea a formare due consorzi: il primo consorzio, ERNO, aveva come capofila un gruppo tedesco e vedeva la partecipazione della italiana Aeritalia per realizzare il modulo pressurizzato e il suo controllo termico; il secondo, MBB, anch'esso a guida tedesca, comprendeva l'italiana Selenia Spazio.

L'assegnazione della commessa al primo consorzio portò alla fusione fra Aeritalia e Selenia dando origine alla Alenia Spazio, che nel corso del 2005 confluì nella Space Alliance con i francesi, prima di Alcatel, e poi nel 2007 di Thales.

Oggi la Thales Alenia Space Italia SpA è l'industria figlia di quegli anni '70.

Negli anni '80 poi vi fu in Italia un consenso politico generale sulla necessità di sviluppare dei programmi spaziali con risorse certe, e il 25 ottobre 1979 fu approvato il Piano Spaziale Nazionale a Medio Termine (PSN-M) per il periodo 1979-1983 da parte del Comitato Interministeriale per la programmazione Economica, CIPE.

Il PSN stanziava 200 miliardi di lire per le attività spaziali, di cui 98 miliardi per il primo triennio.

Il piano segnò l'avvio di tre nuovi programmi.

Il primo prevedeva la realizzazione da parte dell'industria nazionale di uno stadio propulsivo, chiamato Iris, che poteva mettere in orbita satelliti fino a 900 kg di peso direttamente dalla stiva dello Shuttle.

Il secondo programma, a carattere scientifico, era in collaborazione con la NASA per realizzare il "Tethered Satellite System", TSS, un satellite "trascinato" dallo

Shuttle per effettuare ricerche sulla ionosfera a diverse quote e la produzione di energia elettrica. L'esperimento fu effettuato due volte, nel 1992 e nel 1996 sempre da astronauti italiani a bordo dello Shuttle, con un parziale ma soddisfacente successo.

Il terzo programma, approvato dal CIPE fu Italsat, un sistema di sue satelliti per telecomunicazioni nazionali ad alte frequenze, erede del Sirio.

Il primo satellite Italsat F1 fu messo in orbita nel 1991 da un missile Ariane 4 e fu realizzato al 60% dall'industria italiana, al 28% da società europee su commessa italiana, e solo il 12% della struttura fu costituito da tecnologie americane disponibili sul mercato. Italsat F2 fu lanciato sempre da un Ariane 4 nell'agosto 1996.

Dopo una revisione degli stanziamenti pubblici effettuato nel 1984, l'allora Ministro dell'Università e della Ricerca, Luigi Granelli, ottenne nel 1985 l'approvazione del Consiglio dei Ministri per il disegno di legge che istituiva l'Agenzia Spaziale Italiana ASI.

Nel 1986 si ebbe una completa revisione del piano di sviluppo con la conferma dei finanziamenti e la cessazione del Piano Spaziale Nazionale del CNR, ma solo il 30 maggio 1988, con l'entrata in vigore della legge n. 186, l'Agenzia Spaziale Italiana ASI veniva effettivamente costituita e poteva iniziare la sua attività.

Iniziava così una nuova fase della politica spaziale italiana, caratterizzata da una più efficace configurazione istituzionale per un settore che aveva raggiunto nel frattempo una dimensione scientifica e industriale estremamente importante.

Dai primi anni '90 l'industria nazionale specializzata nella propulsione spaziale, l'allora FIAT Avio, caldeggiò il progetto Vega, per costruire un piccolo lanciatore italiano equivalente al missile americano Scout lanciato anni prima dal poligono San Marco in Kenya. Agli inizi degli anni 2000 il Vega prese poi la configurazione attuale, e fu avviata la sua realizzazione sotto l'egida dell'ESA. Il primo lancio del Vega dovrebbe tenersi nel 2011.

Sempre negli anni '80 l'ASI siglò importanti accordi bilaterali e multilaterali per contribuire alla realizzazione della ISS attraverso la costruzione in Italia di vari moduli abitativi orbitali della Stazione Spaziale.

E nel 2003 l'ASI intraprese lo sviluppo del sistema Cosmo-Skymed, costituto da quattro sofisticati satelliti dotati di radar ad apertura sintetica in grado di fotografare la terra 24 ore su 24 e in ogni condizione meteo. Nel 2010 la costellazione dei primi 4 satelliti è stata completata dopo sette anni e 1200 milioni di euro di spesa, e oggi i satelliti Cosmo-Skymed fotografano la terra costantemente.

1.4

La "Governance" dello spazio nel mondo

Per termine "Governance" dello spazio si indica l'insieme decisionale politico, militare ed economico che nell'ambito di una nazione hanno modo di influenzare le attività di ricerca scientifica e di sviluppo industriale per le attività spaziali.

La "Governance" è quindi uno strumento di guida e gestione di attività spaziali, ed è chiaramente appannaggio delle sole nazioni al mondo che hanno sviluppato tali capacità, cioè USA, Russia, Europa, Cina, India, Giappone e in misura minore Israele e Brasile.

Lo spazio, inteso come ambiente eso-atmosferico vicino alla terra, é un elemento strategico, ma anche di interesse commerciale; nei paesi che hanno sviluppato delle capacità industriali di accesso e utilizzo dello spazio, la "Governance" è quindi uno strumento finalizzato a obiettivi politico-industriali interni ed esterni del paese.

Nello spazio i satelliti sorvolano il globo senza limitazioni di territorialità, quindi le attività spaziali possono essere un significativo strumento di valorizzazione della politica estera di un paese.

È evidente come l'aspetto strategico dello spazio sia intrinsecamente legato al concetto di sicurezza e difesa, poiché militarmente esso rappresenta il quarto livello, dopo quelli marittimo, terrestre e aereo, del campo di operazioni delle forze armate, e il suo utilizzo a tali fini appare sempre più spinto.

La "militarizzazione" dello spazio, cioè il dispiegamento in orbita di sistemi attivi di offesa, oggi non è ancora esistente, ma non bisogna trascurare i segnali di avanzamento tecnologico cinese, e ovviamente americano nel campo ad esempio dell'intercettazione e distruzione di satelliti in orbita.

In quest'ottica è chiaro che le attività spaziali di un paese per essere efficaci devono essere complete, in grado cioè di realizzare veicoli spaziali, quali satelliti o sonde, e veicoli di trasporto, quali i lanciatori, al fine di valorizzazione la nazione sul piano politico globale. Considerare i due veicoli come sistemi spaziali separati e non necessariamente sviluppabili entrambi all'interno di un paese o di un continente può essere un grave errore sul piano strategico e politico, oltre che su quello economico.

La "Governance" è quindi essenzialmente di natura politica interna ed estera, è gestita per poter generare ricadute economiche e industriali tali da giustificare gli elevati investimenti governativi necessari, e per garantire solo parzialmente una parte di autofinanziamento con attività commerciali.

I dati economici degli ultimi vent'anni hanno dimostrato che la parte commerciale del settore non è che una forma di finanziamento complementare che, peraltro solo per alcuni campi di applicazione, accompagna e integra quella governativa.

Pertanto una capacità industriale autonoma e indipendente, nei satelliti e nei lanciatori, é un elemento molto importante per un paese, od un continente, con ambizioni di affermazione politica e strategica sulla scena internazionale.

Per quantificare la "Governance" spaziale mondiale, cioè il confronto della capacità di spesa delle varie nazioni, si possono esaminare alcuni dati numerici significativi.

La Fig. 1.6 illustra ad esempio la percentuale di spesa, civile e militare, nel mondo per i singoli paesi con capacità spaziali. Si evince che gli USA spendono oltre il 70% di quanto si investe globalmente nel settore, ma occorre tenere presente che Russia, India e Cina possiedono un intrinseco "valore tecnologico" ben superiore alle cifre riportate che provengono da noti non sempre ufficiali.

Secondo stime della società Euroconsult nel 2010 la spesa "pubblica" mondiale è stata di c.a. 72 miliardi di $, di cui 12 miliardi di $ per i voli umani, 8,4 miliardi di

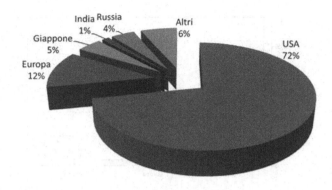

Fig. 1.6 Ripartizione geografica delle spese, civili e militare, del settore spaziale nel mondo (fonte: elaborazione Finmeccanica SpA)

$ per le telecomunicazioni, 8 miliardi di $ per l'osservazione della terra, 6 miliardi di $ per la scienza spaziale, 5 miliardi di $ per i lanciatori, 3 miliardi di $ per la radionavigazione e 2 miliardi per i sistemi di sicurezza nello spazio.

Sono dati impressionanti che però scontano l'opacità dei programmi militari in USA come negli altri paesi, i cui investimenti non sono espliciti.

La Fig. 1.7 mostra il confronta tra la progressione degli investimenti in USA e in Europa per le attività spaziali sia civili che militari, evidenziando il divario ben noto.

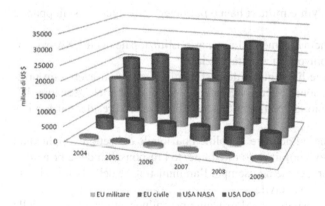

Fig. 1.7 Progressione delle spese, civili e militari, del settore spaziale in USA ed Europa (fonte: elaborazione Finmeccanica SpA)

Nella Fig. 1.8 è indicata, per i tre continenti industrializzati basati sull'economia i mercato, la percentuale della spesa per il settore spaziale sul Prodotto Interno Lordo. La gestione di questa capacità di spesa e di investimento si esplicita nelle nazioni del mondo attraverso una "Governance" del settore che viene di seguito esaminata brevemente per quanto riguarda quei paesi con tecnologie significative.

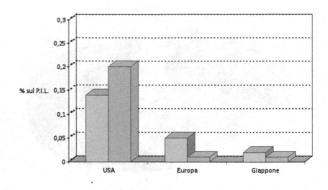

Fig. 1.8 Percentuale sul
Prodotto Interno Lordo
delle spese spaziali,
civili e militari, in USA,
Giappone ed Europa
(fonte: elaborazione
Finmeccanica SpA)

1.4.1
USA

Negli Stati Uniti il settore spaziale presenta uno scenario istituzionale molto articolato, ma l'indirizzo strategico è dato dal vertice politico, cioè dallo stesso Presidente degli USA.

Numerosi organismi civili e militari hanno poi delega e budget per sviluppare e operare sistemi spaziali.

La Fig. 1.9 illustra schematicamente lo scenario istituzionale degli USA evidenziando i principali enti coinvolti in attività spaziali.

Il Presidente esplicita le linee guida della strategia spaziale attraverso tre principali documenti, la "National Security Strategy", le "Presidential Decisions Directives", come ad esempio la "National Space Policy", e le "Presidential Review Directives".

Il Presidente può anche influenzare la politica nazionale del settore, applicando il proprio potere esecutivo e nominando direttamente i responsabili delle principali istituzioni attive nel settore, come ad esempio l'amministratore della NASA, l'ente spaziale americano a vocazione civile.

L'altro strumento a disposizione del Presidente per influenzare la direzione della politica spaziale nazionale è il bilancio annuale di spesa che viene preparato dall'Office of Management & Budget (OMB) con poteri di valutazione e controllo sull'operato della principali agenzie.

Il Presidente viene assistito direttamente da diversi organi consultivi, tra cui il "National Security Council" per tutte le questioni attinenti alla sicurezza del paese, il "National Science & Technology Council" e l'"Office of Science and Technology Policy" per migliorare il coordinamento degli sforzi a livello federale per la scienza e lo sviluppo tecnologico.

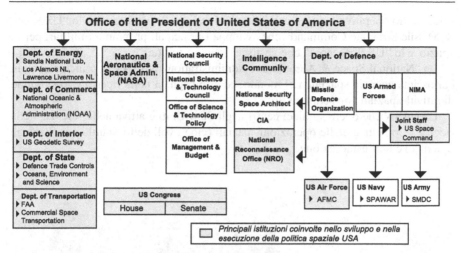

Fig. 1.9 Scenario Istituzionale USA relativo al settore Spazio (fonte: elaborazione Finmeccanica SpA)

Il governo federale degli Stati Uniti investe ogni anno nello settore spazio oltre 30 miliardi di $ in programmi civili conosciuti, ma la reale spesa militare, cresciuta costantemente negli anni, non è conosciuta.

La Fig. 1.10 illustra schematicamente una stima del livello delle risorse finanziarie conosciute impiegate dagli Stati Uniti nel periodo 2006-2009.

Le principali istituzioni militari e di intelligence che realizzano sistemi spaziali sulla base delle linee guida della politica spaziale militare impartite dal Presidente sono la CIA, il Dipartimento della Difesa DoD, e il National Reconnaissance Office NRO.

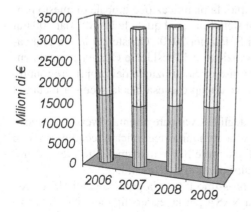

Fig. 1.10 Stima Budget Spazio USA (fonte: NASA, ESPI)

A livello operativo le principali istituzioni militari del settore sono lo "US Space & Missile Strategic Command" che sviluppa i principali programmi militari per lo spazio, e lo "US Spacecom" che gestisce i satelliti militari.

La "National Space & Aeronautics Administration" NASA è la principale, e più conosciuta agenzia spaziale del mondo, ed è impegnata nella ricerca e lo sviluppo di attività spaziali con scopi civili.

La NASA che opera su dieci centri negli Stati Uniti è attiva nella scienza, nella ricerca aeronautica, nelle operazioni spaziali (cioè i voli dello Shuttle e la Stazione Spaziale) e nell'esplorazione.

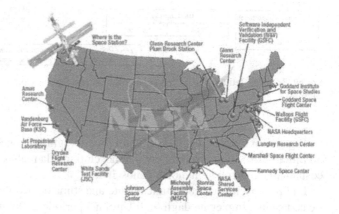

Fig. 1.11 Dislocazione dei principali centri della NASA (fonte: NASA)

La NASA, a quasi quaranta anni dalle missioni Apollo sulla luna, aveva avviato ne 2004 un ambizioso programma di esplorazione spaziale con l'obiettivo di far sbarcare un equipaggio su Marte entro il 2050.

La Fig. 1.12 illustra, a titolo di esempio, la pianificazione globale di questo progetto di esplorazione, denominato "Constellation", nel quale la NASA, dal 2004 al 2009, aveva investito c.a. 9 miliardi di $. Poi nel 2010 "Constellation" fu praticamente cancellato dalla attuale amministrazione del Presidente Obama e attualmente gli USA sono ancora in una difficile fase di ridefinizione dei propri programmi spaziali. La nuova Global Exploration Roadmap è attesa per la seconda metà del 2011.

Negli ultimi anni la politica spaziale degli USA appare orientarsi verso una nuova divisione strategica di responsabilità tra la comunità scientifica e tecnologica, con la NASA quale riferimento, e quella di carattere più marcatamente militare, con il DoD e le agenzie di intelligence quali altri punti di riferimento.

Si potrebbe quindi pensare che nel prossimo futuro la politica degli USA veda l'attribuzione di un ampio mandato alla NASA per la leadership mondiale nel campo dell'esplorazione scientifica e della ricerca e sviluppo, e un altrettanto ampio mandato al DoD e all'Intelligence per le applicazioni di sicurezza e difesa.

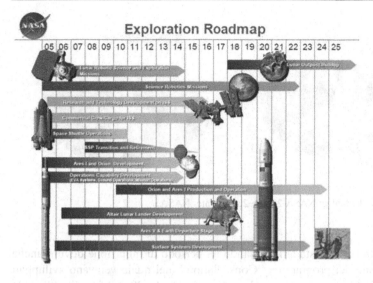

Fig. 1.12 Pianificazione NASA per il programma "Constellation" varato nel 2004 e cancellato poi nel 2010 (fonte: NASA)

L'accesso allo spazio, e in fondo anche dell'utilizzo dello spazio vicino alla terra, potrebbe essere compartecipato da aziende private co-finanziate dalla NASA che operano su base commerciale.

La situazione appare quanto mai incerta sia sul piano finanziario che su quello strategico. Si noti ad esempio nella Fig. 1.13 l'andamento del budget della NASA dal 2009 per gli anni a seguire elaborato sulla base delle richieste presidenziali, delle proiezioni del OMB e quelle pragmatiche della NASA stessa che operano sulla base di un budget che per legge non può ogni anno essere inferiore a quello dell'anno precedente.

Non è chiaro ufficialmente ancora quale scenario sarà il più probabile ma appare evidente che la differenza di vari miliardi di $ inciderà sulle strategie programmatiche della NASA.

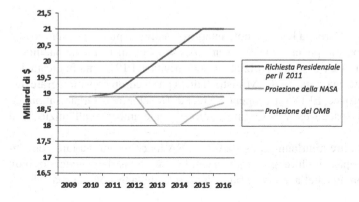

Fig. 1.13 Proiezioni del budget NASA dal 2009 al 2016 (fonte: NASA)

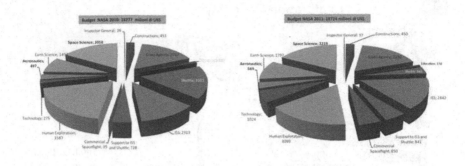

Fig. 1.14 Confronto del budget NASA 2010 e 2012 (fonte: NASA)

L'agenzia statunitense sta attraversando un periodo di mutazione dovuto anche alla cancellazione del programma "Constellation", nel quale venivano sviluppati nuovi lanciatori e nuove astronavi, e al pensionamento dal 2011 dei tre Shuttle della flotta.

La Fig. 1.14 permette di rilevare la variazione per programma dei finanziamenti governativi.

Come si può evincere il budget 2012 della NASA prevede di utilizzare gran parte dei 2,4 miliardi di $ non più spesi per i voli dello Shuttle, per incrementare la spesa nei voli commerciali, cioè nell'affidare a imprese private l'invio sulla ISS di materiali e uomini, per aumentare la ricerca e sviluppo nelle tecnologie e nell'utilizzo della Stazione Spaziale.

Ciò che ancora non è chiaro a oggi è la strategia di sviluppo dell'esplorazione spaziale umana per il prossimo decennio.

1.4.2

Europa: Agenzia Spaziale Europea ESA

L'Agenzia Spaziale Europea ESA è l'ente intergovernativo deputato per statuto allo sviluppo delle capacità spaziali del continente "per scopi esclusivamente pacifici".

L'Agenzia Spaziale Europea ha iniziato le sue attività nel 1975, ma fu creata due anni prima, durante una riunione dei Ministri di dieci paesi europei, per integrare due organizzazioni europee, ELDO (European Launcher Development Organisation) ed ESRO (European Space Research Organisation), fondate ambedue all"inizio degli anni '60.

Durante i suoi oltre trent'anni di esistenza, l'ESA ha contribuito a fare dell'Europa una potenza spaziale di rango, con una solida base industriale, godendo di un alto grado di autonomia nella maggior parte dei settori della tecnologia spaziale.

Gli stati membri dell'ESA sono oggi diciotto, ma nel futuro è probabile un allargamento a ventidue similmente a quanto avvenuto con l'Unione Europea. Gli stati membri sono: Austria, Belgio, Danimarca, Finlandia, Francia, Germania, Grecia, Irlanda, Italia, Lussemburgo, Norvegia, Paesi Bassi, Portogallo, Regno Unito, Spagna, Repubblica Ceca, Svezia e Svizzera. Inoltre, Canada e Ungheria partecipano ad alcuni progetti in base ad accordi di cooperazione. Nel 2011 la Romania ha firmato un accordo preliminare per diventare il diciannovesimo stato membro dell'ESA.

Come si può evincere dalla lista, non tutti i paesi membri dell'Unione Europea sono membri dell'ESA e non tutti gli stati membri dell'ESA fanno parte dell'Unione Europea.

Il compito dell'ESA è di definire dei programmi spaziali e di dar loro attuazione; per fare ciò l'ESA raccoglie, coordina e spende le risorse finanziarie versate dai suoi Stati Membri per il tramite delle agenzie spaziali nazionali.

In tal modo l'ESA è in grado di intraprendere programmi e attività molto spesso ben superiori a quelli possibili alle singole nazioni europee.

I progetti europei sono concepiti per studiare quanto più possibile la Terra e l'ambiente spaziale circostante, il sistema solare e l'Universo in generale; ma anche lo sviluppo di sistemi spaziali applicativi, di tecnologie e di servizi satellitari rappresenta un'importante settore di attività.

L'ESA è un'organizzazione interamente indipendente sebbene mantenga stretti legami con l'Unione Europea in base a un accordo quadro siglato tra la Commissione Europea e l'ESA stessa.

Le due organizzazioni condividono infatti una strategia spaziale congiunta,e stanno sviluppando una politica spaziale Europea secondo una visione comune.

L'ESA ha la propria sede centrale a Parigi, dove vengono decisi programmi e politiche, ma dispone d'importanti centri operativi anche in altri paesi europei.

- ESTEC, lo "European Space Research and Technology Centre", è il centro tecnologico con il maggior numero di addetti, e si trova a Noordwijk, nei Paesi Bassi.
- ESOC, lo "European Space Operations Centre" è il centro per il controllo orbitale dei satelliti e delle operazioni della ISS, e si trova a Darmstadt, in Germania.
- EAC, lo "European Astronauts Centre" è il centro di addestramento degli astronauti europei, e si trova a Colonia, in Germania.
- ESRIN, lo "European Space Research Institute", il centro responsabile del coordinamento dei programmi Vega e GMES, e si trova a Frascati in Italia. Il centro effettua inoltre la raccolta, l'archiviazione e la distribuzione di dati satellitari ai partner dell'ESA, e agisce come centro d'informazione tecnologica per l'intera agenzia.
- ESP, lo "European Space Port" situato all'interno del CSG, "Centre Spatial Guyanais" a Kourou nella Guyana Francese, è lo spazio-porto europeo da cui decollano i lanciatori dell'ESA. Il centro e le basi di lancio sono stati creati dal CNES, l'Agenzia spaziale francese, sin dagli anni '70, e in seguito si sono notevolmente ingranditi sotto l'egida dell'ESA. Il CSG è collocato in una posizione ideale sulla costa settentrionale del Sudamerica, che permette di svolgere lanci spaziali senza rischio sopra l'Oceano Atlantico.

• Stazioni di terra, a Salmijärvi in Svezia, Redu in Belgio, Villafranca Del Castil-
  lo in Spagna e Kourou, nella Guiana Francese. La stazione di Salmijärvi vicino
  Kiruna, ad alta latitudine, opera con i satelliti che osservano la Terra seguendo
  orbite polari, mentre quella di Redu opera soprattutto con i satelliti di telecomunicazioni che orbitano sopra l'equatore. A Villafranca si fanno attività relative ai
  satelliti astronomici e ai programmi scientifici. Il principale ruolo della stazione
  terrena di Kourou è di comunicare con i satelliti poco dopo il loro lancio. L'ESA
  usa anche una stazione d'inseguimento situata a Perth, in Australia, ed ha accesso
  ad altre stazioni in tutto il mondo, secondo le necessità delle missioni.

Inoltre, l'ESA ha uffici regionali in Belgio, negli Stati Uniti d'America e in Russia.

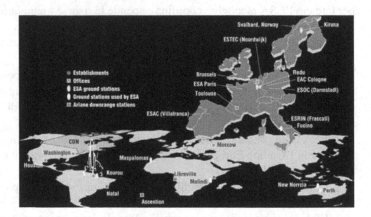

Fig. 1.15 Sedi
dell'ESA nel
mondo (fonte:
ESA)

Con oltre 2000 addetti, il budget dell'ESA nel 2010 è stato di circa 3744,7 milioni
di €, di cui però 754,8 milioni di € sono stati versati dall'Unione Europea e non
dagli Stati Membri dell'ESA; i vari capitoli di spesa sono illustrati nella Fig. 1.16.

Il budget dell'ESA è sostanzialmente stabile da diversi anni, e se confrontato con
l'analogo budget civile americano della NASA si osserva come l'Europa spenda un
sesto degli USA.

Nel corso del 2011 i diciotto Stati Membri hanno incrementato del 7% rispetto al
2010 il budget dell'agenzia, ma in gran parte questo incremento è stato generato da
Francia e Germania, oltre che da contributi esterni, quali quelli dell'Unione Europea
con 778 milioni di € e dell'EumetSat con 233 milioni di €.

La Fig. 1.17 illustra come è ripartito il budget dell'ESA nel 2011.

Le attività previste per statuto sono detti programmi "obbligatori" dell'ESA, e
riguardano la scienza spaziale e le attività generali di bilancio; questi programmi
sono finanziati con un contributo economico obbligatorio di tutti gli Stati Membri
calcolato in base al prodotto interno lordo di ciascun paese.

Poi l'ESA sviluppa un certo numero di programmi cosiddetti "opzionali", ai quali
ogni singolo paese è libero o meno di aderire decidendo il livello finanziario di
partecipazione e di sostegno.

Il rapporto tra le spese obbligatorie e quelle opzionali è illustrato nella Fig. 1.18
in funzione di ogni stato membro, relativamente al periodo 2008-2009.

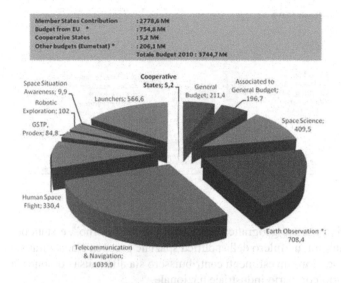

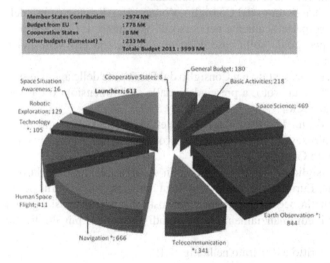

Fig. 1.16 Budget 2010 dell'ESA (fonte: ESA)

Fig. 1.17 Budget 2011 dell'ESA (fonte: ESA)

Come si può evincere Francia, Germania e Italia erano, e sono tuttora, nell'ordine i principali paesi che contribuiscono annualmente alla composizione del budget dell'ESA, infatti il livello delle risorse investito da questi tre paesi è c.a. il 60% del budget totale.

L'ESA opera sulla base di criteri di ripartizione geografica, ovvero reinveste in ciascun stato membro, mediante i contratti industriali per i programmi spaziali, un importo pressoché equivalente al finanziamento fornitogli da quel paese.

Circa il 12% del finanziamento di ogni programma viene però trattenuto dall'agenzia per coprire le proprie spese di funzionamento.

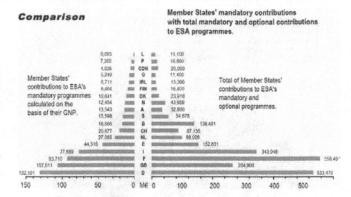

Fig. 1.18 Confronto delle spese obbligatorie e quelle opzionali nel periodo 2008-2009 (fonte: ESA)

Questa regola di ripartizione geografica, detta del "Giusto Ritorno", è stata per oltre trent'anni, ed è tuttora, un fulcro della politica spaziale europea e una garanzia per gli stati membri che i loro investimenti contribuissero sia alla causa comune sia allo sviluppo del proprio comparto industriale nazionale.

Il governo dell'ESA è assicurato dal Consiglio, l'organismo di autogoverno dell'agenzia, che si riunisce periodicamente nel corso di ogni anno. Il Consiglio definisce e approva le linee guida sulla base delle quali l'agenzia provvede poi a sviluppare i programmi.

Ogni stato membro, rappresentato nel Consiglio dal Presidente delle agenzie spaziali nazionali, ha diritto a un voto, a prescindere dalle sue dimensioni o dal suo effettivo contributo finanziario.

L'agenzia è diretta da un Direttore Generale, eletto dal Consiglio ogni quattro anni. Ciascun singolo settore di ricerca ha un proprio Direttorato che dipende direttamente dal Direttore Generale.

Ogni tre anni il Consiglio dell'ESA si riunisce in sessione plenaria con la partecipazione dei Ministri Europei che hanno la delega dai rispettivi Governi per le attività spaziali, e in quella occasione vengono proposti, discussi e decisi i grandi programmi pluriennali il cui finanziamento viene quindi garantito al più alto livello politico di ogni paese.

Lo schema sopra descritto è illustrato nella Fig. 1.19.

Fra le maggiori realizzazioni dell'ESA si annoverano:

- I lanciatori spaziali: la filiera dei veicoli di lancio Ariane sin dagli anni '70 ha costituito per l'Europa lo strumento strategico di accesso autonomo allo spazio. Ad Ariane si affiancheranno poi nel 2011 i lanciatori Vega, di concezione italiana, e Soyuz.
- Le tecnologie di piattaforma satellitare e di payload che, sviluppate negli anni '70 ed '80, sono alla base delle attuali generazioni di satelliti europei di telecomunicazioni.
- I satelliti di meteorologia e di osservazione della terra costruiti dall'ESA sono all'avanguardia nel mondo per quanto riguarda il controllo del buco di ozono, delle

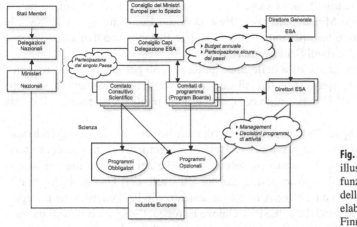

Fig. 1.19 Schema illustrativo del funzionamento dell'ESA (fonte: elaborazioni Finmeccanica SpA)

calotte glaciali, delle correnti e dei venti oceanici e di altri fattori che influiscono sulla salute del nostro pianeta.

- I satelliti scientifici, che hanno un ruolo di primo piano nello studio del sole e dei suoi effetti sulla terra; nello studio dei pianeti del sistema solare delle comete; nello studio dell'Universo.
- Il corpo astronauti dell'ESA, che hanno volato nello spazio partecipando a numerose missioni dello Space Shuttle e della Soyuz, con diversi soggiorni a bordo della stazione spaziale russa Mir e della Stazione Spaziale Internazionale ISS. Per il nuovo bando, varato nel 2008, per astronauti c.a. 9000 uomini e donne di tutta Europa hanno presentato domanda di adesione a testimonianza del fascino del settore spaziale.

1.4.3
Europa: Commissione Europea

Le attività spaziali in Europa negli ultimi dieci anni hanno visto anche un ruolo progressivo e significativo della Commissione Europea.

Nel 2000 il Consiglio dell'Unione Europea ha approvato la raccomandazione del Parlamento per la creazione di una "Politica Spaziale Europea", e in conseguenza nel 2003 la Commissione Europea ha pubblicato un "Libro Bianco" sullo spazio.

Queste tappe formali hanno costituito i primi processi decisionali per fare del settore spaziale in Europa una componente strategica del continente.

Dopo un lungo lavoro congiunto nel 2004 la Commissione Europea e l'ESA hanno adottato un "Accordo Quadro" che regola le relazioni tra l'ESA e l'Unione Europea e definisce gli ambiti della cooperazione tra le due entità.

Nel corso del quarto "Space Council", il 22 maggio 2007, i due organismi hanno approvato, a livello Ministeriale, una "Resolution on European Space Policy", la ESP, che ha posto le basi per una politica spaziale Europea condivisa dall'Unione Europea, dall'ESA e dagli Stati Membri.

In pratica l'Europa si è data delle linee guida formali per una politica strategica comune nel settore spaziale, e fare di questi sistemi delle infrastrutture strategiche, considerate dall'Unione come componenti della politica di sicurezza di difesa Europea.

La "European Space Policy", sottoscritta dai ministri europei con delega allo spazio, costituisce un ulteriore passo per una nuova "Governance" europea del settore, volta a un nuovo progetto istituzionale che dovrebbe nei prossimi anni vedere la politica strategica dello spazio gestita dai più alti livelli dell'Unione Europea e la politica operativa attuata dall'ESA in coordinamento con la Commissione Europea.

Attraverso l'adozione della "ESP" l'Unione Europea, l'ESA e i suoi stati membri si impegnano a migliorare e incrementare, ove possibile, il coordinamento nelle loro attività e nei loro programmi e a organizzarle secondo i ruoli rispettivamente attribuiti, evitando duplicazioni.

La "ESP" è elaborata congiuntamente a una versione preliminare del programma spaziale europeo, cioè di un documento strategico che fornisce una visione d'insieme delle attività attuali e future previste nei prossimi 5-10 anni, con un focus sulle attività previste fino al 2013 in linea con le prospettive finanziarie dell'Unione.

Al di là delle alchimie dialettiche il significato reale di quanto sopra è in qualche modo rivoluzionario rispetto al passato e al presente.

Di fatto allo stato attuale, nell'ambito della Commissione Europea, dal novembre 2004, la politica spaziale, e le conseguenti attività, non vengono più gestite dalla Direzione Generale della Ricerca ma dalla Direzione Generale Impresa e industria.

Questo avvalora l'importanza strategica attribuita allo spazio come strumento per lo sviluppo da un lato delle politiche europee di sicurezza e difesa, dall'altro per lo sviluppo di quelle ambientali, di trasporto, agricoltura e sviluppo rurale, pesca, ricerca e altre.

Appare evidente come il processo di architettura istituzionale di una nuova "Governance" europea del settore non può nel futuro prescindere da un ruolo sempre più significativo della Commissione Europea.

Attualmente le attività spaziali portate avanti nell'ambito dell'Unione Europea sono i programmi Galileo e GMES, e alcune attività di ricerca finanziate tramite i programmi quadro di ricerca e sviluppo tecnologico dell'Unione Europea.

I programmi quadro della Commissione sono strumenti di finanziamento pluriennali che riguardano disparati settori di attività dell'Unione. Il settimo programma quadro, relativo al periodo 2007-2013, dispone globalmente di 54 miliardi di € per investimenti, ma il budget previsto per il settore spazio è di circa 1,4 miliardi di €, di cui circa 1 miliardo di € come contributo diretto all'ESA per la realizzazione di sistemi spaziali di osservazione della terra (satelliti "Sentinella") e di radionavigazione satellitare (programma "Galileo").

Per "Galileo", il programma di radionavigazione satellitare, la Commissione Europea ha reperito nel 2008 per il periodo 2009-2013 fondi per addizionali 3,4 Miliardi di €, che metterà a disposizione dell'ESA per il completamento e il lancio del sistema satellitare.

Alla luce di quanto sopra è evidente che il progressivo ruolo della Commissione Europea non si limiterà solo a erogatore di fondi ma anche a gestore e coordinatore, e poiché la Commissione è un organismo dell'Unione Europea, il fatto di coordinare le attività spaziali, dichiarate strategiche dall'Unione stessa, può divenire un elemento dirompente per la politica spaziale.

Le attività dell'ESA principalmente rivolte alla scienza e comunque con scopi pacifici potrebbero venire "rivoluzionate" per rispondere alle accresciute esigenze dell'Unione in materia di sicurezza, di monitoraggio ambientale e di diffusione culturale.

Ma è soprattutto la regola del "Giusto Ritorno", che è stata per l'ESA un pilastro di gestione e uno strumento di "compensazione" delle disparate esigenze di ogni nazione, a rischiare di scomparire, dato che la Commissione adotta il criterio della competizione e del cosiddetto "best value for money".

1.4.4

Europa: Francia

La Francia è il paese europeo che sin dal secondo dopoguerra ha considerato le attività spaziali fondamentali per la sua strategia militare, politica ed economica.

Sin dagli anni '50 quindi il settore spaziale francese è organizzato attorno ai ministeri della difesa, della ricerca e delle istituzioni civili.

Lo schema di Fig. 1.20 illustra il funzionamento politico del processo decisionale francese della politica spaziale.

L'agenzia spaziale francese CNES, "Centre Nationale des Etudes Spatiales", è stata creata nel 1961 con la missione e lo scopo di coordinare e sviluppare la politica spaziale francese e di fornire impulso alle attività europee.

La Francia infatti è sempre stata una sostenitrice di una politica spaziale nazionale forte anche attraverso programmi e istituzioni spaziali europee, quali l'ESA, ed ha strutturato una "Governance" del settore che vede la politica strategica definita al più alto livello dello stato. Esiste infatti il cosiddetto "Conseil supreme de l'Espace" presieduto dal Presidente della Repubblica che, similmente a quanto avviene negli USA, emana le linee guida della politica spaziale francese.

La Fig. 1.21 illustra schematicamente il funzionamento decisionale e operativo governativo francese del settore centrato sul CNES.

L'agenzia spaziale francese è in grado di gestire complessi programmi grazie alle competenze dei suoi centri tecnici quali, il "Centre Spatial" a Tolosa, dove lavorano oltre mille persone, il "Centre Spatial des lanceurs" a Évry, che guida e sviluppa le attività di lancio di Ariane, e il "Centre Spatial Guyanais", CSG, nella Guyana francese dove sono impiegate altre quasi mille risorse e sono situate le installazioni per i lanci. I centro sono illustrati nella Fig. 1.22.

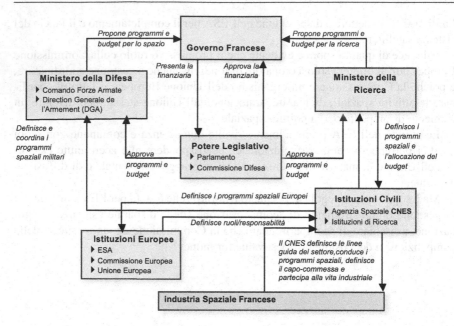

Fig. 1.20 Scenario Istituzionale Francese relativo al settore Spazio (fonte: elaborazioni Finmeccanica SpA)

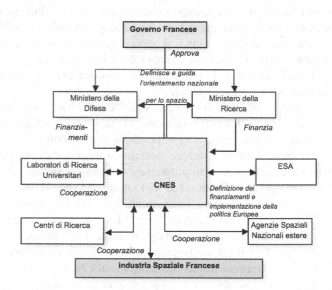

Fig. 1.21 Schema illustrativo di funzionamento del CNES (fonte: elaborazioni Finmeccanica SpA)

Fig. 1.22 Dislocazione dei centri del CNES (fonte: Cnes)

La Fig. 1.23 illustra schematicamente il livello delle risorse finanziarie impiegate dal CNES nel periodo 2006-2009 per le contribuzioni in ESA e per le spese in ambito nazionale. Attraverso una programmazione quadro con il proprio Ministero il CNES ha attuato una politica finanziaria di efficienza in grado di mantenere stabile il livello delle risorse, di cui 685 milioni di € annui per ESA, nel periodo.

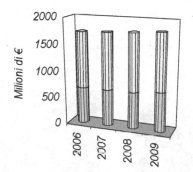

☐ *Contribuzioni ESA*   ☐ *Spese Nazionali*

Fig. 1.23 Risorse finanziarie del CNES nel periodo 2006-2009 (fonte: Cnes)

Le Figure 1.24 ed 1.25 illustrano invece la ripartizione della spesa francese nel settore, nel periodo 2009 e 2010. Risulta evidente come la contribuzione in ESA sia pressoché equivalente alla spesa sostenuta in programmi nazionali.

Il maggior capitolo di spesa è quello dei lanciatori Ariane, che costituiscono per la Francia la garanzia di accesso autonomo allo spazio; poi le attività scientifiche occupano un ruolo importante, ma è interessante notare che il CNES gestisce direttamente anche attività di tipo militare insieme alla DGA, "Direction General des Armaments".

Il CNES è poi molto attivo nelle cooperazioni internazionali in tutto il mondo per programmi bi-laterali applicativi e scientifici.

A partire dal 2011 il CNES prevede di aumentare la contribuzione in ESA del 12% rispetto al valore attuale e di incrementarla fino al 2015. L'aumento del budget

del CNES è frutto di un "contratto" pluriennale firmato dall'agenzia con il proprio
Ministero di riferimento tale da garantire continuità di risorse su un medio periodo.

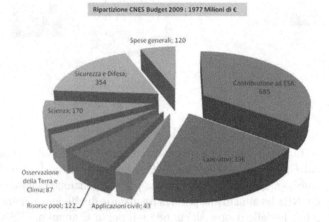

Fig. 1.24 Ripartizione
budget Spazio del CNES
2009 (fonte: Cnes)

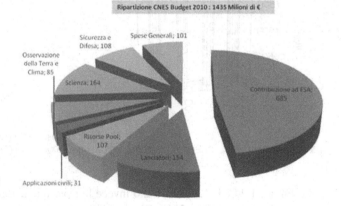

Fig. 1.25 Ripartizione
budget Spazio del CNES
2010 (fonte: Cnes)

1.4.5

Europa: Italia

Le attività spaziali e la politica nazionale sono definite dall'Agenzia Spaziale Italiana ASI, nata nel 1988, per dare un coordinamento unico agli sforzi e agli investimenti che l'Italia ha dedicato al settore sin dagli anni '60.

L'ASI è un ente pubblico nazionale, che dipende dal Ministero dell'Università e della Ricerca MIUR, e opera in collaborazione con diversi altri dicasteri, quali il Ministero della Difesa, il Ministero dell'Ambiente, il Ministero delle Attività Produttive e altri.

L'ASI elabora il Piano Spaziale Nazionale, PSN ora denominato Documento di Visione Strategica DVS, la cui supervisione, controllo e approvazione sono di responsabilità del MIUR.

Il MIUR provvede annualmente a dotare l'ASI, con un opportuno decreto di ripartizione, dei fondi di funzionamento sulla base di una richiesta di dotazioni economiche, presentata in sede di Legge Finanziaria da parte del MIUR stesso al Governo.

Il processo istituzionale di funzionamento è quindi schematicamente illustrato nella Fig. 1.26.

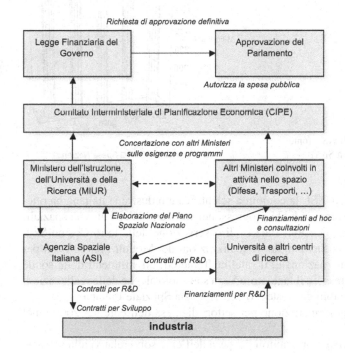

Fig. 1.26 Scenario Istituzionale Italiano relativo al settore Spazio (fonte: elaborazioni Finmeccanica SpA)

L'ASI è stata riformata con il Decreto Legislativo 128/2003 che ne ha stabilito la missione come di seguito riportato:

L'ASI è ente pubblico nazionale con il compito di promuovere, sviluppare e diffondere, attraverso attività di agenzia, la ricerca scientifica e tecnologica applicata al campo spaziale e aerospaziale, con esclusione della ricerca aeronautica, e lo sviluppo di servizi innovativi, perseguendo obiettivi di eccellenza, coordinando e gestendo i progetti nazionali e la partecipazione italiana a progetti europei e internazionali, nel quadro del coordinamento delle relazioni internazionali assicurato dal Ministero degli Affari Esteri, avendo attenzione al mantenimento della competitività del comparto industriale italiano.

Nell'ambito dei programmi internazionali dell'ESA, quindi il Presidente dell'ASI, su delega del MIUR e del Governo Italiano, partecipa ai Consigli dell'Agenzia Europea, e tramite i suoi delegati è presente ai vari comitati di programma, "Boards", e a specifici "Gruppi di Lavoro" per la definizione e gestione delle iniziative dell'ESA.

La Fig. 1.27 illustra schematicamente il livello totale delle risorse finanziarie impiegate da ASI nel periodo 2006-2010 per le contribuzioni in ESA e per le spese in ambito nazionale.

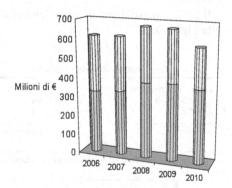

Fig. 1.27 Stima budget dell'ASI (fonte: elaborazioni Finmeccanica SpA)

□ Contribuzioni ESA □ Spese Nazionali

Grazie all'attività dell'ASI, la comunità scientifica e industriale italiana ha ottenuto negli ultimi tre decenni indubbi progressi nei vari campi delle attività spaziali.

I satelliti di telecomunicazioni ItalSat, di osservazione della terra Cosmo-Skymed, i satelliti scientifici Sax e agile, le realizzazioni dei Moduli Pressurizzati per la Stazione Spaziale Internazionale, il satellite Tethered, gli strumenti delle sonde "Cassini" o "Mars Express", e il lanciatore Vega sono solo alcune delle realizzazioni più importanti rese possibili dal sostegno dell'Agenzia Spaziale Italiana.

La Fig. 1.28 illustra la ripartizione per settori di spesa dell'ente nel 2009 e nel 2010.

Si può notare che i maggiori capitoli di spesa dell'ente sono relativi alla scienza, all'osservazione della terra e ai lanciatori. I dati tengono conto delle contribuzioni in ESA.

2009

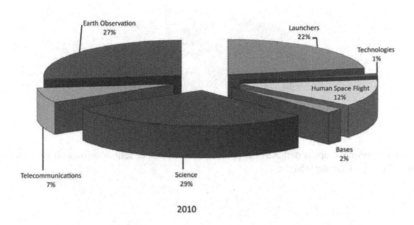

2010

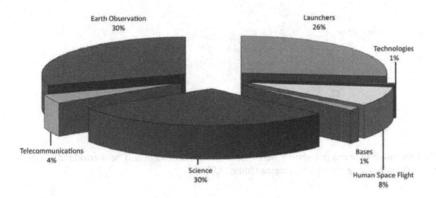

Fig. 1.28 Stima della ripartizione di spesa dell'ASI per settore (fonte: ASI, elaborazioni Finmeccanica SpA)

Nel 2010 è stato pubblicato il Documento di Visione Strategica DVS 2010-2020 che per la prima volta tende a delineare una strategia decennale per lo sviluppo delle attività spaziali in Italia. La Fig. 1.29, ripresa dal DVS, illustra la previsione di spesa nel decennio, un totale stimato in c.a. 7 miliardi di €, ripartita per i vari settori di attività, mentre le Figure 1.30 e 1.31 illustrano la ripartizione delle spese previste sia per i programmi nazionali sia per le contribuzioni ai programmi dell'ESA, esistenti e futuri.

In tutte le Figure precedenti non sono illustrate le spese relative al programma europeo di navigazione satellitare Galileo, per il quale l'ASI usufruisce di un finanziamento speciale derivato da una Legge del 2001. Nel periodo 2009-2010 l'ASI ha speso c.a. 70 milioni di € su questo specifico capitolo di spesa, che vede l'urgenza di un rifinanziamento della Legge speciale per il proseguo delle attività.

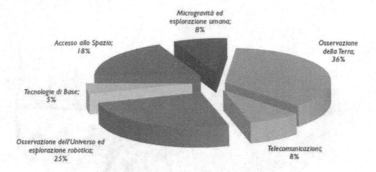

Fig. 1.29 Previsione di spesa dell'ASI nel periodo 2010-2020 per settore secondo il Documento di Visione Strategica (fonte: ASI)

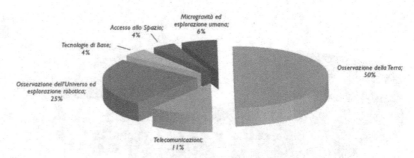

Fig. 1.30 Previsione di spesa per settore dell'ASI su programmi nazionali nel periodo 2010-2020 secondo il Documento di Visione Strategica (fonte: ASI)

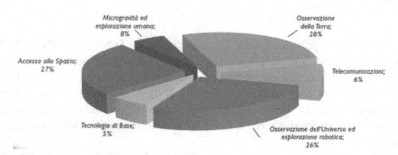

Fig. 1.31 Previsione di contribuzioni in ESA dell'ASI nel periodo 2010-2020 per settore secondo il Documento di Visione Strategica (fonte: ASI)

1.4.6

Europa: Germania

La Germania in Europa è il secondo paese contributore dell'ESA, nonostante in termini di Prodotto Interno Lordo sia il primo paese europeo e si ponga al quarto posto nel mondo, la sua contribuzione in ESA ammonta nel 2011 al 17,9% del budget totale, rispetto al 18,8% della Francia.

Nei prossimi anni il differenziale tra Germania e Francia è destinato a ridursi ulteriormente in quanto all'ultima conferenza Ministeriale dell'ESA a fine 2008 la Germania ha investito nei programmi dell'ESA 2,66 miliardi di € contro i 2,33 miliardi di € investiti dalla Francia.

L'agenzia di riferimento è la DLR, "German Aerospace Center", che in realtà racchiude in sé un insieme di istituti di ricerca, al cui interno solo la DLR Space Agency ha in carico le attività relative al settore spaziale in rappresentanza del Governo Federale tedesco.

La DLR possiede 33 centri di ricerca dedicati all'aeronautica e allo spazio, e conta in totale c.a. 6900 addetti.

Le attività spaziali nella Germania Federale sono soggette a finanziamenti anche diversi che provengono da Lander dove l'industria aerospaziale è presente, ma a livello del Governo centrale è il Ministero dell'Economia che determina le linee guida politiche ed economiche.

La Fig. 1.32 raffigura l'entità del budget 2009, mentre la Fig. 1.33 quella stimata del 2011.

La DLR riceve finanziamenti dal Ministero dell'Economia e della Tecnologia (nel 2011 questo ammonta a 985 milioni di €), e inoltre riceve, sempre nel 2011, 100 milioni di € dal Ministero dei Trasporti per il finanziamento al progetto di radionavigazione satellitare dell'ESA "Galileo".

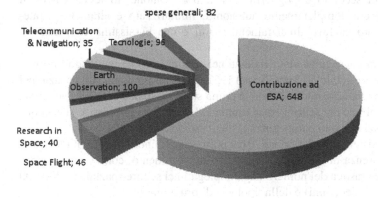

Fig. 1.32 Budget del DLR 2009 (fonte: DLR)

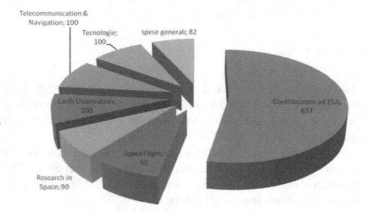

Fig. 1.33 Previsione del budget DLR nel 2011 (fonte: DLR, Air&Cosmos 2257 marzo 2011)

La Germania è inoltre la nazione che contribuisce in misura maggiore all'organizzazione Eumetsat che gestisce i satelliti meteorologi MeteoSat, con il 19,5% del budget totale (la Francia apporta il 14,9% e l'Italia il 12,2%).

Nel 2010 la DLR h pubblicato un piano strategico nel quale la componente relativa ai ritorni a terra, non solo industriali ma anche applicativi, delle attività spaziali assumono un significativo significato. La Germania cioè manifesta l'ambizione di rafforzare lo sviluppo di quei sistemi spaziali che possano assicurare ricadute economiche e benefici pratici per la società.

1.4.7

Russia

Nella Russia del secondo dopoguerra, cioè nell'ex Unione Sovietica URSS, il settore spaziale era completamente autonomo, militarizzato e altamente strategico, caratterizzato da forti finanziamenti statali e una bassissima cooperazione internazionale.

L'URSS aveva conseguito molti risultati nel settore spaziale mettendo in orbita il primo satellite artificiale, lo Sputnik, nel 1957, poi il primo uomo sullo spazio nel 1961, e ancora aveva costruito in orbita la prima stazione spaziale, la Mir, nel 1986.

L'indirizzo politico del settore era accentrato al vertice del governo, e la gestione delle attività spaziali erano competenza degli organi militari.

Il crollo del sistema Sovietico nel 1990 portò un declino delle attività spaziali, che scontò la carenza di un quadro legislativo di riferimento, con la conseguenza di una riduzione drastica del numero degli impiegati nel settore spaziale (−200.000 addetti in meno di dieci anni) e della tipologia di programmi.

Dal 2000 però il governo russo considerò di nuovo il settore spaziale coma una delle principali priorità Istituzionali, ed elaborò un primo programma spaziale federale 2001-2005 per la cui attuazione fu creata l'agenzia spaziale russa Roscomos RKA.

Parimenti fu incrementato il livello di collaborazioni internazionali industriali e governative con USA, Europa, India.

Oggi gli organi più influenti nella definizione della politica spaziale russa sono RKA Roscomos e il Ministero della Difesa.

Gli obiettivi principali della RKA sono:

- definire il programma spaziale federale in concerto con il Ministero della Difesa, l'Accademia delle Scienze Russa e altri Ministeri;
- definire e implementare la politica nazionale in materia di ricerca spaziale e utilizzo dello spazio per scopi pacifici;
- regolamentare e coordinare le attività spaziali con quelle dell'industria del settore spaziale;
- stabilire cooperazioni internazionali;
- definire e finanziare i programmi di ricerca e sviluppo spaziali;
- sviluppare soluzioni spaziali per il benessere economico e sociale della Russia;
- sviluppare e guidare organizzazioni del settore spaziale russo;
- definire il budget destinato al settore spaziale di concerto con il Ministero della Difesa.

Gli obiettivi principali del Ministero della Difesa sono:

- partecipare alla definizione del programma spaziale nazionale;
- definire i requisiti per le tecnologie spaziali militari e i sistemi duali;
- gestire il procurement militare;
- definire il budget per il settore spaziale militare;
- assicurare le infrastrutture terrestri di supporto;
- gestire le infrastrutture di lancio e il funzionamento delle navi spaziali;
- definire il piano di lanci spaziali nazionali;
- partecipare all'implementazione di programmi spaziali a uso civile.

Nel programma spaziale Federale 2006-2015 è indicata la cifra di 8,9 miliardi di € per le spese delle attività civili, cui si aggiungono c.a. 5,3 miliardi di € di investimenti privati non meglio specificati. Le spese militari non sono esplicitate.

Un altro dato ufficiale fu dato dal Primo Ministro russo Vladimir Putin che il 12 gennaio 2011 nel corso di una conferenza stampa ha indicato in 115 miliardi di rubli (al cambio c.a. 2,93 miliardi di €) il budget spaziale federale per il 2011, ribadendo che le priorità russe erano di completare il "Glonass", un sistema satellitare analogo al GPS americano, e di migliorare i sistemi di lancio e le relative basi.

Nel corso dell'aprile 2011 però in concomitanza con i festeggiamenti per il 50° anniversario del primo volo di Yuri Gagarin del 12 aprile 1961, la RKA ha esplicitato elementi economici e programmatici.

Il budget spaziale russo che nel 1999 era precipitato al suo livello più basso, pari a c.a. 145 milioni di $, è stato da quel momento in costante crescita. La Fig. 1.34 illustra l'andamento degli investimenti annuali del programma spaziale russo dal 2007 al 2013.

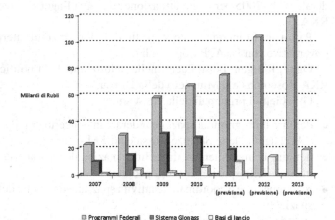

Fig. 1.34 Investimenti
annuali del programma
spaziale russo nel
periodo 2007-2013
(fonte: Air&Cosmos
2263 aprile 2011)

Nel 2010 il budget spaziale russo è stato quindi incrementato del 10,9% rispetto all'anno precedente e rappresenta c.a. lo 0,88% del budget generale dello stato.

Il programma Glonass, di valenza strategica, ha una sua linea dedicata di finanziamento e dovrebbe terminare nel corso del 2011 con la messa in orbita della costellazione completa dei satelliti.

Le previsioni di budget prevedono fino al 2013 incrementi dell'ordine del 28% su base annua, a conferma della costante attenzione dello stato a questo settore.

Le principali industrie russe che beneficiano dei finanziamenti statali sono la Khrounichev, la NPO EnergoMach e la NPO Machinostroenie, che sviluppano lanciatori e satelliti.

I programmi spaziali militari sono in senso lato inclusi nel budget sopra riportato ma possono godere di finanziamenti addizionali non noti.

1.4.8

India

L'importanza del settore spaziale in India è evidenziato dalla struttura organizzativa direttamente dipendente dal primo ministro, come illustrato nella Fig. 1.35.

Le principali istituzioni governative spaziali sono il "Dipartimento Spaziale" e la "Commissione Spaziale", ma l'approccio politico e operativo è centralizzato poiché le competenze tecniche del settore sono concentrate nell'Agenzia Spaziale ISRO, il cui responsabile è anche responsabile del "Dipartimento Spaziale" e della "Commissione Spaziale".

Il "Dipartimento Spaziale", creato nel 1972, è responsabile per la definizione dei programmi spaziali del paese. Coordina e definisce le linee guida per gli altri centri e laboratori spaziali nazionali e supporta l'ISRO per il tele-rilevamento con

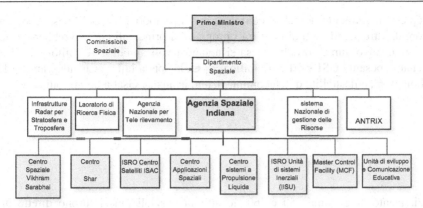

Fig. 1.35 Scenario istituzionale indiano relativo al settore spazio (fonte: elaborazioni Finmeccanica SpA)

responsabilità per la ricezione, il processamento e la distribuzione dei dati satellitari. Inoltre supporta il laboratorio di "Ricerca Fisica" che è il principale centro di ricerca del paese.

La "Commissione Spaziale" definisce le politiche ad alto livello del settore.

Infine l'agenzia ISRO è responsabile di tutti i programmi spaziali e gestisce le collaborazioni internazionali. È responsabile per lo sviluppo dei lanciatori dei satelliti gestendo i contratti di realizzazione con l'industria.

L'India ha sviluppato competenze tecniche e industriali complete lungo tutta la catena del valore, dalla manifattura alle operazioni fino alla fornitura di servizi satellitari, ed è quindi un formidabile attore autonomo con oltre 16000 addetti del settore.

Non ha al momento sviluppato solo la capacità astronautica.

La Fig. 1.36 illustra schematicamente il livello delle risorse finanziarie impiegate da ISRO nel periodo 2006-2011 e che mostrano il significativo incremento di spesa del settore.

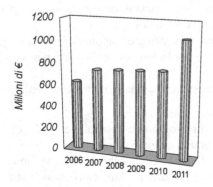

Fig. 1.36 Budget di spesa dell'ISRO nel periodo 2006-2011 (fonte: elaborazioni Finmeccanica, ESPI, Air & Cosmos 2255 4 marzo 2011)

Questo incremento dovrebbe confermarsi nel periodo 2011-2012 passando a un valore di oltre 1 miliardo di €, e tra i programmi principali che dovrebbero avere un significativo aumento della spesa si notano i voli abitati a 16 milioni di €, il lanciatore pesante GSLV-III a 67 milioni di €, la sonda lunare Chandryaan-2 a 13 milioni di €, e il satellite di telecomunicazioni avanzate Gsat a 66 milioni di €.

1.4.9
Cina

Inizialmente, negli anni '50 e '60, le attività spaziali cinesi furono dirette dal ministero dell'industria aeronautica, "Ministry of Aeronautics Industry" MOA.

Nel 1988 il MOA fu ampliato e rinominato ministero per l'industria aerospaziale, "Ministry of Aerospace Industry" MOS.

Una vera e propria agenzia spaziale venne creata il 4 Aprile 1993 quando il MOS venne diviso nella "China National Space Agency" CNSA e nella "China Aerospace Corporation" CASC.

La CNSA divenne quindi l'agenzia civile della Repubblica Popolare cinese per lo sviluppo spaziale della nazione, ed era responsabile delle politiche guida, mentre la CASC doveva realizzare i programmi.

Questa suddivisione fu considerata insoddisfacente da entrambi gli enti poiché sostanzialmente restavano di fatto una grande agenzia unica con molto personale condiviso.

Nel 1998 quindi il governo attuò una ristrutturazione che divise la CASC in molti enti autonomi ma a essa subordinati, denominati "Accademie".

L'intenzione del governo fu di creare un sistema di concorrenza simile a quello occidentale dove diversi soggetti competono per aggiudicarsi gli appalti delle agenzie governative, in primis la CNSA.

Il complesso sistema politico che ha in qualche modo influenza nel settore spaziale cinese è schematicamente illustrato nella Fig. 1.37.

La CNSA svolge le seguenti funzioni:

• redige i piani di sviluppo del settore aerospaziale, occupandosi della pianificazione e della definizione degli obiettivi del settore;
• è responsabile per l'organizzazione, la verifica e l'approvazione di progetti di ricerca di rilievo nazionale, oltre che per la loro supervisione e per il coordinamento della ricerca;
• è responsabile per gli scambi e la cooperazione internazionale nel settore spaziale.

La CASC ha il controllo primario sui programmi spaziali, essendo di fatto il contraente industriale unico del programma spaziale cinese.

È un ente di stato che come detto è diviso in entità subordinate che sono in grado di progettare, realizzare, lanciare e operare satelliti, lanciatori, missili strategici e tattici ed equipaggiamenti e apparati terrestri.

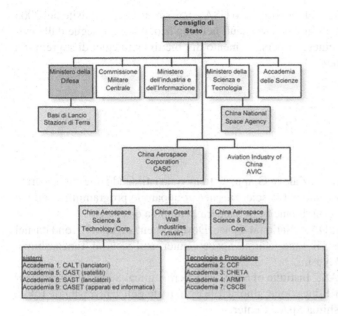

Fig. 1.37 Scenario istituzionale cinese relativo al settore spazio (fonte: Air & Cosmos 2132 giugno 2008)

La "China Great Wall Industry Corporation" CGWIC è il braccio commerciale della CASC e si occupa di import-export dei lanciatori e dei satellite cinesi.

La Corporation impiega oltre 110000 addetti e il suo capitale registrato è di 1,1 miliardi di $.

I programmi spaziali cinesi restano opachi per quanto riguarda la loro copertura finanziaria, e la documentazione ufficiale del CNSA e del CASC non riporta alcun dato di budget.

Stime del tutto non ufficiali parlano di un budget annuo variabile tra 1,5 e 2,5 miliardi di $, ma non vi alcuna conferma.

La situazione attuale cinese del comparto spaziale è simile a quella dell'Unione Sovietica degli anni '60 e '70, allorché l'economia del paese non era nel mercato ai valori occidentali. Lo yen ha un corso artificiale e il costo del lavoro è nettamente inferiore agli standard occidentali. A titolo di esempio si noti che nel 2007 il PIL/abitante dichiarato in Cina è stato di 2000 US$, mentre in Giappone, per restare nella medesima area geografica, è stato di 33000 US$, cioè 16 volte maggiore.

A grandi linee volendo moltiplicare il budget spaziale cinese, stimato in 2,5 miliardi di $, per 16 si otterrebbe un valore del tutto simile al budget civile e militare americano.

A conferma di ciò vi è un dato interessante estrapolabile da quanto dichiarato ufficialmente da uno dei due vice-amministratori della CNSA in visita negli USA nell'aprile 2006 (fonte ESPI), secondo cui la Cina spende per la forza lavoro dei suoi c.a. 200000 addetti del settore poco meno di 400 milioni di € all'anno.

Questo dato confrontato con analoghi valori negli USA od in Europa risulta assolutamente fuori scala rispetto all'economia di mercato occidentale.

La Cina è l'unico paese al mondo, dopo USA e Russia, ad aver acquisito nel 2003 una autonoma capacità di inviare astronauti nello spazio, e ciò consegue dalla evidente dottrina politica cinese di perseguimento di obiettivi strategici di supremazia militare su scala mondiale.

1.4.10
Giappone

Negli anni '60 la ricerca spaziale in Giappone fu avviata istituendo due enti separati, uno per le applicazioni e uno per la scienza, che svilupparono programmi, satelliti e lanciatori, con relative basi di lancio, in maniera autonoma e separata.

Un ente era la NASDA, "National Space Development Agency", fondata nel 1969 con la sede presso il Tanegashima Space Center, sull'isola di Tanegashima, circa 115 km a sud di Kyushu.

L'altro ente era l'ISAS," Institute of Space and Aeronautical Science", che dipendeva dal ministero dell'Educazione; fino al 1981 era parte dell'Università di Tokyo e aveva sede nel Kagoshima Space Center.

Il processo di razionalizzazione condusse il governo nel 2003 a fondere la NASDA, il "National Aerospace Laboratory of Japan" (NAL) e l'ISAS in una unica agenzia, la "Japan Aerospace eXploration Agency" JAXA.

L'Agenzia JAXA divenne quindi l'unica agenzia governativa per le attività spaziali in Giappone che interagisce con gli altri enti pubblici legati in qualche modo alla ricerca spaziale.

La Fig. 1.38 illustra il complesso schema istituzionale di "Governance" del settore spaziale in Giappone.

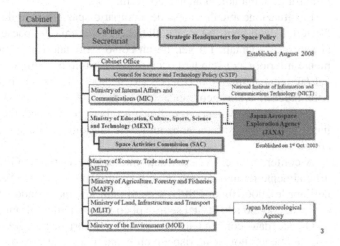

Fig. 1.38 Scenario istituzionale giapponese relativo al settore spazio (fonte: JAXA)

La JAXA ha ereditato i molti centri di ricerca e uffici in Giappone della NASDA, dell'ISAS e del NAL, tra cui:

- Sede centrale Tokyo.
- Earth Observation Research Center (EORC), Tokyo.
- Earth Observation Center (EOC) - Hatayama.
- Noshiro Testing Center (NTC) - Creato del 1962. Si occupa dello sviluppo e del test dei motori utilizzati dai razzi.
- Sanriku Balloon Center (SBC) - Utilizzato per gli esperimenti con palloni fin dal 1971.
- Kakuda Space Propulsion Center (KSPC) - Sviluppa motori per razzi. Lavora principalmente con motori a carburante liquido.
- Sagamihara Campus - Sviluppa e verifica gli equipaggiamenti per i razzi e i satelliti. Vi è anche un ufficio amministrativo.
- Tsukuba Space Center (TKSC) - È il centro della rete spaziale giapponese. Coinvolto nello sviluppo e ricerca sui satelliti e i razzi, si occupa dell'inseguimento e controllo dei satelliti. Qui vengono sviluppati anche gli equipaggiamenti per il Japanese Experiment Module, Kibo, della Stazione Spaziale Internazionale e viene svolto l'addestramento degli astronauti.

La Fig. 1.39 mostra la collocazione geografica dei vari centri che sono dislocati su tutta l'isola.

Fig. 1.39 Dislocazione dei vari centri della JAXA in Giappone (fonte: JAXA)

La Fig. 1.40 illustra schematicamente il livello delle risorse finanziarie impiegate dalla JAXA nel periodo 2006-2008 e che mostrano un budget sostanzialmente stabile.

Questo budget potrebbe però incrementarsi nel futuro prossimo per effetto di un radicale cambio politico avvenuto nel 2008. Nel febbraio infatti il Giappone ha nominato per la prima volta dal dopoguerra un ministro per lo "Sviluppo Spaziale" in materia di sicurezza e difesa, infrangendo dopo decenni un vincolo che impediva alla nazione pacifista di avviare programmi spaziali per la difesa.

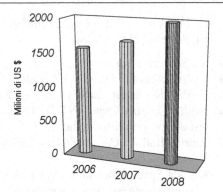

Fig. 1.40 Investimenti della JAXA nel periodo 2006-2008 (fonte: laborazioni Finmeccanica, ESPI)

La nomina è stata attuata dopo l'approvazione di una nuova legge che permette l'uso dello spazio per scopi di difesa, un'attività tabù per il Giappone del secondo dopoguerra ma che è stata ritenuta necessaria per i crescenti timori di minacce militari nella regione asiatica.

La nuova legge aveva come obiettivo quello di rimuovere ogni ostacolo legale alla costruzione di satelliti spia di nuova generazione, e alla innovazione dell'industria spaziale nazionale.

Il Giappone ha difatti incrementato la ricerca militare da quando la Corea del Nord nel 1998 lanciò un missile balistico oltre il suolo giapponese, verso il Pacifico, e in quest'ottica le attività spaziali appaiono essere di estremo interesse.

Il Giappone ha inoltre espanso il suo programma spaziale di esplorazione e sta attualmente conducendo una delle più vaste missioni lunari robotiche al mondo degli ultimi decenni.

Conduce poi innovative esplorazioni robotiche anche di oggetti lontani, quali asteroidi, cercando di far atterrare sonde su questi oggetti e riportare a terra del materiale.

Tutto ciò comprova avanzatissime capacità ingegneristiche e scientifiche, che però devono far fronte alla crisi economica che colpisce anche il continente asiatico.

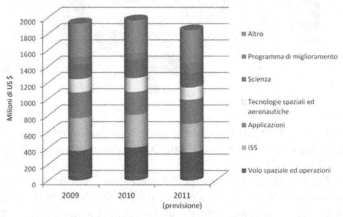

Fig. 1.41 Spesa 2009-2010 previsione 2011, con ripartizione per settori (fonte: JAXA)

Come evidenziato nella Fig. 1.41 la previsione di spesa della JAXA nel 2011 risulta inferiore del 4% a quanto speso nel 2010. La figura illustra anche la ripartizione settoriale degli investimenti.

1.5
Definizione e segmentazione del mercato spaziale nel mondo

Se oggi si tornasse con la mente indietro negli anni al periodo della "guerra fredda", cioè negli anni '50, '60 e '70, difficilmente si sarebbe potuto immaginare che le attività spaziali nel mondo potesse divenire nel terzo millennio un settore industriale e di servizi in grado di movimentare c.a. 100 miliardi di $ all'anno.

Ai nostri giorni il mercato spaziale non può essere solamente identificato con la produzione industriale, detta manifattura, dei sistemi spaziali, ma anche con la vendita dei servizi e delle applicazioni che da essi ne derivano.

Al punto che la quota di affari relativa al settore dei servizi spaziali supera globalmente quella della manifattura.

Nella Fig. 1.42 è riportata la ripartizione nel 2009 del volume di affari, globalmente c.a. 130 miliardi di $, relativamente alle attività spaziali nel mondo sia di manifattura che di servizi.

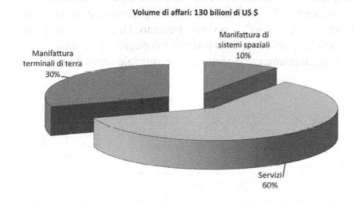

Fig. 1.42 Ripartizione del volume d'affari mondiale del settore spaziale nel 2009 (fonte: elaborazioni Finmeccanica SpA)

La quota relativa ai servizi è di gran lunga superiore alla manifattura; il valore della vendita di servizi satellitari, come ad esempio la vendita di bouquet televisivi di pay-tv, è stata nel 2009 di c.a. 68 miliardi di $.

Il 10% di spesa relativa alla manifattura di sistemi spaziali ammontava a c.a. 32 miliardi di $ dei quali però il 47% era solo dedicato a sistemi militari, per i quali gli USA da soli hanno investito 29 miliardi di $ (solo per citare i programmi conosciuti e non quelli classificati e quindi non tracciabili).

Il 30% di spesa nei terminali di terra è in gran parte dovuti alla diffusione globale dei ricevitori GPS per la radiolocalizzazione e navigazione.

Pertanto 130 miliardi di $ rappresenta il "mercato" globale del settore spaziale nel 2009, e nel 2010 la cifra non dovrebbe essersi discostata dal medesimo valore.

Per comprendere meglio la segmentazione tra manifattura e servizi si esamini la catena del valore del settore spaziale della Fig. 1.43 che definisce la tipologia del mercato spaziale.

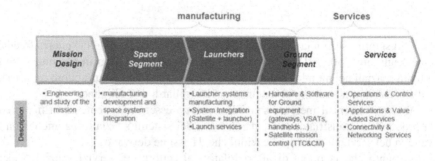

Fig. 1.43 Catena del valore del settore spaziale (fonte: elaborazioni Finmeccanica SpA)

Il mercato mondiale della manifattura satellitare vede sei grandi *Prime Contractor*, in grado di fornire sistemi spaziali completi, e alcune decine di fornitori di sottosistemi, alcuni dei quali svolgono anche il ruolo di *Prime* in casi particolari (ad esempio in programmi nazionali od in satelliti scientifici). I fornitori di apparati ed equipaggiamenti, il cosiddetto "payload", sono oltre trecento. Di questi fanno parte sia i *Prime*, sia i sottosistemisti, direttamente o tramite compagnie controllate.

La Fig. 1.44 illustra schematicamente la situazione industriale sopra descritta.

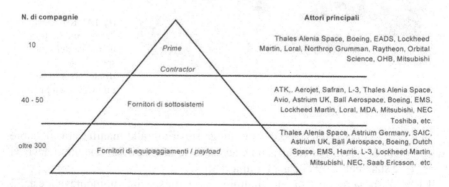

Fig. 1.44 La piramide industriale del settore manifatturiero spaziale (fonte: elaborazioni Finmeccanica SpA)

Il mercato mondiale dei servizi non è invece facilmente schematizzabile come quello della manifattura in quanto sussiste una estesa pluralità di operatori su scala globale che operano od utilizzano sistemi spaziali per telecomunicazioni, per immagini e per servizi di radionavigazione.

1.5.1
Mercato manifatturiero

Il settore spaziale, per la sua natura strategica, dipende in modo sostanziale dai budget istituzionali (agenzie spaziali ed enti di ricerca), e nella manifattura si rileva una prevalenza del mercato istituzionale rispetto a quello commerciale. Inoltre quasi l'80% del mercato istituzionale mondiale è statunitense e non è accessibile, se non a ditte americane, data l'elevata valenza strategica e militare.

Recentemente l'Unione Europea ha riconosciuto che quello spaziale è un settore strategico, citandolo esplicitamente nel testo del nuovo "Trattato sull'Unione", ma ancora oggi il mercato istituzionale europeo è limitato principalmente alle attività dell'ESA, mentre per i programmi militari c'è una frammentazione di iniziative su scala nazionale.

Il mercato commerciale è stato comunque per le industrie europee un settore abbastanza trainante, in particolare per la realizzazione e la vendita dei satelliti commerciali di telecomunicazione e dei lanciatori Ariane; negli ultimi anni questo mercato ha avuto una crescita più contenuta rispetto al boom degli anni '90, ma comunque in lenta ripresa. Il traino commerciale è dato dall'incremento dei servizi di comunicazione a larga banda e soprattutto dalla grande diffusione delle televisioni satellitari a pagamento.

Nella manifattura si rileva un alto grado di concentrazione dell'industria, con la presenza di un numero molto limitato di competitori globali, *Prime Contractor* sia in Europa che negli USA.

Si rileva però l'ingresso sul mercato di paesi emergenti, in particolare Cina e India hanno messo a punto dei piani spaziali estremamente ambiziosi.

Ciò costituisce un fattore competitivo elevato per l'industria europea, che a differenza di quella USA, non beneficia di un mercato istituzionale militare in grado di fornire adeguato supporto.

Ad esempio nel settore dei lanciatori l'offerta commerciale da parte di Ucraina, Russia, e india, di veicoli a costo assai ridotto, anche se talora meno affidabili, risulta un elemento molto competitivo per il lanciatore europeo Ariane.

In sostanza il settore industriale americano è il leader mondiale, seguito da Russia, Cina ed Europa.

La Cina sta diventando una potenza emergente anche nel settore spaziale, e dopo aver inviato uomini nello spazio, ha chiaramente sopravanzato l'Europa quanto a capacità industriale. Ciò però non significa per l'Europa una mancanza di capacità industriale idonea quanto per una limitazione di fondi destinati al settore.

L'India è una potenza spaziale autonoma in grado di realizzare satelliti e lanciatori e si sta affacciando sul mercato commerciale.

Il Canada ha sviluppato una significativa industria spaziale beneficiando di ottime relazioni sia con gli USA che con l'Europa.

Il Giappone ha sviluppato un settore industriale importante incentrato sulla ricerca scientifica e sulla esplorazione planetaria.

Israele ha sviluppato autonome capacità nella realizzazione di satelliti per telecomunicazione e osservazione della terra per finalità di difesa.

In conclusione il mercato spaziale è un settore in evoluzione significativa e sempre più paesi al mondo si dotano di strumenti satellitari cercando di sviluppare una base industriale in grado di evolvere verso uno status di nazione con capacità industriali strategiche.

La Fig. 1.45 presenta una ripartizione del volume di affari stimato per il cosiddetto *procurement* industriale del 2008, cioè il valore delle commesse acquisite dalle principali industrie del settore; mentre la Fig. 1.46 illustra i ricavi nel 2009 delle suddette aziende. Tra esse la principale componente italiana risiede nella Thales Alenia Space, la joint venture italo-francese sorta dalla fusione della Alenia Spazio con la Thales.

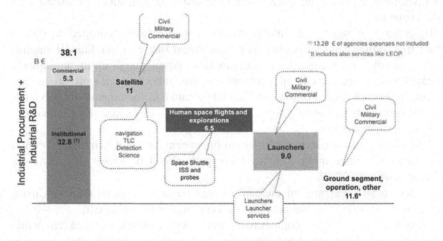

Fig. 1.45 Analisi del *procurement* industriale nel 2008 (fonte: elaborazioni Finmeccanica SpA)

La Fig. 1.47 presenta i ricavi nel 2009 delle principali aziende di secondo livello della piramide manifatturiera, di quelle cioè in grado di fornire sotto-sistemi integrati ai "Prime".

Ma aldilà dei dati numerici del volume di affari per caratterizzare lo scenario industriale manifatturiero mondiale si può analizzare il posizionamento competitivo delle principali aziende "Prime".

La Fig. 1.48 illustra come, a eccezione, di due aziende, quasi tutti i Prime globali operano per la gran parte dei loro ricavi all'interno di un mercato istituzionale; ciò

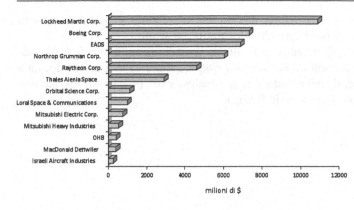

Fig. 1.46 Ricavi del 2009 delle principali aziende manifatturiere spaziali (Prime Contractor) (fonte: elaborazioni Finmeccanica SpA)

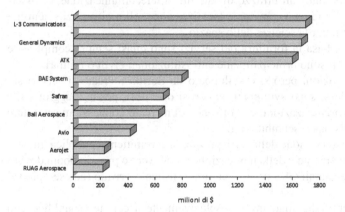

Fig. 1.47 Ricavi del 2009 delle principali aziende manifatturiere fornitrici di sotto-sistemi ai Prime (fonte: elaborazioni Finmeccanica SpA)

non significa che non siano presenti sul mercato commerciale ma solo che la loro natura produttiva è più legata ai programmi governativi.

La figura mostra anche come le uniche aziende a valenza puramente, o quasi, commerciale hanno una specifica focalizzazione di prodotto. Loral Space & Communications per esempio produce solo una tipologia di satellite per telecomunicazioni che vende a operatori commerciali in tutto il mondo.

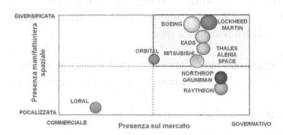

Fig. 1.48 Posizionamento dei *Prime Contractors* globali sulla griglia mercato/prodotti (fonte: elaborazioni Finmeccanica SpA)

I Prime principali invece hanno una varietà di prodotti e quindi un'offerta variegata, dai satelliti ai lanciatori alle infrastrutture spaziali.

Lo scenario industriale attuale è figlio di una serie di fusioni avvenute negli anni '90 e duemila, che ha ridotto il numero di *Prime Contractors* da qualche decina a sole dieci/dodici aziende nel mondo, e non è escluso che i processi di fusione non siano ancora terminati soprattutto in Europa.

1.5.2
Mercato dei servizi

I servizi spaziali si basano sull'utilizzo di satelliti di telecomunicazione, di osservazione della terra, di radionavigazione e localizzazione, oltre ai servizi scientifici derivati dalle missioni per la scienza dello spazio.

I satelliti su cui si basa la fornitura dei servizi sono quasi sempre complessi e costosi e i committenti sono principalmente enti istituzionali civili o militari.

Nelle telecomunicazioni però si è sviluppato un florido mercato si servizi satellitari, e nel mondo si sono sviluppati numerosi operatori, per la maggior parte privati o derivati da privatizzazioni, che offrono sul mercato connessioni satellitare per telefonia o televisione o scambio dati.

Nel settore dell'osservazione della terra prevale la committenza pubblica, mentre in quello del posizionamento e della navigazione c'è un vero e proprio boom dovuto alla diffusione dei terminali GPS per uso automobilistico o privato (ad esempio sui telefoni cellulari).

Le missioni scientifiche sono invece esclusivamente a carattere pubblico con investimenti governativi.

I servizi spaziali possono quindi essere suddivisi in:

Servizi di base:

- di *telecomunicazione*, che forniscono connettività ed elementi di rete per i segmenti di TV e TLC;
- di *osservazione della terra*, che forniscono informazioni e dati relativi alla osservazione e al monitoraggio di fenomeni terrestri tramite infrastrutture spaziali;
- di *posizionamento e navigazione* che forniscono gli elementi per la localizzazione di oggetti sulla superficie terrestre o in volo tramite infrastrutture spaziali;
- di *controllo e gestione dei sistemi satellitari e delle missioni* che assicurano da terra il corretto funzionamento dell'infrastruttura spaziale.

Servizi a valore aggiunto che combinando uno o più elementi di connettività, monitoraggio e localizzazione, forniscono all'utente finale informazioni integrate sui fenomeni di interesse.

Le componenti fondamentali per l'erogazione di servizi sono:

- la capacità satellitare, cioè il possesso di satelliti o quantomeno l'accesso a essi;

- le competenze di integrazione e gestione di reti e dati;
- le competenze di sviluppo di applicazioni basate su informazioni generate da sistemi spaziali.

I servizi a valore aggiunto possono essere segmentati a seconda del tipo di piattaforma satellitare alla quale si riferiscono e secondo i mercati finali cui si indirizzano

I servizi più evoluti e quelli emergenti sono comunque il risultato delle combinazione dell'utilizzo di tutti i tipi di piattaforme satellitari.

La Fig. 1.49 illustra una segmentazione funzionale del mercato dei servizi satellitari, mentre la Fig. 1.50 presenta una segmentazione economica del mercato dei servizi satellitari (non è incluso il mercato della navigazione GPS).

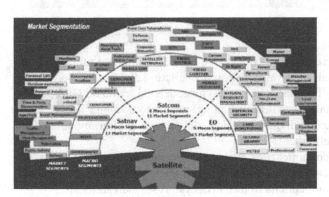

Fig. 1.49 Segmentazione funzionale del mercato satellitare dei servizi (fonte: ESA)

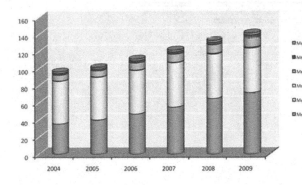

Fig. 1.50 Segmentazione economica del mercato satellitare dei servizi (fonte: Satellite Industry Association)

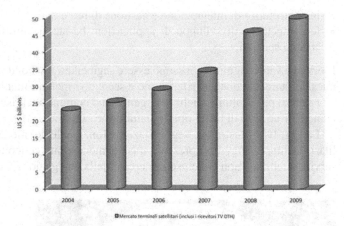

Fig. 1.51 Ricavi del
mercato della
vendita dei
terminali satellitari
(fonte: Satellite
Industry
Association)

Nel mercato dei servizi bisogna considerare anche il volume d'affari generato dalla vendita dei terminali di terra, che possono variare dalle antenne per la ricezione di dati, sia per uso familiare che per uso aziendale, ai terminali GPS per uso automobilistico o personale (ricevitori incorporati nei telefoni cellulari).

La Fig. 1.51 caratterizza quindi l'evoluzione del volume di affari mondiali della vendita dei terminali satellitari.

Nel settore delle telecomunicazioni il mercato è caratterizzato da una situazioni di oligopolio sui mercati globali; esistono pochi operatori globali (SES Global, Intelsat, Eutelsat) e una molteplicità di piccoli operatori sui mercati locali.

La Fig. 1.52 presenta i ricavi dei principali operatori di telecomunicazioni satelli-

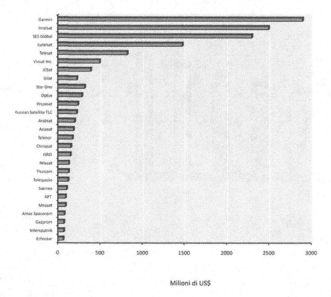

Fig. 1.52 Ricavi del 2010 dei principali operatori satellitari di telecomunicazioni (fonte: elaborazione Finmeccanica SpA)

tari del mondo, comprensiva di alcune aziende attive nella realizzazione di terminali (ad esempio Garmin, Gilat e Viasat). Di fatto la Garmin, che risulta essere la prima, realizza hardware e terminali per la ricezione dei sistemi GPS ma non opera una flotta di satelliti come invece fanno Intelsat, SES ed Eutelsat ad esempio.

La Fig. 1.53 mostra come il 61% dei canali di trasmissione offerti da satelliti geostazionari sono posseduti dai primi 4 operatori mondiali, mentre il restante 39% è di proprietà di operatori locali che sono però variamente distribuiti nelle regioni (es. Russia od Asia dell'Est o del Sud) dove i primi quattro sono meno presenti. Ma come dato di fondo si può osservare che, rispetto ai primi anni 2000, vi sono oggi molti più operatori commerciali.

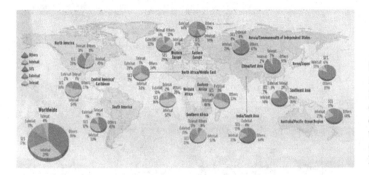

Fig. 1.53 Dislocazione geografica nel 2010 dei principali operatori satellitari di telecomunicazioni (fonte: Space News luglio 2011)

Relativamente ai terminali di terra per telecomunicazioni la Fig. 1.54 mostra l'evoluzione del volume di affari per settore di utilizzo, evidenziando come la televisione via satellite sia il maggiore mercato globale e con le migliori prospettive di sviluppo grazie alla diffusione della televisione in alta definizione che richiede una maggiore banda di trasmissione e quindi una maggiore capacità satellitare.

Terminali in servizio (milioni)	2007	2008	2009
TV via satellite	100,5	133,6	141,3
Radio via satellite	18,0	20,4	20,5
Servizi satellitari su telefoni mobili	1,83	1,9	2,0
Larga banda via satellite	0,68	1,0	1,1
TV via satellite su mezzi mobili	0,95	1,3	1,5

Fig. 1.54 Evoluzione del numero dei terminali di telecomunicazioni (fonte: Satellite Industry Association)

Il mercato delle comunicazioni via satellite resta un settore vitale e le prospettive di crescita nei nuovi servizi indicano alti tassi di crescita, come illustrato nella Fig. 1.55 relativamente ai servizi terrestri di accesso a reti a larga banda, così come ai sevizi di comunicazione marittimi.

Nel settore dell'osservazione della terra invece pochi operatori, principalmente americani ed europei, si contendono un mercato essenzialmente di tipo istituzionale e orientato alla difesa, ma con potenzialità di crescita anche in settori non militari tali da spingere molte nazioni a investire in sistemi spaziali dedicati.

Numero di accessi a reti satellitari a larga banda

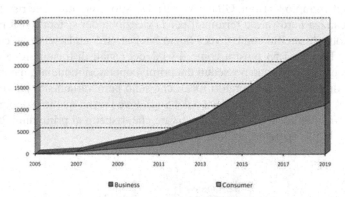

Numero di transponder per comunicazioni marittime

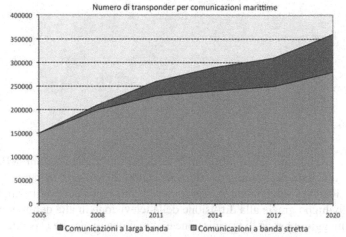

Fig. 1.55 Previsioni
dell'evoluzione dei
ricavi in nuovi
servizi di
telecomunicazioni
(fonte:
Euroconsult,
Aviation Week 7
marzo 2011)

In Italia ad esempio il sistema Cosmo-Skymed rende disponibili dal 2010 una mole di dati e immagini radar tali da consentire applicazioni di nuova generazione.

La Fig. 1.56 mostra una lista per principali operatori di immagini satellitari nel mondo.

Tra essi occorre notare che solo i due operatori americani Geoeye Inc. e Digital Globe Inc. hanno avuto ricavi nel 2010 di poco oltre i 300 milioni di US $, mentre le altre società hanno generalmente ricavi inferiori di un fattore 10. Ciò è dovuto al numero e alla tipologia di satelliti disponibili in orbita, cioè alla risoluzione dello strumento di rilevamento.

La Fig. 1.57 mostra una stima del promettente mercato della vendita di immagini satellitari nei prossimi anni, che include vendite commerciali e vendite a uso governativo sia per immagini ottiche che per immagini radar.

Nel segmento della navigazione e della infomobilità i mercati target principali restano l'aeronautica e la mobilità personale (automobili e telefoni cellulari). L'en-

REGIONE	OPERATORE	SATELLITE	STRUMENTO
Nord America	Digital Globe Inc.	World View 1, 2 Quickbird	Ottico, alta risoluzione
	Geoeye Inc.	Geoeye 1, Ikonos	Ottico, alta risoluzione
	Landsat.org	Landsat 5, 7	Ottico, medio-bassa risoluzione
	MacDonald Dettwiller	RadarSat 1, 2	Radar Apertura Sintetica, media risoluzione
Sud America	INPE	CBERS 2B	Ottico, bassa risoluzione
Europa	Sovzond di Roscomos	Resurs DK1	Elettro-ottico, alta risoluzione
	Rapid Eye AG	Rapideye 1, 2, 3, 4, 5	Ottico, bassa risoluzione
	Astrium Services	Spot 4, 5	Ottico, media risoluzione
	QinetiQ	TopSat 1	Ottico, bassa risoluzione
	DMCii	UK-DMG 2G	Ottico, bassa risoluzione
	e-Geos	Cosmo Skymed 1, 2, 3, 4	Radar Apertura Sintetica, alta risoluzione
	Infoterra	Terra-SAR X	Radar Apertura Sintetica, media risoluzione
Asia	Antrix	CartoSat 1, 2 Risat 2 ResourceSat 1	Ottico, media risoluzione
	JAXA	ALOS, ADEOS-2, JERS	Radar Apertura Sintetica, media risoluzione
	KARI	KompSat 2	Ottico, bassa risoluzione
	NSPO (Taiwan)	FormSat 2, 3	Ottico, bassa risoluzione
Medio Oriente	ImageSat Int.	EROS A1, B, TecSar	Ottico – media risoluzione Radar Apertura Sintetica, media risoluzione
Africa	DMCii	NigeriaSat, Altsat	Ottico, bassa risoluzione

Fig. 1.56 Principali operatori di immagini satellitari nel mondo (fonte: elaborazioni Finmeccanica SpA)

trata in servizi dei satelliti GPS di terza generazione, dei satelliti europei Galileo e il rinnovo della flotta russa Glonass dovrebbero condurre a una sostanziale riduzione dei costi degli apparati e dei relativi servizi. Si prevede inoltre che le nuove direttive dell'Unione Europea per la standardizzazione delle specifiche contribuiranno a far decollare i mercati di riferimento.

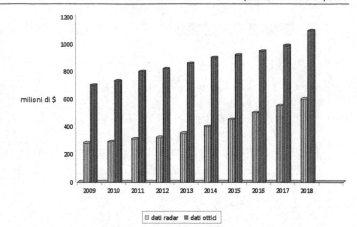

Fig. 1.57 Stima
economica
2009-2018 dei ricavi
nel mondo derivati
dalla vendita di
immagini satellitari
(fonte: elaborazioni
Finmeccanica SpA)

Il trend di mercato per il settore SOP (Satellite OPerators) che comprende le attività di stazionamento dei satelliti commerciali in orbita e manutenzione, si prevede
stabile per i prossimi anni mentre si prevedono nuove opportunità dalla gestione di
flotte satellitari per uso "duale".

Il management dei programmi spaziali

2

La gestione di un programma deve assicurare la riuscita di un progetto, e il successo di quest'ultimo è quindi l'obiettivo del management.

Il successo è fondato sul progetto industriale, sul rispetto degli impegni presi in termini di spesa rispetto ai preventivi, di ritardi rispetto alle previsioni, di realizzazione e di risultati ottenuti.

L'insieme delle tecniche di gestione di un progetto costituisce il management del programma, che può quindi definirsi un dominio assai vasto di competenze delle attività umane e che solo parzialmente verrano di seguito trattate restringendone l'ambito a progetti industriali, quelli spaziali, che per la loro natura sono precipuamente complessi e di lunga durata.

Si commette spesso l'errore di considerare che le tecniche di management possano acquisirsi durante lo sviluppo di un progetto stesso, ma ciò induce quasi sempre a errori di previsione e quindi a degli impatti negativi sul programma.

Poiché in conclusione ogni programma industriale è prima di tutto un'attività umana, l'uomo è al centro della triade "uomo-tecnica-mercato" che permea un progetto, e pertanto le stesse tecniche di management evolvono con l'evoluzione sociale, industriale e comportamentale dell'uomo.

Il management non è quindi una scienza esatta e immutabile nel tempo, e generalmente si articola in quattro tipologie fondamentali di azione:

Pianificazione

Le attività sono volte a studiare e preparare i dossier per fissare gli obiettivi entro i limiti previsti, dopodichè comunicare i piani di sviluppo.

Organizzazione

Le attività sono volte ad adattare le strutture produttive per il raggiungimento degli obiettivi, a dividere il lavoro in sottoinsiemi per ridurre la complessità globale del progetto e rendere efficiente il lavoro.

Spagnulo M.: Elementi di management dei programmi spaziali
DOI 10.1007/978-88-470-2309-3_2, © Springer-Verlag Italia 2012

Coordinamento

Le attività sono volte a dirigere, informare e comunicare con le strutture coinvolte, coordinandone il lavoro e curandone la motivazione.

Controllo

Le attività sono volte a stabilire delle regole che consentano la misura dei risultati ottenuti nel tempo, così da avere la conoscenza degli eventuali scarti tra ciò che è stato realizzato e quanto era previsto fosse stato realizzato in quel momento.

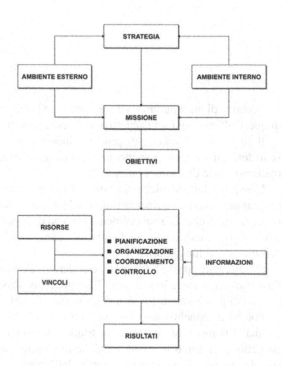

Fig. 2.1 Flusso fondamentali degli elementi di management

2.1
Specificità dei Programmi Spaziali

Un programma spaziale è in buona sostanza un grande progetto di:

1. sviluppo, realizzazione, messa in orbita e utilizzazione di sistemi spaziali, quali satelliti, sonde scientifiche o infrastrutture orbitali, con lo scopo di soddisfare la missione per la quale i sistemi stessi sono stati progettati;

2. sviluppo, realizzazione e qualifica in volo di un sistema di lancio, cioè di un cosiddetto lanciatore, un missile che sia in grado di immettere nell'orbita prevista il carico utile o carico pagante, cioè il sistema spaziale del punto 1.

Un programma spaziale presenta quindi delle caratteristiche specifiche in base al tipo di missione che il sistema deve effettuare, e tali caratteristiche influenzano sin dalla sua concezione le specifiche e i processi decisionali del processo realizzativi.

È importante caratterizzare un programma spaziale attraverso l'analisi delle sue specificità principali, che possono riassumersi in:

- importanza strategica;
- dimensione internazionale;
- settore industriale specifico e specializzato;
- investimento significativamente elevato;
- dimensione temporale ampia;
- evoluzione rapida delle tecnologie utilizzate;
- impossibilità d'intervento nello spazio per riparazione o manutenzione;
- utilizzo spesso non correttamente percepito al di fuori degli ambiti settoriali specifici.

Importanza strategica

Il settore spaziale, al di là delle applicazioni civili, è un comparto innegabilmente legato alle applicazioni militari, sia per origine storica sia per i continui requisiti evolutivi.

La capacità di sorvolo sovranazionale dei satelliti o la loro capacità di far comunicare contingenti situati in continenti diversi senza far ricorso a infrastrutture terrestri, costituiscono solo due tra le tante motivazioni per la loro caratterizzazione strategica e militare.

La capacità per una nazione, o un gruppo di nazioni quali l'Europa, di poter progettare, realizzare e lanciare programmi spaziali è un requisito fondamentale nel terzo millennio per poter vedere rispettata la propria posizione sul piano politico ed economico mondiale.

Questa capacità si estrinseca su due fronti tecnologici, quello dell'autonomia di accesso allo spazio, cioè di disporre di un proprio lanciatore, e quello della tecnologia satellitare, cioè di disporre di piattaforme di satelliti e di elettronica di bordo.

Senza quest'autonomia tecnologica una nazione non può dirsi una "potenza" spaziale.

Dimensione internazionale

Molto spesso, a causa della sua dimensione industriale ed economica, un programma spaziale è attuato nel quadro di cooperazioni internazionali; d'altronde per definizione il programma si articola nella sua vita operativa nello spazio extra-atmosferico e quindi tutta la comunità umana può esserne riguardata sia nei suoi aspetti positivi sia in quelli negativi.

Occorre rilevare che agli albori delle tecnologie spaziali, negli anni '50 e '60, i programmi vennero sviluppati invece esclusivamente su base nazionale, dalla NASA negli Stati uniti e nella allora Unione Sovietica, e poiché alla base di tutti quei programmi vi era sostanzialmente una competizione strategica, politica e militare tra i due blocchi, occidentale e sovietico, lo Spazio era praticamente una dimensione di confronto tattico.

In Europa prevalse sin dagli anni '60 lo spirito di collaborazione tra le nazioni e la nascita dell'Agenzia Spaziale Europea ESA ne è testimone, in quanto gli Stati Membri dell'Agenzia s'impegnarono a creare un organismo sovranazionale incaricato di sviluppare i programmi spaziali a scopi pacifici, cioè per la conoscenza e il bene comune.

Ovviamente l'esistenza dell'ESA non ha impedito che le Agenzie spaziali nazionali dei principali Paesi Membri, cioè Francia, Germania e Italia che nel loro insieme contribuiscono a c.a. il 60% del budget ESA, potessero progettare e realizzare programmi spaziali su base nazionale o bi-multi laterale.

Ma quel che ci interessa richiamare nell'ambito di questa trattazione è la specificità internazionale non solo politica e dimensionale ma anche tecnica.

Già dalla definizione tecnica di un programma spaziale infatti la dimensione internazionale è significativa: ricaduta degli stadi di un lanciatore su mari o terre, rientro nell'atmosfera di satelliti (o dello Space Shuttle), coordinamento mondiale dell'utilizzo delle frequenze radio-elettriche di trasmissione e ricezione via satellite, ingombro e affollamento di spazi orbitali su aree geografiche locali o globali, limitazioni nell'utilizzo di bordo satellite di generatori di potenza a radioisotopi, limitazioni nella copertura dallo spazio di aree geografiche con emissioni radio-elettriche.

Tutti questi aspetti tecnici danno l'idea, non esaustiva, della specificità internazionale di un programma spaziale.

La dimensione internazionale di un programma spaziale è poi molto spesso accentuata anche dalla necessità di condividere investimenti elevati che non possono essere affrontati da singole nazioni.

Settore industriale specifico e specializzato

La realizzazione dei sistemi spaziali, sin dagli albori, è stata appannaggio di entità industriali dedicate, che hanno nel corso di molti anni sviluppato una competenza specifica e dei mezzi realizzativi propri.

Ciò ha visto nel mondo, e in Europa anche, la nascita di un'industria (nel senso ampio del termine, s'intende cioè un comparto scientifico e industriale composto da più società) specialistica, i cui laboratori e le cui risorse hanno assunto caratteri sempre più focalizzati.

Ciò ha in qualche modo impedito nei decenni passati che si sviluppasse talora una sinergia significativa tra l'industria spaziale e quella aeronautica o elettronica ad esempio, ma negli ultimi anni si assiste a un importante travaso di competenze e risorse.

Permangono delle specificità, si può citare ad esempio una caratteristica industriale del settore spaziale che ne definisce bene la specializzazione. A oggi ad esempio sui satelliti commerciali di trasmissione televisiva sono ancora installate delle CPU derivate da processori di concezione passata, ma data l'alta specializzazione industriale e il processo di qualifica dei componenti elettronici che,diversamente dai PC di casa o ufficio, devono funzionare nelle condizioni extra-atmosferiche, la specificità industriale viene preservata ed evolve lentamente.

Investimento significativamente elevato

Il costo di un programma spaziale è sempre significativamente elevato, sia esso finanziato con soldi pubblici che con capitali privati.

Nel primo caso gli investimenti derivano dai budget delle agenzie spaziali, nel secondo dai capitali che operatori commerciali e privati investono nel programma per ricavarne una redditività.

A titolo di esempio si può citare il programma Ariane 5, cioè il programma deciso dall'ESA nel 1985, che doveva concepire e realizzare il lanciatore Europeo del "duemila". Al momento del primo lancio nel 1996 il programma era costato oltre 6 miliardi di € ed era stato finanziato interamente dall'ESA cioè con fondi pubblici. Poiché il primo lancio si risolse negativamente furono necessari altri anni e altri miliardi di € per giungere a una configurazione qualificata del lanciatore nei primi anni 2000.

La decisione iniziale di intraprendere tali programmi pertanto è carica di conseguenze non facilmente prevedibili e può essere affrontata solo al più alto livello governativo. Difatti l'organo supremo di decisione per l'ESA è il Consiglio Ministeriale, in cui siedono i Ministri della Ricerca Scientifica degli Stati Membri e che ingaggiano con le loro decisioni i rispettivi Governi a finanziare su base pluriennale i programmi dell'ESA.

Nel caso di iniziative commerciali private invece la decisione è presa dai Consigli di Amministrazione delle società che intendono avviare un programma spaziale per averne un profitto economico.

Ecco che ad esempio la costruzione, il lancio e le operazioni della durata di quindici anni di un satellite per la trasmissione televisiva può costare da un minimo di 200 M€ a un massimo di 500 M€ a seconda della grandezza del satellite e del numero di transponder in esso contenuti.

Sempre a titolo di esempio citiamo le iniziative commerciali private di telefonia satellitare che sono state realizzate nel corso degli anni '90, Iridium e Globalstar ad esempio, e che sono costate a finanziatori privati fino a 9 miliardi di $.

La grandezza dell'investimento necessario è conseguenza del fatto che un programma spaziale è di una tale complessità da coinvolgere molteplici partner a tutti i livelli, e richiede industrie specializzate che poco più di cinque o sei paesi al mondo possiedono.

Dimensione temporale ampia

Generalmente l'intervallo di tempo tra i primi studi preliminari di un sistema spaziale e la fine del servizio operativo è superiore ai dieci anni e talvolta, come nel caso dei lanciatori o della Stazione Spaziale Internazionale ISS, anche di oltre vent'anni.

Talvolta anche i satelliti, ad esempio nel caso dei satelliti europei di meteorologia, hanno un arco temporale di vent'anni prima di evolvere verso generazioni successive.

Il sistema satellitare americano Global Positioning System GPS per la navigazione e la localizzazione, ha visto i primi studi di fattibilità negli anni '70 ed è divenuto operativo nel corso della prima guerra del Golfo Persico nel 1991. Dal 2008 è stata avviata dal Dipartimento della Difesa americano la realizzazione dei satelliti GPS di terza generazione al fine di assicurare sia il ricambio sia l'evoluzione del sistema.

Da questi e da altri esempi che si potrebbero elencare ne deriva l'importanza quando s'imposta un programma spaziale della prospettiva e della visione, anche perché talvolta risulta difficile nella fase di avvio rendersi conto dei possibili utilizzi del sistema nella accezione più ampia.

Evoluzione rapida delle tecnologie utilizzate

Le tecnologie utilizzate per i programmi spaziali sono evolute in maniera straordinaria negli ultimi quarant'anni.

Gli astronauti delle missioni Apollo sulla luna negli anni '60 non avevano a bordo delle loro astronavi una capacità di calcolo quale quella oggi disponibile in un comune Personal Communication Device, cioè un Notebook, Laptop o telefono cellulare multifunzione.

Il software di bordo del modulo di allunaggio allora utilizzato conteneva c.a. 20000 linee di istruzioni mentre ora un qualsiasi smart-phone dispone di software con milioni di linee di istruzione.

Pertanto nei programmi spaziali la scelta delle tecnologie da utilizzare in una missione resta un esercizio di equilibrio e prudenza, poiché la direzione intrapresa influenzerà il programma durante tutta la sua vita operativa.

Il livello tecnologico acquisito a un dato momento temporale può condizionare la scelta di un programma spaziale almeno in due casi evidenti:

- una tecnologia non disponibile immediatamente, ma ad esempio con una fase di ricerca e sviluppo può risultare un freno allo sviluppo di applicativi per altro ben identificati;
- al contrario un avanzamento tecnologico può essere il volano per un programma più di prospettiva futura nelle sue applicazioni.

Impossibilità di intervento nello spazio per riparazione o manutenzione

Nonostante le promesse dei decenni passati di riuscire a operare nello spazio in maniera "ordinaria", ciò non è ancora il caso. Quindi nel 99% dei casi di avaria in orbita di satelliti ogni possibilità di riparazione è impossibile.

Il restante 1% di possibilità è legato a missioni molto particolari quali quella del telescopio spaziale della NASA Hubble che è stato riparato in orbita da astronauti americani, i quali dopo averlo raggiunto con lo Space Shuttle a oltre 600 Km di altezza lo hanno riparato con le necessarie modifiche all'equilibrio focale delle lenti, per poi effettuarne la manutenzione ogni otto o nove anni.

La missione è stata però complessa e costosa ed è stata effettuata solo in ragione della possibilità di raggiungere l'orbita su cui viaggiava Hubble e, fatto non trascurabile, per non far andare sprecati i miliardi di $ investiti dalla NASA, e quindi in definitiva dai contribuenti, una volta che si era constato l'errore di focalizzazione delle lenti subito dopo l'avvio della vita operativa in orbita del telescopio spaziale.

È ovvio che il caso descritto sopra è del tutto particolare.

Nel caso dei satelliti commerciali di telecomunicazioni che orbitano a 36000 Km di altezza ogni ipotesi di riparazione e manutenzione è a oggi sulla carta fattibile ma operativamente non è mai stata sviluppata.

La minimizzazione delle avarie viene ridotta con l'esperienza in volo dei satelliti pre-operativi o di qualifica, quando possibili, in modo da trarre insegnamento da tali operazioni per migliorare il processo produttivo a terra.

Utilizzo spesso non correttamente percepito al di fuori degli ambiti settoriali specifici

Nonostante l'importanza crescente negli ultimi quarant'anni degli utilizzi derivanti dai sistemi spaziali, le potenzialità offerte da questo settore restano spesso assai mal percepite non solo dal vasto settore dei non addetti ai lavori, ma anche dai responsabili politici che in ultima analisi sono quelli che decidono sui volumi di investimento pubblico nel settore.

In alcuni comparti come quello delle telecomunicazioni o della meteorologia l'utilizzo dei satelliti fa ormai parte integrante dei mezzi operati da enti pubblici o società commerciali, e i cittadini ne percepiscono la necessità in funzione del vantaggio diretto da essi fruito (ad esempio usando la pay-TV satellitare decine di milioni di cittadini in Europa e nel mondo conoscono l'uso vantaggioso del satellite).

Il boom recente poi della diffusione dei navigatori satellitari GPS per auto e telefoni cellulari ha ulteriormente avvicinato i cittadini alla consapevolezza dell'uso dei sistemi spaziali, ma ancora molto di essi resta non pienamente compreso.

I sistemi spaziali di osservazione della terra ad esempio, la cui evoluzione tecnologica è in costante crescita, sono certamente compresi e utilizzati da enti pubblici quali le autorità militari, ma ancora non lo sono pienamente da altri enti governativi che potrebbero usare i servizi forniti da tali sistemi per la gestione del territorio, delle coste, per l'agricoltura, o per altri aspetti di utilità sociale.

I sistemi spaziali per la planetologia o lo studio dell'universo mantengono sempre il loro fascino presso i cittadini in quanto le scoperte che da essi derivano hanno la magia di avvicinare l'uomo ai misteri affascinanti dei pianeti e delle stelle, ma troppo spesso tale fascino è solo sporadicamente acceso nel momento di un particolare evento mediatico per poi restare confinato nell'alveo ristretto della comunità scientifica. Ed è assolutamente vero che le scoperte scientifiche dei sistemi spaziali hanno consentito in trent'anni di rivoluzionare e ampliare le nostre conoscenze del sistema Solare come mai era riuscito a fare l'uomo nel corso dei secoli.

Sulla debolezza della percezione comune per i programmi spaziali s'innesta poi un annoso dibattito sulla opportunità o meno di sviluppare programmi con astronauti da inviare intorno alla terra, o verso la luna o Marte, piuttosto che inviare sonde automatiche.

La contrarietà più diffusa riguarda il fatto che, al di là di una necessità strategica e politica per una nazione di affermare la propria superiorità tecnologica inviando uomini nello spazio (ciò che fu alla base del programma lunare Apollo della NASA), non ci sono stati finora significativi vantaggi tecnologici o di conoscenza nell'inviare uomini nello spazio rispetto alle realizzazioni enormemente meno costose di satelliti o sonde robotiche.

Non è identificabile una risposta univoca a tale dibattito, che resta animato ma incompiuto, e certamente deve essere cura delle agenzie spaziali operare uno sforzo di sensibilizzazione e di conoscenza del settore spaziale presso i più vasti strati della popolazione ma per una presa di coscienza consapevole dei vantaggi possibili di tali tecnologie così come dei suoi limiti, delle sue incognite e dei suoi rischi, né più né meno come avviene in tante altre attività dell'uomo.

2.2
Elementi di definizione e gestione dei programmi spaziali

Per la sua natura, e ovviamente destinazione, un programma spaziale è consacrato alla realizzazione di una missione nello spazio.

Da ciò derivano i prodotti industriali necessari a tale realizzazione, cioè:

- i lanciatori, siano essi riutilizzabili o spendibili;
- i satelliti o le sonde spaziali;
- le infrastrutture spaziali, quali la Stazione Spaziale Internazionale ISS;
- i veicoli orbitali, quali ad esempio l'Automated Transfer Vehicle ATV dell'ESA;
- gli spazio-plani, quali ad esempio lo SpaceShip della Scaled Composite, col quale la Virgin Galactic intende commercializzare i voli turistici nelle prime fascie dello spazio extratmosferico.

Per la sua dimensione generalmente un programma spaziale è un programma industriale la cui dimensione è la risultante di una molteplicità di tecnologie, il cui insieme costituisce il *sistema*, e di una molteplicità di attori industriali, il cui insieme costituisce il *gruppo industriale*.

Nei complessi programmi spaziali il gruppo industriale viene poi rappresentato legalmente e industrialmente da una sola industria, denominata *Prime Contractor*, che diviene l'unica interfaccia con il cliente per la fornitura del prodotto.

Il mix di queste due componenti che dimensionano un programma spaziale ne fanno un impresa generalmente complessa e rischiosa, di cui ad esempio i costi e la durata sono dei parametri di progetto a elevato tasso di variabilità nonostante stime e previsioni accurate.

Chiaramente questi due parametri sono intrinsecamente legati agli aspetti non solo tecnologici ma anche politici, strategici ed economici di un progetto spaziale.

Ogni programma spaziale si divide nella sua realizzazione e nella sua operatività in due macro aree:

- il segmento spaziale;
- il segmento terrestre.

Il segmento spaziale è fisicamente il veicolo che vola nello spazio, il segmento terrestre è costituto dagli apparati che sono a terra durante la vita operativa del programma e che sono finalizzati sia all'utilizzo del segmento spaziale (ad esempio i terminali di ricezione delle trasmissioni televisive o i navigatori satellitari per autoveicoli), o al controllo dei veicoli spaziali (ad esempio le stazioni satellitari di telemetria e telecomando).

Il trait-d'union per la realizzazione dei due segmenti di un programma spaziale è l'attività di sistema.

Il sistema è quindi la capacità di gestire ingegneristicamente la realizzazione di un programma spaziale, ed è una componente fondamentale per la molteplicità, già richiamata prima, di competenze richieste da quelle più tecniche a quelle economiche e finanche umane.

2.3
Il progetto dei programmi spaziali

Un programma spaziale si articola in due periodi principali, nel cui mezzo si inserisce la decisione di avvio:

1. periodo a monte del programma: cioè la fase di identificazione e di concezione della missione, comprensiva della analisi dei prodotti/tecnologie da utilizzare;
2. periodo a valle del programma: cioè la fase di sviluppo e di messa in opera del sistema.

2.3.1
Definizione del programma

Nel periodo 1 si identifica la missione e i requisiti che essa permette di soddisfare (ad esempio la realizzazione di un nuovo motore a propulsione criogenica permette di soddisfare il bisogno di aumentare la performance di un lanciatore per mantenerne la competitività nel mercato).

Nel periodo 1 è quindi fondamentale l'elaborazione del progetto preliminare, cioè la concezione delle tecnologie/prodotti spaziali e non da utilizzare, se esistenti, o da sviluppare, se non disponibili, per mettere in essere la missione.

Nella Fig. 2.2 è riportata una matrice di necessità che basicamente riporta i sottosistemi e i sistemi fondamentali da tenere presente nell'elaborazione di un progetto preliminare.

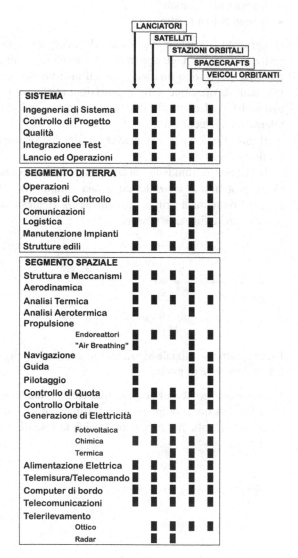

Fig. 2.2 Schema della matrice delle necessità

Per la realizzazione di un programma si parte dunque dal progetto preliminare industriale, cioè l'analisi di un piano di sviluppo della missione identificando i prodotti necessari, i rischi associati, le tecnologie disponibili e quelle da sviluppare (che rientrano nei rischi associati), le competenze industriali da coinvolgere, la stima dei tempi di sviluppo, i costi della missione.

È poi di fondamentale importanza il contesto decisionale nel quale realizzare il programma. I fattori politici, economici, socio-culturali strategici, industriali e scientifici più disparati possono influenzare la decisione di avviare o meno un programma spaziale, sia esso di tipo governativo che commerciale.

In ogni caso una volta analizzati gli elementi del progetto e il contesto decisionale, si può passare alla fase di negoziato, cioè quella fase in cui bisogna convincere il cliente a decidere e finanziare il programma.

Generalmente in un progetto spaziale il contenuto di innovazione è quasi sempre essenziale per una positiva accettazione, e in prospettiva una missione innovativa permette di soddisfare nuovi bisogni e nuove necessità così come di incrementare delle disponibilità già esistenti per portarle a nuovi livelli di tecnologia (ad esempio l'incremento di performance di un lanciatore con l'introduzione di nuove tecnologie propulsive).

D'altra parte però questa componente di innovazione è però portatrice di rischi tecnologici di sviluppo e in prospettiva di rischi di utilizzo.

La realizzazione ad esempio di antenne di bordo satellite a bassa frequenza a elevata dimensione, oltre i dieci/quindici metri, può comportare per chi dovrà gestire il satellite dei vantaggi commerciali in termini di maggior numero di utenti raggiungibili dal servizio,ma potrebbe comportare dei rischi di ritardo nello sviluppo o peggio di malfunzionamenti durante la vita operativa, qualora quella tecnologia di antenna non sia stata precedentemente qualificata presso l'industria chiamata a realizzarla.

Trattandosi quindi frequentemente dell'integrazione inedita di nuove tecnologie, il successo del programma riposa sulla definizione corretta delle specifiche della missione, che devono essere curate in maniera estremamente accurata; riposa altresì sulla corretta identificazione dei prodotti industriali da realizzare il cui apporto tecnologicamente innovativo deve essere stimato con attenzione e realismo attraverso la previsione dei rischi di sviluppo; e riposa altresì sulla definizione dell'organizzazione del programma, della sua durata e dei suoi costi.

Il processo che permette di identificare i livelli di rischio tecnologico connessi all'utilizzi di prodotti/componenti in un sistema spaziale si chiama "scala TRL" dove TRL è acronimo di "Technology Readiness Level".

Il TRL è il sistema di misura della maturità tecnologica di un componente o di un prodotto anche a livello di sotto-sistema, e tale misura è fondamentale per comprendere quindi il livello di rischio tecnologico a cui la realizzazione dell'intero sistema è connessa.

La scala TRL è composta da 9 livelli:

TRL 1: transizione da un sistema derivato da una pura ricerca scientifica a una ricerca applicativa. Descrive le caratteristiche essenziali del sistema in maniera basica e attraverso formule matematiche o algoritmiche.

TRL 2: ricerca applicata. La teoria e i principi scientifici di base della tecnologia sono focalizzati su un'area applicativa e sono sviluppati degli strumenti analitici per la simulazione.

TRL 3: validazione di un cosidetto "proof of concept" cioè una prova che il modello del sistema che si va a realizzare sia funzionantee. La ricerca e sviluppo è attuata con studi analitici e di laboratorio. Si dimostra la fattibilità tecnica realizzando dei modelli la cui rappresentatività del prodotto finale è comunque ancora parziale.

TRL 4: realizzazione di prototipo e test. Si effettuano quindi prova su scala su modelli quasi del tutto rappresentativi.

TRL 5: validazione del prototipo integrato con prove di verifica delle specifiche in un ambiente quanto più rappresentativo del futuro ambiente operativo.

TRL 6: il protitipo è realizzato in "full-scale" è la sua fattibilità ingegnersistica è provata con test applicativi rappresentativi dell'ambiente operativo.

TRL 7: il prototipo è provato in ambiente operativo (o altamente realistico) con una serie dettagliata di test. La documentazione della tecnologia prodotta assume una forma consolidata data la corroborazione di prove.

TRL 8: sistema qualificato al volo mediante test o dimostrazioni in ambiente operativo (a terra oppure già nello spazio). La documentazione associata è completa sia per il training che per la eventuale manutenzione.

TRL 9: sistema cosidetto "mission proven" cioè già utilizzato in ambienti operativi e applicativi nello spazio e che ha dimostrato la sua efficacia con una esperienza operativa di successo.

La scala del TLR è quindi fondamentale nel definire un programma poiché consente di determinare quali e quanti prodotti, componenti o sottosistemi da utilizzare possano presentare necessità di sviluppi innovativi o meno.

Non da meno è la valutazione preliminare del grado di misura di integrazione del sostema finale che si vuole realizzare.

Sia esso un satellite, un lanciatore o un sistema robotico da inviare su un altro pianeta, o finanche un sottosistema di rilevanza tecnologica, la scala di misura del cosidetto IRL, cioè Integration Readiness Level, fornisce uno strumento importante per comprendere il livello di difficoltà connesso alla realizzazione del determinato sistema.

Allo stesso modo del TLR anche lo ILR è composto da diverse scale, cinque, che indicano il grado di confidenza tecnologica:

ILR 1: corrisponde a un sistema dove la concezione d'insieme è stata completata.

ILR 2: corrisponde a un sistema dove il progetto dettagliato è stato completato.

ILR 3: corrisponde a un prototipo (o un dimostratore detto mock-up) soggetto a prove a terra.

ILR 4: corrisponde a un prototipo (o un mock-up) soggetto a prove rappresentative di volo.

ILR 5: corrisponde a un sistema operativo, cioè fabbricato è già lanciato.

La NASA, che ha introdotto nel 2002 i concetti di livello ILR, ha poi successivamente iniziato una modifica per giungere a una scala di 9 ILR, dando luogo a una metrica standard denominata SRL o System Readiness Level che però è tuttora in fase di consolidamento.

La Fig. 2.3 presenta la relazione tra la scala TLR e quella ILR.

Come per la maggior parte delle operazioni industriali ed economiche, anche la realizzazione di un progetto spaziale deve, direttamente o indirettamente, condurre a una finalità economica, cioè a un ritorno economico sull'investimento.

Ciò è direttamente vero nel caso di programmi privati a finalità economiche, quali ad esempio le missioni di telecomunicazioni commerciali, ma in generale il

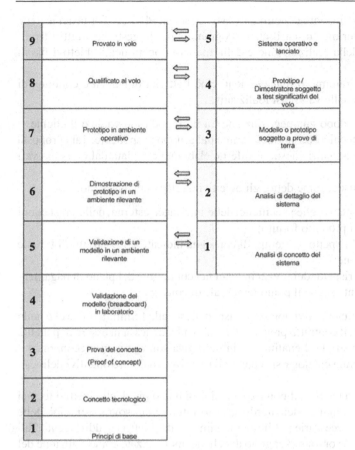

Fig. 2.3 Relazione tra la scala TLR e quella ILR

medesimo principio dovrebbe valere anche nel caso dei progetti spaziali a capitale pubblico (quali ad esempio la Stazione Spaziale Internazionale).

Più realisticamente in questi ultimi casi molto spesso la finalità è soprattutto di strategia industriale e di geo-politica governativa, tale da indurre la finalità economica a non essere necessariamente la priorità. Ciò induce alla presa di rischio tecnologico che è spesso una caratteristica dei programmi governativi delle agenzie.

2.3.2
Realizzazione del programma

Il periodo 2 della realizzazione e messa in opera comporta le attività relative alla:

- negoziazione e firma con il cliente di un contratto attraverso il quale quest'ultimo stabilisce rigorosamente al gruppo industriale, o al Prime Contractor, gli obiettivi da rispettare;

- definizione del documento denominato "Management Plan", cioè l'insieme delle linee guida di riferimento per il capo programma per la gestione a tutti i livelli dello sviluppo, della realizzazione e della messa in opera degli obiettivi fissati dal contratto;
- gestione del programma, il management, cioè l'attività dinamica e continua di controllo e guida delle varie fasi realizzative.

Il contratto è siglato dopo una negoziazione tra il gruppo industriale e il cliente, e segue una proposta tecnico-economica fornita dal gruppo proponente. Tale proposta segue generalmente a una richiesta di offerta, elaborata e inviata dal cliente a vari potenziali fornitori.

Il contratto stabilisce, come detto, gli obiettivi da rispettare che sono:

- tecnici, cioè il rispetto delle specifiche, delle interfacce esterne, delle prestazioni e della qualità del prodotto fornito;
- temporali, cioè il rispetto dei tempi di consegna indicati nel contratto di tutte le fasi di realizzazione;
- di budget, cioè il rispetto dei prezzi indicati nel contratto e del piano di pagamento che normalmente segue il piano temporale di consegne.

Nel caso che uno o più obiettivi non siano rispettati, sia alla fornitura finale che nelle forniture intermedie, il contratto prevede generalmente la messa in essere di penalità verso il gruppo industriale. Penalità che in definitiva sono di natura economica e che possono in generale catalogarsi secondo il non rispetto dei tre obiettivi delineati sopra.

La non conformità tecnica, il non rispetto cioè di uno o più degli obiettivi tecnici indicati nel contratto, induce dei ritardi nella fornitura e dei sovracosti, cioè delle spese supplementari necessarie per il raggiungimento di obiettivi soddisfacenti. Tali spese non previste nel contratto vengono dal cliente monetizzate come riduzione del prezzo finale, oppure nel caso in cui il prezzo finale non vari è il gruppo industriale a farsene carico e se nel Management Plan tali eventualità non erano previste adeguatamente la finalità economica del gruppo industriale nel programma ne risulterà danneggiata.

Le non conformità temporali, cioè i ritardi sul calendario delle consegne possono derivare non solo da non conformità tecniche ma anche da mancanza di approvviggionamenti o inadeguata stima dei tempi di sviluppo. In ogni caso la penalità economica associata comporterà una riduzione del prezzo finale pagato.

Le non conformità di budget cumulano ovviamente i sovracosti generati dalle due non conformità sopra esposte.

Come già detto in questa situazione se il cliente non accetta variazioni al contratto, con eventuali compensazioni industriali su altri programmi di quel cliente, è il gruppo industriale a farsi carico dei sovracosti.

Talora però le non conformità tecniche, il non rispetto cioè di uno o più degli obiettivi tecnici indicati nel contratto, è indotto da modifiche apportate dal cliente in corso d'opera e pertanto tali spese non previste nel contratto vengono rinegoziate e monetizzate come aumento del prezzo finale.

Oltre al contratto quindi l'altro strumento principale di gestione è il "Management Plan", cioè il documento di riferimento per lo sviluppo e la realizzazione del programma. Ogni programma spaziale necessita della dimostrazione progressiva nel tempo, a terra, e completa, per la quasi totalità dei suoi elementi, della conformità del prodotto con le specifiche del contratto e più in generale con la missione spaziale a cui è destinato.

Queste dimostrazioni sono di tipo teorico, cioè analisi numeriche e simulazioni, e di tipo rappresentativo, cioè prove al banco e test.

Entrambi i tipi di dimostrazioni costituiscono nella vita di un programma spaziale le prove per la messa in opera del prodotto il quale una volta nello spazio non potrà più essere oggetto di revisione, manutenzione o riparazione in caso di malfunzionamento (tranne delle possibili variazioni del software che possono essere modificate da terra).

Per un programma spaziale questo approccio realizzativo è laborioso e sistematico e deve essere specificato nel Management Plan, in quanto la funzionalità del prodotto non potrà mai essere riprodotta a terra nelle medesime condizioni in cui si troverà a operare; in pratica è impossibile riprodurre a terra l'ambiente spaziale per fare test sui sottoinsiemi e gli insiemi del sistema spaziale, pertanto il rigore nella qualità realizzativa, nella definizione e nella conduzione dei test a terra è fondamentale per la riuscita del programma.

Il Management Plan dettagliato risulta dalla definizione tecnica del prodotto, dal suo piano di sviluppo, il cosidetto "Make-or-Buy" cioè cosa produrre all'interno del gruppo industriale e cosa acquistare al di fuori di esso, e dal suo piano di realizzazione, cioè quando effettuare i test e qualificare il prodotto.

Il Management Plan è basato su una scomposizione tripla, il cui insieme topologico deve risultare coerente, composta da:

- un albero tecnico, cioè la decomposizione tecnica del sistema in sotto-sistemi ed equipaggiamenti;
- un albero contrattuale, cioè la decomposizione del contratto principale, ad esempio del Prime Contractor, nei sotto-contratti delle diverse industrie del gruppo industriale sino ai sotto-sotto-contratti dei fornitori di elementi di livello basico;
- una scomposizione in fasi concatenate, cioè la pianificazione temporale incrociata di tutti gli elementi costituenti gli elementi, i sotto-sistemi e infine il sistema.

Il modulo elementare di attività denominato Task o Work Package si situa in questa ultima componente del Management Plan.

Il Management Plan identifica a ogni livello contrattuale la stesura di vari documenti di riferimento, quali:

- Specifiche.
- Piano di Sviluppo e Realizzazione.
- Descrizione dei Task.
- Piano di Gestione.
- Piano della Qualità.

- Piano Temporale.
- Budget.

La Fig. 2.4 illustra in maniera schematica e generale la struttura di un Management Plan relativo a un satellite di telecomunicazioni.

Con il Management Plan i responsabili del programma hanno quindi a disposizione uno strumento rigoroso per il controllo dell'andamento del programma e

Management Plan

1. Introduzione
    1.1. Obiettivi generali
    1.2. Scopo della missione
    1.3. Matrice di compatibilità
2. Documentazione
    2.1. Documenti applicabili
    2.2. Documenti di riferimento
    2.3. Normative applicabili
    2.4. Definizioni
3. Descrizione del programma
    3.1. Obiettivo di programma
    3.2. Descrizione tecnica
        3.2.1. Sistema satellite
        3.2.2. Sotto-sistema di rice-trasmissione
        3.2.3. Sotto-sistema propulsivo
        3.2.4. Sotto-sistema termico
        3.2.5. Sotto-sistema strutturale
        3.2.6. Sotto-sistema di controllo in orbita e di assetto
    3.3. Albero funzionale
    3.4. Albero del prodotto
4. Organizzazione e management
    4.1. Organizzazione generale
    4.2. Work Breakdown Structure
    4.3. Descrizione dei Work Packages
    4.4. Strumenti di program management
        4.4.1. Controllo di produzione
        4.4.2. Qualità
        4.4.3. Planning
    4.5. Pianificazione temporale
    4.6. Review
5. Qualità e Product Assurance
    5.1. Controllo della Configurazione
    5.2. Gestione della documentazione
    5.3. Product Assurance Plan
    5.4. Reporting
6. Accettazione
    6.1. Criteri di accettazione
    6.2. gestione delle non conformità
    6.3. Accettazione finale
7. Controllo dei costi
    7.1. Definizioni generali
    7.2. Pianificazione dei costi
    7.3. Strumenti di controllo
    7.4. Reporting

Fig. 2.4 Struttura generale di un Management Plan per un satellite di telecomunicazioni

per la sua corretta gestione, che ha in definitiva lo scopo di realizzare gli obiettivi specificati attraverso:

- il controllo continuo, meglio se in tempo reale, delle differenze tra la realizzazione in corso, misurata opportunamente, e lo stato della realizzazione previsto nel Management Plan in quel momento;
- l'analisi delle ragioni di tali differenze fino al livello dei responsabili delle realizzazioni basiche;
- la ricerca delle azioni correttive appropriate, le più rapide, efficaci ed economiche;
- l'immediata messa in essere di mezzi e di azioni per eliminare tali differenze, cioè ad esempio la riorganizzazione del piano, o la mobilitazione di altre risorse, o l'utilizzo di margini di programma;
- l'aggiornamento del Management Plan per renderlo aderente alla realtà realizzativa e fasarlo correttamente con il controllo successivo.

Nella gestione del programma le performance, la tempistica e i costi sono strettamente legati tra loro attraverso i meccanismi interni dell'attività industriale. Ne discende che tutti gli incrementi di performance o di qualità producono ritardi e sovracosti, e che tutti i ritardi producono dei sovracosti.

Questo concetto va inquadrato non solo nel caso di realizzazione al di sotto delle specifiche di contratto, ma anche per una realizzazione che in corso d'opera risulta talmente riuscita al punto che i responsabili di programma ne incrementano le performance per smania di ben fare.

L'incremento dei costi è in definitiva la misura globale più caratteristica e specifica dello "stato di disordine" di un programma spaziale.

2.3.3
Gli obblighi del programma

La gestione di un programma spaziale si effettua all'interno di una fitta rete di obblighi e limitazioni che devono essere costantemente considerati dai responsabili di del programma.

Alcuni di questi obblighi sono specifici a ogni missione spaziale, altri sono generalmente applicabili a tutti i programmi spaziali.

Obblighi specifici

La definizione della missione e in definitiva quella del prodotto concepito per la sua realizzazione, sono regolati non solo dagli obblighi contrattuali di performance, di tempistica e di costo, ma anche dalle limitazioni sui margini disponibili sia tecnicamente, che temporalmente che economicamente.

I margini sono le varianze rispetto ai parametri nominali di progetto, entro i quali un sistema, sotto-sistema o apparato funziona ancora correttamente.

La consistenza di questi margini può ad esempio ridursi sotto la pressione degli obbighi globali di budget, quando ad esempio un gruppo industriale è in concorrenza con un altro gruppo industriale per la realizzazione di un programma.

In questo caso il prezzo finale proposto al Cliente può risultare dettato da logiche commerciali di acquisizione del programma, e per ridurre il prezzo si comprimono i margini del programma.

In assenza di margini di programma, o in presenza di margini ridotti, la gestione con del programma sugli obiettivi fissati è quasi sempre senza successo.

I *margini tecnici* conseguono dallo stato dell'arte delle tecnologie utilizzate nel programma e dalle competenze acquisite dal gruppo industriale, ovviamente maggiori sono entrambe e maggiori sono i margini tecnici del programma.

La carenza di margini tecnici nuoce in definitiva alla qualità del prodotto, e compromette la riuscita della missione. I rischi di sviluppo che tale carenza implica rendono non prevedibili adeguatamente sia i tempi che i costi.

La carenza di *margini temporali* (ad esempio prevedere nel Management Plan una fornitura di un equipaggiamento critico con un 10% di ritardo sui tempi nominali) o di *margini di costo* (ad esempio prevedere nel Management Plan un sovracosto possibile sull'acquisto di un equipaggiamento critico) genera inevitabilmente una non conformità realizzativa generalmente non ammissibile se non a costo di degradare la fornitura amputando il piano di sviluppo del programma. Ne risulta però una situazione altamente conflittuale tra il cliente e il gruppo industriale che può generare impatti devastanti sul programma stesso e rischi di fallimento del progetto.

Inoltre qualora per la missione definita si decida di fare ricorso a tecnologie a rischio, cioè non qualificate o da sviluppare ex-novo, è indispensabile prevedere margini opportuni nel Management Plan, quali soluzioni alternative eventualmente sviluppate in parallelo o soluzioni che utilizzano tecnologie qualificate.

Obblighi generali

A tutti i programmi spaziali si applicano delle limitazioni di carattere generale, quali:

- le particolari caratteristiche dell'ambiente spaziale, cioè le condizioni fisiche (assenza di gravità, vuoto cosmico, radiazioni solari) e le condizioni astrodinamiche (attrazione terrestre o lunare);
- le caratteristiche del gruppo industriale, cioè quell'insieme di regole e processi che sono tipici del comparto spaziale (ad esempio in Europa le regole del Giusto Ritorno, o nel mondo commerciale le alleanze esclusive...);
- le regole generali d'applicazione specifiche del comparto, ad esempio la legge ITAR del Dipartimento Americano del Commercio che dal 1998 equipara ad armamenti ogni elemento ed equipaggiamento meccanico o elettronico costruito in USA e montato a bordo di sistemi spaziali, limitandone di fatto l'acquisto e l'utilizzo da parte di gruppi industriali americani e non;
- i comportamenti sociali e professionali. Per loro natura i programmi spaziali sono molto spesso multinazionali e pertanto in essi risiedono difficoltà permanenti di

interessi nazionali che non sempre si conciliano con quelli del programma stesso. Inoltre sempre per la loro natura complessa e multinazionale i programmi spaziali danno spesso luogo alla tendenza al disordine spontaneo che è inerente a tutte le umane attività collettive, specialmente quelle più complicate.

2.4
Avvio di un programma spaziale

Come già elaborato nel Capitolo 1, un programma spaziale presenta generalmente delle caratteristiche quali, una dimensione internazionale, un investimento elevato, dei tempi di realizzazione elevati (superiori ai due anni minimo), anche dei tempi di utilizzo elevati (oltre dieci anni) rispetto alla evoluzione tecnologica, una impossibilità di riparazione in orbita, e infine la necessità di ricorrere a un comparto industriale specializzato e globalmente limitato nel mondo.

Questi elementi dimostrano l'importanza di affettuare delle analisi preliminari accurate e approfondite per poter giungere alla decisione di avviare un programma spaziale con motivazioni chiare e giustificate.

Lo schema decisionale è in maniera generale quello seguente.

L'obiettivo è quello di stabilire un dossier di progetto che sarà presentato agli organi decisionali.

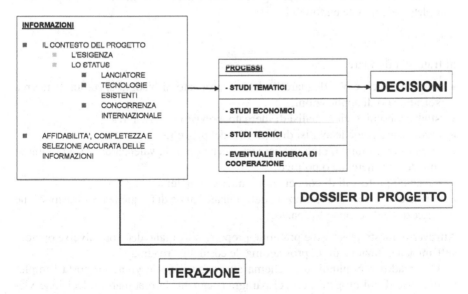

Fig. 2.5 Schema generale dei meccanismi di decisione di un progetto satellitare

Nel caso ad esempio dell'Agenzia Spaziale Europea ESA, tale organo decisionale è rappresentato dal Consiglio dei Ministri Europei della Ricerca che hanno la tutela delle attività dell'ESA. Normalmente i Ministri Europei delegano i Presidenti delle agenzie spaziali nazionali a rappresentarli nel Consiglio dell'ESA per le approvazioni dei programmi, ma con cadenze biennali si tengono delle riunioni Inter-Ministeriali nelle quali i dossier più importanti vengono esaminati ed eventualmente approvati a livello dei Ministri della Ricerca dei paesi europei.

Nel caso di un'impresa privata, o a carattere misto pubblico-privato, l'organo decisionale è il Consiglio d'Amministrazione. Si possono comunque distinguere due fasi principali nella stesura del dossier di programma.

Informazione

Si tratta di definire il contesto nel quale si posiziona il programma proposto, cioè:

- il bisogno: gli utilizzatori potenziali, le motivazioni strategiche e commerciali;
- lo stato dell'arte;
- l'esistenza o meno di un sistema/piattaforma adatta per la realizzazione del prodotto spaziale;
- l'esistenza o meno di un lanciatore disponibile per l'invio nell'orbita necessaria;
- l'esistenza o meno della tecnologia da utilizzare;
- la concorrenza internazionale o commerciale;
- l'esistenza o meno di sistemi potenzialmente concorrenti ma non di tipo spaziale (ad esempio telefonia satellitare versus GSM).

In questa prima analisi occorre giungere a un insieme di informazioni il più possibile complete, selezionate e affidabili

Definizione

Si tratta di effettuare:

- studi tematici, cioè adeguare il sistema proposto ai bisogni specifici di ricerca scientifica o di applicazioni;
- studi economici, cioè analisi di mercato, previsioni di ricavi;
- studi tecnici, cioè le analisi di fattibilità del progetto;
- studi di opportunità, cioè analisi strategiche circa la valenza del programma in ambito commerciale o politico;
- eventuali protocolli di cooperazione internazionale:
- ottenere il permesso di utilizzare determinate bande di frequenza per trasmissione e ricezione da e verso lo spazio.

Attraverso questo processo è possibile proporre all'organo decisore diverse opzioni sull'implementazione di un programma, le cosidette "roadmap".

Una roadmap è quindi uno schema attraverso il quale viene proposta l'implementazione di un progetto, e neei paragrafi seguenti la roadmap di decisione viene dettagliata per due tipologie caratteristiche di missioni spaziali dell'ESA, che si distinguono per le loro finalità e parzialmente anche per le loro modalità di decisione.

2.4.1

Missioni Scientifiche

L'obiettivo di una missione scientifica è di migliorare lo stato della conoscenza all'interno di un dominio di ricerca, quale l'astronomia, lo studio del sistema solare, la scienza della terra, la scienza della vita, la scienza dei materiali.

Ma il miglioramento della conoscenza non è facilmente quantificabile come mero obiettivo, e la valutazione dell'interesse scientifico di un programma, così come lo stabilire diverse priorità tra varie missioni che si rapportano magari a diverse discipline, sono dei compiti estremamente delicati e complicati che non possono non derivare che dall'interno della comunità scientifica stessa.

La comunità scientifica, sia essa nazionale che internazionale, è costituita da professori, ricercatori, scienziati e talora industriali, ed è un insieme di competenze che possiede una enorme forza propositiva, per cui le scelte di programma si svolgono sempre in presenza di un elevato numero di proposte per missioni.

Occorre considerare inoltre che la selezione di una missione, o una tipologia di missioni, può avere un impatto tecnologico, in altri termini una ricaduta, sull'industria che sviluppa il programma in oggetto. Le missioni scientifiche pertanto possono talora servire da banco di prova per delle applicazioni future, e ciò in quanto in tali programmi spesso vengono presi dei rischi tecnologici a causa proprio della specificità delle missioni che richiedono prestazioni elevatissime per la riuscita.

Si pensi ad esempio alle ricadute tecnologiche per una industria che, realizzando una missione scientifica, progetta e realizza una antenna di comunicazione per una sonda interplanetaria, le cui specifiche di collegamento tra corpi celesti distanti milioni di chilometri; dei requisiti di proegetto così elevati fanno di quel prodotto un test tecnologico di enorme impatto su tutte le future antenne di produzione, e le tecnologie sviluppate potranno dare all'industria una conoscenza e un "vantaggio competitivo" sul piano commerciale da sfruttare in futuro.

Per lo scopo della trattazione oggetto di questo libro faremo riferimento alle missioni scientifiche realizzate nel quadro delle attività della Direzione della Scienza dell'ESA, e che costituiscono in Europa un riferimento per le attività di questo settore.

Tra l'altro le attività scientifiche sono state alla base della creazione dell'ESA stessa e sono oggetto di un finanziamento annuale obbligatorio da parte degli Stati Membri di ESA in una misura proporzionale al PIL nazionale.

Le tappe di selezione di una missione scientifica dell'ESA si svolgono secondo dei cicli che si riproducono regolarmente secondo lo schema della Fig. 2.6, e sono generalmente riassumibili nelle fasi seguenti:

- proposta delle missioni da parte della comunità scientifica europea, a seguito di una Call for Ideas da parte dell'ESA (una Call for Ideas è una richiesta ufficiale da parte di ESA di nuove idee e spunti scientifici);
- selezione preliminare dell'ESA da parte di appositi Working Groups e del S.S.A.C., "Space Science Advisory Committee", di un certo numero di missioni;

- approfondimento della validità delle missioni preselezionate da parte del Dipartimento Scientifico del centro tecnologico ESTEC dell'ESA congiuntamente con la comunità scientifica europea;
- selezione da parte del S.P.C., "Science Programme Committee", dell'ESA, composto da rappresentanti degli Stati Membri cioè delle agenzie spaziali nazionali, di alcune missioni (da 3 a 5). Questa fase vede l'avvallo del S.S.A.C.;
- analisi preliminare (Fase A) da 1 anno a 18 mesi, condotta da vari gruppi industriali per verificare e proporre la fattibilità industriale, i costi e i tempi di realizzazione;
- selezione da parte del S.P.C. di una missione e avvio del programma con conseguente bando di gara per selezionare il gruppo industriale, Prime Contractor, per la realizzazione e messa in opera.

In principio quindi all'ESA le missioni scientifiche anche di elevata dimensione restano nell'ambito della competenza decisionale del S.P.C., e non rimontano a li-

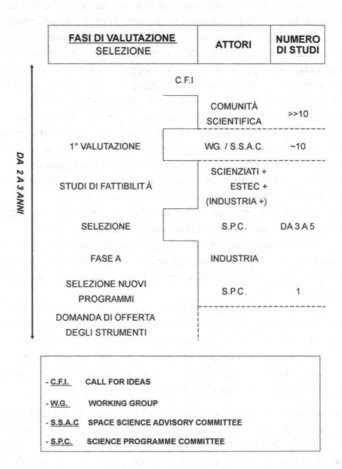

Fig. 2.6 Schema generale di decisione di un programma scientifico dell'ESA

vello del Consiglio dell'ESA come per i programmi applicativi, ma negli ultimi anni anche il supremo organi decisionale dell'ESA è stato coinvolto in programmi quali ad esempio ExoMars il programma di esplorazione di Marte. Ciò a causa di crescenti divari tra le specifiche di missione (emesse dal S.P.C.), le stime di sviluppo dell'industria e le reali possibilità di budget dell'ESA.

Nella Fig. 2.7 viene chiarito meglio i ruoli dei diversi Working Groups, e le loro articolazioni, per il programma scientifico obbligatorio (astronomia e sistema solare).

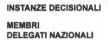

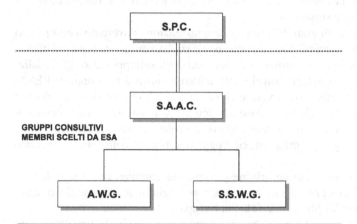

S.P.C.	SCIENCE PROGRAMME COMMITTEE
S.S.A.C.	SPACE SCIENCE ADVISORY COMMITTEE
A.W.G.	ASTRONOMY WORKING GROUP
S.S.W.G.	SOLAR SYSTEM WORKING GROUP

Fig. 2.7 Ripartizione dei ruoli di decisione di un programma scientifico obbligatorio dell'ESA

2.4.2
Missioni Applicative

Le applicazioni spaziali possono essere sostanzialmente di telecomunicazioni, di osservazione della terra e meteorologia, di navigazione e localizzazione satellitare; e in ogni caso possono essere divise in due categorie principali:

Missioni operative

Si definiscono tali le missioni spaziali ove l'utilizzo delle tecnologie associate ha raggiunto un livello di maturità tali da essere ormai integrati con i mezzi degli utenti siano essi professionali che privati. Si possono citare ad esempio le applicazioni di meteorologia che vengono utilizzate da utenze governative, servizi pubblici o amministrazioni per le previsioni locali, nazionali o internazionali; oppure i servizi di trasmissione televisiva DTH, "Direct-To-Home", che vengono fruiti da milioni di utenti privati in Europa e nel mondo attraverso abbonamenti a pagamento con service providers.

I bisogni cui tali applicazioni danno soddisfazione sono generalmente ben percepiti dagli utilizzatori, che talora, come nel caso di utenti governativi, possono essere alla base dell'origine del programma spaziale in qualità di decisori e investitori principali o unici.

Nel caso della trasmissione televisiva via satellite in Europa ad esempio l'avvio dei programmi satellitari relativi ai due maggiori service providers, Eutelsat ed SES-Astra, illustra bene tale situazione.

Eutelsat fu creata negli anni '80 come un'organizzazione governativa europea, vi aderivano le principali società di comunicazione nazionali europee allora pubbliche, ed ha beneficiato per il suo avviamento del servizio degli sviluppi tecnologici realizzati dall'ESA, cioè dei satelliti costruiti dall'industria europea per conto dell'ESA, e di un monopolio trasmissivo sui vari territori europei. Ciò era ovviamente dovuto alla necessità per gli Stati Membri investitori dell'ESA di assicurare un ritorno dell'investimento. Poi nel tempo l'organizzazione è evoluta in società privata con un azionariato privato e non governativo, ed è oggi stabilmente collocata nel mercato commerciale.

SES-Astra invece ha avuto un'origine prettamente commerciale e si è dunque basata su una iniziativa privata che ha valutato potenzialmente vantaggioso, negli anni '90, investire nell'applicazione DTH in Europa.

Anche nella meterologia l'Europa ha seguito un approccio simile a quello seguito nelle telecomunicazioni, ed ha creato Eumetsat un'organizzazione governativa europea che riunisce come azionisti i servizi meteorologici nazionali, ed ha inizialmente utilizzato satelliti specifici costruiti da ESA.

Però nel caso delle missioni di applicazioni operative dell'ESA i meccanismi decisionali non sono quelli classici delle iniziative commerciali, dove il ritorno sull'investimento è la priorità per l'avvio di un programma, ma tendono a introdurre innovazioni tecnologiche in grado di effettuare sviluppi che portino i sistemi spaziali verso dei livelli TRL e iLR i più alti possibile e quindi in grado di attirare la richiesta di eventuali enti commerciali.

La Fig. 2.8 illustra una tipologia di schema decisionale per una missione di questo tipo, e fa riferimento a una generica missione di osservazione della terra quale adottata dall'ESA nella'ambito del programma Global Monitoring Environment & Security GMES

Missioni pre-operative

Una missione pre-operativa presenta caratteristiche diverse in quanto la componente di valutazione dell'innovazione e la componente sperimentale è significativamente alta, ma a un livello tale da consentire però un avvio di operazioni tali da validare successive missioni operative.

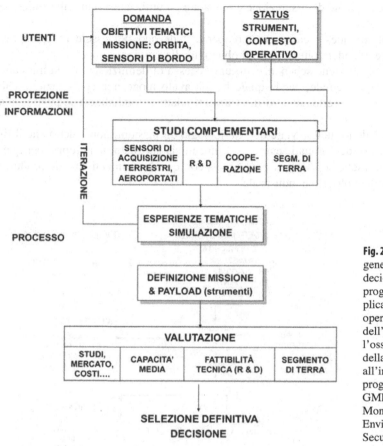

Fig. 2.8 Schema generale di deci-sione di un programma applicativo operativo dell'ESA per l'osservazione della Terra all'interno del programma GMES (Global Monitoring Environment and Security)

Lo schema generale delineato per una missione di questo tipo è illustrato nella Fig. 2.9, per un generico esempio di sperimentazione pre-operativa in orbita di un satellite di osservazione della terra.

È importante notare l'accento da porre sulle analisi tematiche, cioè sugli studi che permettono di definire la missione e pertanto la tipologia di strumenti di bordo da sviluppare per rispondere ai requisiti di missione.

Infatti partendo da un requisito, o da una serie di essi, quali il bisogno di controllare l'andamento dinamico della vegetazione o della superfice degli oceani ad esempio, le analisi tematiche devono poter rispondere a interrogativi specifici tipo:

- Quali parametri occorre misurare e con quale precisione?
- Quale deve essere la ripetitività delle misure?
- Quale sensore deve essere utilizzato per fornire la migliore soluzione?

Per dare risposte idonee è spesso necessario dotarsi di strumentazione al suolo o aerotrasportata al fine di effettuare fattive misurazioni, esperienze e ricerche per sperimentare le campagne di misurazione e preparare gli utilizzatori futuri alla fruizione dei dati operativi.

I risultati di queste campagne preoperative devono poi essere utilizzati per reindirizzare e rendere più efficaci gli obiettivi della missione.

Nella Fig. 2.9 viene schematizzato un processo di definizione di una missione applicativo-sperimentale, per la quale ha già avuto luogo una consultazione che ha identificato un certo numero di strumenti adatti a soddisfare i requisiti della missione.

Come già detto, nell'avviare questa tipologia di missioni, non è detto che il livello di TLR di determinati sensori o strumenti sia adeguato, ma proprio per questo l'agenzia mette in essere il programma con quegli strumenti così da produrre innovazione tecnologica e industriale.

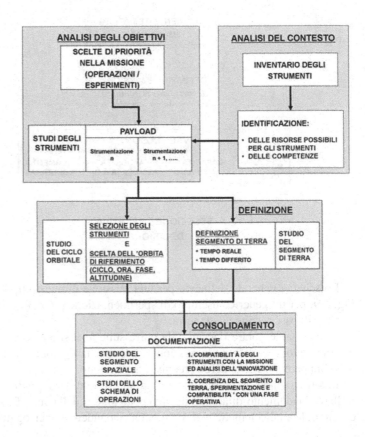

Fig. 2.9 Schema generale di decisione di un programma applicativo-sperimentale dell'ESA

2.4.3
Programmi commerciali

Nei due paragrafi precedenti ci si è soffermati sulla logica di sviluppo di due tipologie di programmi dell'ESA, e questo poiché dal 1975 in Europa è stata l'agenzia europea a gettare le basi della programmazione scientifica e industriali dei progetti spaziali. Il processo che ha portato l'ESA ad adottare le logiche di avvio e gestione dei programmi è stato fortemente influenzato da interazioni con la NASA, e infatti esperti europei, durante gli anni '70 e '80, hanno lavorato con gli omologhi statunitensi per comprendere le problematiche relative alla realizzazione dei programmi spaziali ed elaborarne le procedure; le quali necessariamente sono state poi "assimilate" a quelle statunitensi che già dagli anni '60 avevano portato gli USA ai successi spaziali ben noti.

Negli anni '80 e '90, a seguito di un crescente sviluppo commerciale, principalmente nel settore delle telecomunicazioni, dei sistemi satellitari, l'implementazione di un programma commerciale ha conosciuto e via via elaborato processi decisionali che differiscono anche sensibilmente dalla logica di un'agenzia governativa quale l'ESA o la NASA.

Tipicamente un programma commerciale ha due caratteristiche fondamentali:

1. necessità di basso rischio tecnologico e di bassa difficoltà operativa (sia realizzativa che di utilizzo in orbita);
2. necessità di una elevata efficacia economica del proprio sistema.

Questi parametri guida sono alla base delle scelte tecnologiche e programmatiche, pertanto un sistema commerciale vede praticamente sempre la realizzazione di un sistema già provato e con esperienza operativa, con una alta affidabilità e una elevata vita operativa, con una basso tempo di sviluppo e una rapida messa in orbita.

Ne consegue che i componenti saranno quelli già qualificati e provati in orbita, e la realizzazione del sistema non prevederà variazioni di processi industriali già in essere.

È molto raro che un ente commerciale intenzionato a utilizzare sistemi spaziali, ad esempio gli operatori di telecomunicazioni satellitari o di immagini satellitari, siano propensi a introdurre nei loro sistemi innovazioni tecnologiche tali da introdurre rischi nello sviluppo e lancio del sistema.

Oltre a ciò molto spesso un operatore commerciale di sistemi satellitari non dispone di personale con specifiche competenze tecnologiche spaziali, e si affida pertanto a consulenti esterni (esperti del settore spaziale) che operano per le definizione del sistema e il successivo controllo di programma.

La realizzazione di un programma commerciale differisce quindi da quelli esaminati precedentemente e consta generalmente di cinque fasi, evidenziate nella Fig. 2.10.

Nella fase 1 l'ente commerciale elabora gli studi di mercato, il modello commerciale da implementare, effettua delle valutazioni di rischio tecnologico ed economico, e in sostanza elabora il proprio piano di business.

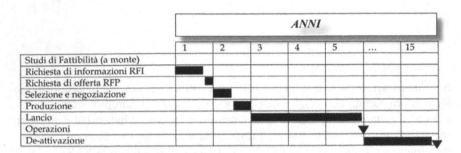

Fig. 2.10 Schema generale di decisione di un programma commerciale

Nella fase 2 l'ente commerciale invia ai produttori industriali di suo gradimento una cosidetta RFI, cioè Request For Information, simile alla Call for Ideas richiamata nei paragrafi precedenti a proposito dei processi di avvio di programmi
dell'ESA.

La RFI contiene richieste preliminari ma abbastanza specifiche quali:

• esperienza produttiva;
• eventuali proposte tecniche tali da migliorare l'efficacia del sistema;
• ciclo produttivo proposto;
• stima preliminare di costi e tempi.

Nella fase 3 l'ente commerciale spedisce ai produttori industriali di suo gradimento,
e che hanno risposto alla RFI, una cosidetta RFP, cioè Request For Proposal. A
questo punto il produttore industriale interessato ad aggiudicarsi il contratto per la
realizzazione del programma deve fornire una dettagliata proposta di programma, la
cui struttura sarà oggetto della trattazione del Capitolo 3, e che sostanzialmente non
differisce significativamente da quella messa in essere da un produttore industriale
verso un'agenzia come ESA o NASA.

Nella fase 4 l'ente commerciale ha selezionato il fornitore, ha siglato il contratto di fornitura, e si avvia quindi il processo produttivo per il cosidetto "procurement" del sistema. La gestione del programma costituisce il cuore della fase 4 che
si conclude con l'accettazione in orbita del sistema.

Nella fase 5 il fornitore trasferisce al cliente (l'ente commerciale o un ente da lui
delegato) il sistema in orbita, e iniziano le operazioni commeriali, che durano uncer-
to numero di anni per poi, generalmente, concludersi con un Fase di de-attivazione
del sistema che nel caso dei satelliti di telecmunicazioni geostazionari è ad esempio
una operazione di de-orbitazione. In pratica il satellite viene spostato, con il poco propellente residuo, su un'orbita leggermente diversa da quella utilizzata per le
operazioni in modo da non "ingolfare" lo spazio con sistemi inutilizzati.

2.5
Fasi di svolgimento di un programma spaziale

I programmi spaziali, nel mondo come in Europa, sono stati da subito organizzati in *Fasi*, corrispondenti allo svolgimento della vita del programma stesso.

Effettuati in prima istanza gli studi di fattibilità di un programma e realizzato un avanprogetto, si passa alla decisione di avviare o meno il programma e quindi alla elaborazione del Management Plan. Quindi si realizza il programma lo si lancia fisicamente nello spazio e si utilizzano i servizi/applicazioni per cui la missione è stata definita.

Ma data la complessità sempre crescente dei programmi spaziali il tempo minimo tra i primi studi di fattibilità e il lancio nello spazio, può oscillare tra i 28 o 36 mesi necessari alla realizzazione ad esempio di un satellite commerciale di telecomunicazione, ai 6 o anche 10 anni necessari ad esempio alla realizzazione e qualifica di un lanciatore. In casi come la realizzazione della Stazione Spaziale Internazionale si è arrivati a oltrepassare i 15 anni.

Questa dilatazione temporale conduce i responsabili del programma a dettagliare la pianificazione temporale del Management Plan in *Fasi* alla fine delle quali sono definiti degli obiettivi realizzativi da perseguire.

Questa organizzazione temporale delle differenti attività, degli obiettivi e dei risultati intermedi è oggi indispensabile.

Ogni passaggio da una fase a un'altra è autorizzato dalle autorità responsabili del programma e conferma contrattualmente la coerenza tecnica del lavoro fin lì svolto dal gruppo industriale. Così facendo si evita di rimettere in causa le scelte tecniche delle Fasi precedente, a meno che non intervengano problemi significativi nello sviluppo.

2.5.1
Logica del controllo di programma

I programmi spaziali implicano per la loro dimensione e la loro specificità tecnologica, uno sviluppo pluriennale con budget di investimento dell'ordine di centinaia, o anche migliaia, di milioni di €.

Un satellite commerciale di telecomunicazione a grande capacità con oltre 50 transponder a bordo può costare ad esempio oltre 300 milioni di € in 30 mesi includendo la costruzione del satellite, l'acquisto del lanciatore, l'assicurazione contro gli incidenti e la costruzione del segmento di terra.

Così come ad esempio la costruzione e il lancio dei primi quattro satelliti italiani di osservazione della terra Cosmo Skymed è costata oltre 1200 milioni di € in 5 anni.

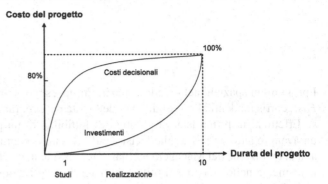

Fig. 2.11 Relazione
generale Costo/Durata
di un programma

È quindi impensabile attendere la fine di un programma per verificare se esso è soddisfacente per gli utilizzatori.

Occorre avere il controllo delle attività di programma per convalidare le soluzioni tecniche economicamente adottato via via che le attività si sviluppano nel corso della vita del programma.

La grande difficoltà di questo controllo proviene da:

- decisioni che condizionano l'investimento troppo presto nella vita del programma (vedasi il grafico della Fig. 2.11);
- non devianza dai requisiti iniziali.

La logica di controllo quindi si definisce tale se:

- si accerta passo dopo passo la convergenza verso l'obiettivo realizzativo specificato, con le condizioni di costo e di tempo;
- si gestisce l'impegno progressivo e controllato dei mezzi e delle risorse necessari alla realizzazione del programma, con delle scelte che non dovrebbero bloccare le soluzioni tecniche in modo prematuro;
- si consolidano i risultati ottenuti dalle attività di programma per giungere progressivamente alla realizzazione progressiva del sistema;
- si prevede sin dall'inizio una "riserva" temporale ed economica denominata "contingenza", come illustrata in Fig. 2.12.

Questa logica conduce a un approccio a step successivi e a eventi-chiave, detti "milestones", che coprono in varie Fasi l'insieme della durata del programma. Ogni Fase è caratterizzata da una milestone.

Ogni milestone deve permettere di:

- verificare quello che si è realizzato;
- decidere cosa condiziona eventualmente il proseguo del programma.

Le milestones sono l'occasione per fare il punto su:

- la qualità di produzione;
- i ritardi generati già o potenziali;
- i costi sostenuti e da sostenere;

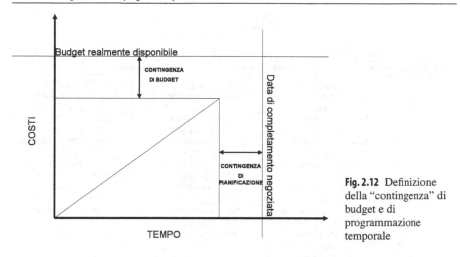

Fig. 2.12 Definizione della "contingenza" di budget e di programmazione temporale

- i mezzi impiegati e da impiegare;
- le risorse impiegate e da impiegare.

Una milestone comprende due eventi:

1. una validazione che può spesso essere effettuata da autorità esterne e interne al programma, le quali forniscono le loro raccomandazioni sulla Fase di attività in corso o appena terminata;
2. una decisione del responsabile del programma sul proseguo delle attività includendo l'applicazione delle raccomandazioni emesse.

Sin dagli anni '60 negli Stati Uniti si è avvertita l'esigenza di standardizzare la logica di progetto e questo processo si è concretizzato con la stesura di una serie di requisiti denominati NASA Military Standard. Attraverso questi standard sia il cliente che il contractor disponevano di specifiche procedure di programma da rispettare.

Anche in Europa a partire dagli anni '70, subito dopo la nascita dell'ESA nel 1975, si avvertì una analoga esigenza, e vennero sviluppate le cosidette ECSS cioè European Cooperation for Space StandardizationindexEuropean Cooperation for Space Standardization!ECSS che sono state internazionalmente riconosciute e assimilate alle Military Standards statunitensi.

Le ECSS sono suddivise in tre livelli:

- la serie E, di ingegneria;
- la serie Q, di qualità di prodotto;
- la serie M, di management,

ed hanno tre livelli di dettaglio, nel primo sono trattate gli standard per definire strategie e requisiti, nel secondo funzioni e obbiettivi della gestione, e nel terzo livello è evidenziata la linea guida per il raggiungimento del livello 2.

La Fig. 2.13 raffigura una overview delle ECSS dell'ESA.

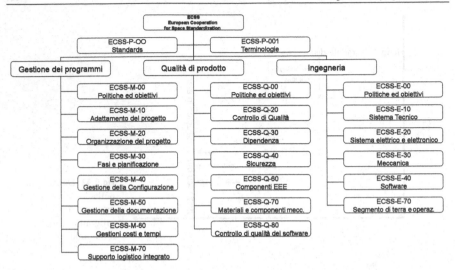

Fig. 2.13 Overview delle ECSS, European Cooperation for Space Standardization

Andiamo ora a definire le varie Fasi di programma. Ogni Fase si conclude con una "review", cioè una grande riunione collegiale, nel quale un comitato, "board", specifico di responsabili del programma ed esperti, analizza i risultati ottenuti e su questa base definisce azioni di recupero o di proseguo, e decide se procedere o meno alla Fase successiva.

Fase 0. Analisi della Missione

A seguito ad esempio di una Call for Ideas generalmente si esaminano diversi progetti di missioni, e le autorità responsabili dell'avvio di un programma ne selezionano solo alcune per un'analisi più approfondita, cioè per una Fase 0.

L'obiettivo della Fase 0 è quindi quello di raccogliere gli elementi che consentono di giudicare in maniera formale l'ordine di grandezza di un programma, e il livello di sforzo industriale, tecnico ed economico stimato per soddisfare i requisiti della missione.

Di conseguenza nel corso della Fase 0:

- la missione deve essere definita e i suoi obiettivi chiariti;
- uno o più sistemi in grado di soddisfare la missione devono essere identificati, così come devono essere identificati i principali problemi tecnici da risolvere;
- una stima dei mezzi, dei tempi e delle risorse necessarie deve essere elaborata.

La Fase 0 si concretizza in un avanprogetto che deve permettere alle autorità decisionali, o al cliente, se proseguire o no con l'analisi della missione considerata.

Una decisione positiva a questo punto rappresenta per il programma un momento chiave, uno step decisivo e inizializza realmente il programma stesso.

La review finale è denominata MDR, "Mission Definition Review".

Fase A. Analisi di fattibilità o fase di studio preliminare

Normalmente a seguito di una Fase 0 se la missione ha proposta ha suscitato sufficiente interesse per un suo fattivo sviluppo, viene avviata una Fase A di analisi più
approfondita.

L'obiettivo quindi di tale Fase A è quello di valutare la fattibilità di un programma
sotto gli aspetti tecnici, di costo e di tempo, conducendo quindi a una più concreta
identificazione dei rischi connessi allo sviluppo di tale programma.

Durante la Fase A pertanto:

• gli obiettivi del programma proposto sono chiaramente precisati e i requisiti della
  missione sono identificati;
• anche le analisi economiche e strategiche di attuazione vengono dettagliate;
• le modalità tecniche di realizzazione e messa in opera vengono analizzate al fine
  di sintetizzare quali sono le principali difficoltà tecniche da sormontare e quale è
  la possibilità di poter centrare gli obiettivi definiti dal programma.

Alla fine della Fase A deve pertanto essere redatto un rapporto tecnico-economico
di studio e analisi relativo alla messa in essere del programma, che deve contenere:

• una proposta di piano di sviluppo, "Development Plan", completa del piano di
  ricerca & sviluppo tecnologico eventualmente necessario alla realizzazione del
  programma (ad esempio nel caso del programma europeo Galileo per la navigazione satellitare, il Development Plan ha previsto tra l'altro anche il piano di
  R&S relativo allo sviluppo degli orologi atomici di bordo la cui tecnologia in
  Europa era sì presente ma non qualificata per il volo spaziale);
• una corretta e realistica valutazione dei costi e dei tempi di realizzazione del programma, con l'identificazione dei margini di incertezza; ad esempio nella realizzazione di un satellite commerciale, una stima non corretta dei tempi di consegna
  comporta per il cliente, cioè l'operatore commerciale, una perdita nei ricavi attesi
  dalla vendita del servizio, e per il gruppo industriale una penalità nel pagamento
  da parte del cliente;
• una proposta realistica dello schema di finanziamento del programma, della sua
  organizzazione di management, e della documentazione associata.

La Fig. 2.14 illustra schematicamente il flusso di documenti relativi alle diverse
attività e che saranno poi alla base della "milestone" finale della Fase, cioè la review
conclusiva.

Questo flusso è estremamente importante per il proseguo del programma perché
da esso scaturiscono i requisiti di base per l'avvio del programma

Normalmente nei programmi spaziali alla conclusione della Fase A si tiene la
prima grande riunione di revisione della analisi effettuate, cioè la PRR, "Preliminary
Requirements Review".

Questa riunone vede la partecipazione dell'autorità decisionale, a esempio il
cliente che sia l'ESA o un'altra Agenzia committente o che sia un'entità commerciale che ordina un prodotto; vede poi ovviamente la partecipazione del gruppo
industriale che ha condotto l'analisi, e può vedere anche la partecipazione di enti e

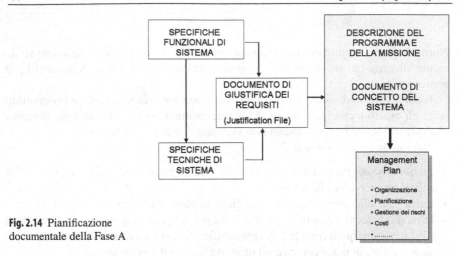

Fig. 2.14 Pianificazione
documentale della Fase A

risorse esterne al programma ma di dichiarata competenza, che vengono chiamate
dall'autorità decisionale a valutare il rapporto.

I risultati della review conducono alla scelta di continuare o meno il programma,
considerando le eventuali raccomandazioni di modifiche e/o di variazioni emesse
dai componenti della review durante le loro analisi.

Gli sforzi in termini di risorse da impiegare per la Fase A dipendono ovviamente
dall'ampiezza del programma da mettere in essere. Ad esempio lo studio di Fase 0
di un nuovo lanciatore può durare da qualche mese fino a oltre un anno impiegando
dozzine di risorse (si parla in termini di mesi/uomo per indicare il livello di risorse
utilizzate).

Fase B. Definizione Preliminare

L'obiettivo di questa fase è quello di giungere a una definizione completa del
programma.

L'avvio della Fase B è già una scelta importante da parte dell'autorità decisionale
in quanto convalida le scelte tecnico-economiche effettuate nella Fase A e quindi ne
adotta le opzioni tecniche che sono alla base del programma.

L'avvio di questa Fase rappresenta in generale una presa di responsabilità da parte
dei realizzatori del programma, quindi stante la sua importanza una significativa
parte di lavoro viene svolta, e in particolare:

- l'analisi e la scelta definitiva del sistema/prodotto da realizzare nel programma; pertanto permane in questa Fase una componente di valutazione e discussione sulle scelte definitive,che una volta terminate produrranno la stesura delle
  specifiche del sistema da realizzare;
- la definizione e l'architettura del sistema e la distribuzione funzionale dei sotto-
  sistemi;
- la definizione dell'eventuale programma associato di ricerca & sviluppo;

- la stesura del Development Plan completo del numero di modelli da realizzare, delle procedure di prova e qualifica e dei mezzi associati per tali fini (ad esempio la definizione dettagliata degli strumenti meccanici ed elettrici di prova);
- la definizione dell'organizzazione manageriale e industriale incaricata della messa in essere del programma, completa della valutazione dettagliata dei mezzi e delle risorse, umane e materiali, necessarie.

La conclusione della Fase B è anch'essa oggetto di una review di programma, denominata generalmente PDR, "Preliminary Design Review".

Frequentemente, data la dimensione del programma e quindi l'impegno economico da profondere anche nelle Fasi A e B, quest'ultima viene suddivisa in due o più sotto-Fasi, denominate B1, B2...Bn. Ognuna di esse vede al suo termine una review intermedia, denominata SRR, "System Requirements Review", il cui svolgimento e conclusione sono necessari all'avvio della sotto-Fase seguente.

Generalmente quindi la B1 è consacrata alla definizione delle specifiche del sistema,e la B2 alle specifiche dei sotto-sistemi, ma ogni programma può vedere una suddivisione in sotto-Fasi secondo differenti criteri.

Nella Fase B il programma mobilizza solitamente risorse e capitali già ingenti, e lo sforzo sempre in termini di mesi/uomo può tradursi per un progetto satellitare complesso (ad esempio i satelliti scientifici dell'ESA) a più dozzine di mesi/uomo. Anche il costo della Fase B raggiunge dal 10% al 15% del costo totale previsto del programma. Di fatto quindi le scelte concettuali di tale Fase determinano l'80% o anche il 90% del costo di realizzazione del programma.

Ne discende l'importanza assunta dalla decisione di continuare il programma alla conclusione della PDR di Fase B, in quanto le Fasi successive vedranno la concreta messa in essere del programma.

Fase C. Definizione di dettaglio

L'obiettivo di questa Fase è quello di giungere alle specifiche di realizzazione.

In questa Fase pertanto il gruppo industriale è chiamato a dettagliare le parti costitutive del programma e le condizioni per la loro realizzazione. Si tratta quindi di un importante lavoro industriale che vede studi dettagliati ma anche modellizzazioni e test preliminari.

La cosidetta CDR, "Critical Design Review" vede la conclusione della Fase C, e precede la fase realizzativa.

Fase D. Produzione

Nel corso di questa Fase del programma il sistema viene costruito, testato e la sua capacità a soddisfare i requisiti della missione per cui è stato realizzato viene verificata.

Ovviamente quest'ultima verifica avviene in condizioni operative e su una struttura che sarà protagonista della missione.

Una review specifica di qualifica operativa conclude questa Fase, ma generalmente data la complessità e l'ampiezza temporale della Fase D diverse review intermedie sono necessarie, e la loro importanza è via via segnata dall'avvicinarsi della scadenza temporale di lancio.

Nei programmi di realizzazione dei satelliti e dei lanciatori, ad esempio la fase D è frazionata in diversi step caratterizzati da review specifiche, ad esempio la QR, "Qualification Review", la PCR, "Production Configuration Review" fino alla AR, "Acceptance Review", che fanno il punto della situazione e sono passaggi obbligati (milestones appunto) da superare per l'avanzamento delle attività che nei fatti si concludono con il lancio del sistema nello spazio.

La decisione da parte delle autorità decisionali di passare alla Fase successiva, a seguito di una positiva "Acceptance Review", chiude di fatto la fine dello sviluppo del programma.

Talora le Fasi C e D sono "unificate" con la dizione Fase C/D.

Fase E. Operazione

Il sistema spaziale sviluppato dal programma è lanciato nello spazio in questa Fase e opera fornendo i servizi per i quali è stato progettato.

La ORR, "Operational Readiness Review" dà evidenza della funzionalità del sistema e autorizza l'avvio della campagna di lancio, che si conclude con la FRR, "Flight Readiness Review" che dà l'approvazione definitiva e finale per il lancio in orbita.

Generalmente per un satellite di telecomunicazioni la ORR avviene da due a tre mesi prima del lancio, e dà l'avvio alla campagna di lancio, cioè la spedizione del satellite sul sito di lancio per le operazioni finali di test, carico di propellente e di integrazione finale col lanciatore. La FRR avviene il giorno prima del lancio, e a seguito di una conclusione positiva il lanciatore viene caricato di propellente e avviato alla sequenza di lancio.

Una volta in orbita un satellite scientifico quindi inizia a far funzionare i suoi strumenti e a trasmettere i dati raccolti per qualche anno; un satellite di telecomunicazioni inizia a ricevere e trasmettere segnali in radiofrequenza sulla area geografica di sua copertura per oltre dieci anni, oppure un lanciatore esegue la messa in orbita e il rilascio del satellite che reca a bordo e conclude così quasi subito, dopo meno di un'ora dal momento del lancio da terra, la sua Fase operativa.

È importante notare che nel caso ad esempio di sistemi detti ricorrenti, produzione di satelliti commerciali o lanciatori della stessa versione, i dati di funzionamento raccolti nel corso della Fase D, concorrono a modifiche anche significative del sistema.

Ecco che il programma immette tali modifiche a ogni livello nel suo Development Plan e ciò conduce a un nuovo processo in Fasi, ovviamente notevolmente accelerato rispetto a quello iniziale, che rispetta la logica prevista ma modifica elementi o sottosistemi del processo originario di sviluppo.

Queste analisi possono condurre alla Fase F, o di disposizione finale, con la conclusione della vita operativa del sistema e la sua deattivazione.

Uno schema sintetico del processo in Fasi è riassunto nella Fig. 2.15, in tale pianificazione viene inserita in ascissa la variabile "tempo", cioè la misura della durata del progetto come da durata nominale di programma.

Il flusso di progetto definito sopra non si applica solo al Prime Contractor del programma, ma in cascata coinvolge tutti i sotto fornitori per i quali il processo di

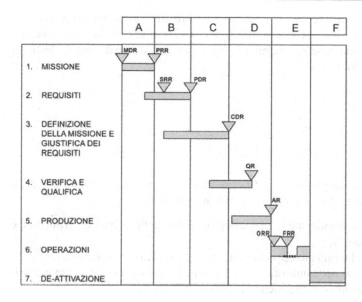

Fig. 2.15 Schema generale delle Fasi di un programma

review è gestito direttamente dal Prime Contractor, ma l'approvazione all'avanzamento e al pagamento è solitamente delegata al cliente principale. Tale è ad esempio la prassi per i programmi dell'ESA.

Ovviamente a livello di apparato e di sottosistema il flusso di progetto deve anticipare quello del sistema e le review critiche devono concludersi prima delle Fasi di programma, altrimenti l'impatto sulla pianificazione globale diviene ingestibile. A titolo di esempio la Fig. 2.16 illustra una tipica gerarchia funzionale delle responsabilità di progetto.

Esiste una differenza tra la metodologia dei programmi istituzionali, quali quelli dell'ESA, e la prassi dei programmi commerciali per i quali ad esempio gli aspetti d'innovazione tecnologica, che inducono maggior rischio, sono solitamente negletti.

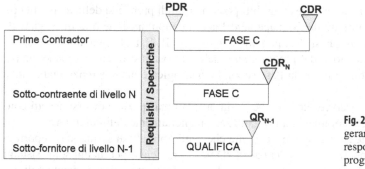

Fig. 2.16 Esempio di gerarchia di responsabilità di programma

In generale però anche nei programmi commerciali la metodologia di standardizzazione ECSS è assunta come modello, se non altro perché il flusso di controllo di qualità e di produzione rappresenta in ogni caso per il cliente una garanzia di affidabilità di prodotto.

2.5.2
Vantaggi e Limiti della suddivisione in Fasi del programma

L'organizzazione di un programma attraverso avanzamenti progressivi e tappe decisionali intermedie ha dei vantaggi innegabili in termini di:

- discernimento e definizione in maniera progressiva delle attività da sviluppare e dei mezzi necessari;
- ingaggio solo al momento opportuno dei mezzi e delle risorse necessari;
- controllo da parte delle autorità responsabili dello stato di avanzamento e possibilità di mettere in essere tecniche di gestione più efficaci.

Di contro i limiti risiedono essenzialmente nella difficoltà di descrivere con schemi stabili e standardizzati il processo completo di sviluppo di un programma spaziale che si articola in un contesto governativo, industriale e commerciale in evoluzione perenne.

La creazione di Joint-Ventures o di fusioni industriali, di accordi intergovernativi o commerciali rappresentano delle variabili che possono influenzare la vita di un programma spaziale la cui durata è pluriennale.

Ovviamente le autorità responsabili del programma devono organizzare le attività con rigore e logica al fine di predisporre una organizzazione il più possibile solida e ordinata del Management Plan, ma devono anche prevedere flessibilità in questa organizzazione per adattarsi alle potenziali evoluzioni di contesto.

Ciò richiede molto spesso immaginazione, buon senso ed, appunto, flessibilità umana e organizzativa che possono apparire contraddittorie con la nozione di organizzazione ingegneristica per regole e norme.

Nel fare ciò le autorità responsabili possono quindi prendersi delle ampie libertà nel definire all'interno del Management Plan la denominazione o la tipologia dell'organizzazione per Fasi. Accanto alle lettere 0, A, B, C, D, E ogni autorità responsabile può, in funzione del programma e delle circostanze in cui esso si sviluppa, aggiungere il contenuto della Fase secondo una logica e una coerenza realizzativa specifica.

Per esempio occorre rilevare che in un programma spaziale diversi aspetti concorrono a rendere complessa un'organizzazione nettamente definita in Fasi.

Tecnicamente ad esempio è frequente che degli obblighi di sviluppo comportino degli scavalcamenti di Fasi. Una Fase C/D può cominciare per alcuni sotto-sistemi durante la Fase B del programma a causa di ragioni di approvvigionamento o di inizio di lavori di lunga durata (realizzazione opere edili di una base di lancio ad esem-

pio). Oppure alcuni sviluppi tecnologici che normalmente dovrebbero terminare in
Fase B possono proseguire nella Fase C/D.

Quasi sempre poi i ritmi di avanzamento delle diverse parti del programma sono
differenti, ad esempio per un programma di un satellite commerciale la definizione
di Fase B dello sviluppo del segmento di terra (ad esempio terminali di ricezione) deve necessariamente attendere una configurazione di dettaglio del segmento
spaziale (ad esempio payload di bordo) che non può che avvenire in una Fase C/D.

Infine lo stesso processo decisionale si articola non sempre in sincronismo temporale con lo stato di avanzamento del programma, poiché nel corso del suo sviluppo questo richiede un insieme significativo di decisioni operative intermedie che
poi nel complesso costituiranno quelle scelte tecniche da valutare al termine di ogni
Fase nelle opportune review.

È compito del Capo Programma armonizzare tutte queste attività coordinandole
nel tempo.

2.5.3
Le review di programma

Le review di programma sono delle riunioni di durata limitata (da un giorno a qualche settimana), indette a momenti prestabiliti dal Management Plan, e nel corso
delle quali le attività fin lì svolte dal programma vengono presentate, esaminate e
criticate.

Le review di programma costituiscono per le autorità decisionali e per il capo
Programma lo strumento condiviso per controllare e gestire il programma.

L'obiettivo delle review di programma è:

- effettuare dei bilanci delle attività di programma a differenti step temporali;
- supportare le autorità decisionali e quelle di programma a controllare lo stato di
avanzamento delle attività;
- fornire alle autorità decisionali e al Capo Programma gli elementi per valutare se
le attività consentono il proseguo del programma o un suo reindirizzo.

A tal fine la metodologia applicata alle review è la seguente:

- si prendono le opportune distanze dalle attività abituali (luogo di riunione, tipologia di comportamento) per esaminare gli elementi costituenti del programma;
- si favorisce il confronto tra posizioni diverse senza restrizioni di discussioni o
dibattiti;
- si chiamano personalità tecniche e manageriali estranee al programma, che con il
loro sguardo del tutto al di fuori del contesto programmatico possono introdurre
elementi di novità nell'analisi mettendo in evidenza anomalie o comportamenti
migliorabili.

Ogni review è generalmente organizzata in modo che un "gruppo di review" costituito da un certo numero di persone non necessariamente implicate direttamente

nel programma, porti una valutazione critica dello stesso esaminando documentazione e assistendo a presentazioni da parte delle autorità responsabili e del gruppo industriale.

Il gruppo di review, che elegge un suo Presidente, emette delle "osservazioni" e delle "raccomandazioni" scritte su formulari standard che sono trasmesse alle autorità decisionali e al Capo Programma per le opportune valutazioni e azioni.

Un aspetto fondamentale è quello della organizzazione delle review, ed è utile distinguere i due periodi significativi della vita di un programma per i quali l'incalzare delle review ai differenti livelli (sistema, sotto-sistema, apparato) è differente.

Il primo periodo è quello della definizione del programma quando le attività sono di studio e concezione, e le review conseguenti possono "divergere" ai diversi livelli (sistema, sotto-sistema, apparati), ma sono comunque condotte cronologicamente nell'ordine crescente.

Le Fasi corrispondenti sono la 0, A e B.

Il secondo periodo è quello della realizzazione del programma quando le attività sono di costruzione e prova, e le review conseguenti "convergono" a tutti i livelli verso le review di sistema.

Le Fasi corrispondenti sono la C e D.

Le review possono avere le forme più varie in funzione del programma e dell'organizzazione impartita dal gruppo di review. Ma in generale data la caratteristica dei programmi spaziali queste riunioni mantengono sempre un certo formalismo procedurale consono alle limitazioni di diffusione e alla confidenzialità che spesso le informazioni tecniche condivise richiedono.

Nella review il gruppo deve sempre tenere a mente che il suo obiettivo non è quello di sostituirsi alla autorità responsabile, ma quello di ottenere da essa la migliore valutazione possibile dello stato di avanzamento del programma.

Attraverso specifiche note tecniche numerate, emesse dal gruppo industriale, il gruppo di review prende nota dei problemi sollevati per la conseguente discussione ed eventuale archiviazioni. Qualora un problema non venisse archiviato esso da luogo a una azione per le autorità responsabili di verifica e chiusura successiva del problema.

Il gruppo di review, guidato il suo Presidente, anima la riunione, stabilisce l'ordine del giorno, raccoglie le note tecniche di problemi sollevati, organizza le analisi per le soluzioni necessarie e sintetizza le attività svolte.

Il suo ruolo è fondamentale per presentare alle autorità decisionali le osservazioni e le raccomandazioni finali durante la riunione di conclusione della review.

Riunire in un gruppo di review delle personalità competenti, motivate e disponibili non è un compito agevole.

Le autorità decisioniali e il Capo Programma devono dar prova di buon senso e acuta valutazione per formare un insieme di persone, molte delle quali non impegnate direttamente nel programma, che siano in grado di comprendere davvero le scelte tecniche fatte e intuirne i possibili problemi realizzativi.

Ciò è alla base infatti delle review: porsi delle domande competenti e intuire dei possibili problemi.

Per il successo di una review occorre quindi una solida preparazione del gruppo di review, un giusto mix di personalità interne, esterne e vicine al programma e in definitiva una significativa adesione personale alla attività.

I rischi principali delle review sono quasi sempre dovuti a eccessi di formalismo attarverso i quali è la forma a essere criticata e non il contenuto. Oppure a una superficialità nell'esaminare in tempi limitati gli aspetti rilevanti del programma.

Il minimizzare tali rischi resta una delle principali attività del Presidente del gruppo di review, o del suo comitato direttivo, il "board".

Il marketing dei programmi spaziali — 3

3.1
Logica del marketing di un programma spaziale

In un contesto economico si può definire la necessità del marketing quando l'offerta diviene superiore alla domanda, quando cioè l'insieme delle industrie o società che propongono un progetto o un prodotto supera l'insieme dei clienti che possono acquistare quel prodotto o finanziare quel progetto.

In questa accezione quindi la domanda è intesa quindi come interesse di acquisto per fini commerciali (ad esempio l'operatore satellitare di telecomunicazioni che intende acquistare un satellite per aumentare il proprio fatturato) o di capacità di spesa per fini diversi (ad esempio l'Agenzia Spaziale Europea che intende appaltare un grande contratto per realizzare un satellite scientifico in grado di aumentare la conoscenza dell'universo).

Gli economisti classificano generalmente quattro tipi di situazioni economiche:

- economia di produzione, quando cioè le industrie non producono quanto richiesto dai clienti; in questo caso il marketing non ha ragion d'essere;
- economia di distribuzione, quando cioè esiste un equilibrio tra l'offerta e la domanda, si tratta evidentemente di una situazione ideale e anche in questo caso il marketing non ha motivo di esistere;
- economia di mercato, quando cioè l'offerta industriale è superiore, a volte molto superiore, alla domanda, e in questo caso il marketing diviene fondamentale;
- economia di contesto, quando cioè entrano in gioco, anche se spesso non in maniera diretta, anche attori non economici ma egualmente influenti (ad esempio governi, enti istituzionali, agenzie); si tratta di un'economia molto prossima a quella di mercato dove il marketing diviene ancora più sensibile dato appunto il contesto in cui si viene a operare.

Spagnulo M.: Elementi di management dei programmi spaziali
DOI 10.1007/978-88-470-2309-3_3, © Springer-Verlag Italia 2012

I programmi spaziali rientrano nelle ultime due categorizzazioni di situazioni economiche, pertanto gli aspetti di marketing assumono nel settore un rilievo significativo
che deve adattarsi alla peculiarità già definita delle attività spaziali.

Il marketing pertanto, in maniera ovviamente più significativa all'interno di una
industria, deve essere in fase con il mercato.

In altri termini il management deve avere una sensibilità comune e orientata.

Talora nei programmi spaziali ciò non sempre avviene, poiché spesso nelle industrie a elevata tecnologia, e governate ingegneristicamente, l'obiettivo prioritario
può essere quello della valorizzazione tecnica orientando il programma più verso la
sua spinta innovativa piuttosto che verso le reali aspettative del cliente.

Molto spesso ciò avviene in mercati a forte spinta statale come quello spaziale.

La spinta alla valorizzazione tecnica eccessiva può essere dunque controprodu-
cente, ma esiste un paradosso, per cui l'industria spaziale tende, in questo come
tutte le industrie, a una situazione di economia di produzione nella quale aumenta
i propri margini di manovra, i volumi di affari e di conseguenza i ricavi. Nel fare
ciò l'industria punta sulla innovazione tecnologica, la quale risultando recepita e
accettata dal mercato spinge l'industria proprio verso un'economia di produzione.

Ecco che per il mercato spaziale il mix industriale tra spinta all'innovazione e sua
limitazione oscilla significativamente, e quando la bilancia economica è in grado di
assicurare una buona economia di contesto, le oscillazioni vengono più facilmente
assorbite dal comparto industriale.

3.2
Funzione del marketing di un programma spaziale

Una definizione unica del marketing per i programmi spaziali non esiste; volendo
trarne una partendo da due punti di vista diversi, il primo di colui che non possiede una formazione tecnica particolare, e il secondo di quello del professionista del settore, ecco che probabilmente troveremmo due sfaccettature a prima vista
differenti.

Per quanto riguarda il profano in materia il marketing probabilmente consiste
sostanzialmente in pubblicità e altre forme di promozione; ciò deriva da un'influenza esercitata dalle imprese sui cittadini per acquistare o consumare dei prodotti, e
sarebbe quindi uno strumento di influenza.

Per quanto riguarda il professionista del settore invece il marketing è visto come
il processo per conoscere e prevedere ciò che è nella mente del cliente, e poi per
capire se e come l'impresa può far fronte in maniera economicamente efficace a
questa situazione. Il marketing è quindi uno strumento di analisi.

Nelle imprese del settore spaziale che si situano come già visto in una economia
e metà strada tra quella di mercato e quella di contesto, il marketing corrisponde a
una somma dei due punti di vista, in una situazione in cui a seconda che sia pre-

ponderante l'una o l'altra delle economie il marketing di influenza può essere più o meno prioritario rispetto a quello di analisi.

Ad esempio, per un programma spaziale fortemente collocato in una economia di contesto quale il sistema satellitare europeo di navigazione Galileo, il marketing di influenza è certamente prioritario e fondamentale, e può far passare in secondo piano il marketing di analisi in quanto il contesto politico, strategico ed economico del programma ne caratterizzano l'essenza stessa.

Di contro per un programma commerciale di vendita di un satellite per telecomunicazioni a un operatore il marketing di analisi è prioritario.

All'inizio delle attività spaziali l'economia predominante è stata quella di contesto, successivamente dalla fine degli anni '70 si sono sviluppate significativamente nel mercato spaziale le due economie, di contesto e di mercato.

Pertanto dagli anni '80 acquista progressivamente importanza all'interno del tessuto produttivo la funzione di marketing fino a diventare una funzione talora centrale, certamente non in maniera più importante di quella ad esempio produttiva, ma con un ruolo essenziale in qualche misura di "ambasciatore del cliente" presso le funzioni di produzione o di amministrazione o di finanza. Ad esempio la funzione commerciale nella società europea Arianespace, che vende dagli anni '80 i servizi di lancio nello spazio del lanciatore Ariane, costituisce un elemento centrale e altamente influente nell'organizzazione dell'impresa.

Nell'esaminare la peculiarità della funzione si deve anche considerare che il marketing non corrisponde alle stesse funzioni da impresa a impresa o da paese a paese.

Generalmente in Europa il Direttore Commerciale di una industria spaziale racchiude sotto di sé le funzioni di analisi e influenza ma non quelle di vendita, mentre solitamente negli USA il Direttore Commerciale ha le funzioni di influenza e vendita ma non quelle di analisi che sono lasciate a una funzione tecnica.

Ma anche qui non esiste una regola di base. La già citata società Arianespace per prima in Europa ha sviluppato un modello organizzativo dove il marketing racchiude ad esempio analisi, influenza e vendita

Non esistono quindi soluzioni prestabilite.

Nel caso esistano due funzioni divise è probabile la nascita di rivalità interne che possono nuocere all'industria in quanto generatrici di contrasti, ma possono giovare all'analisi critica e alla diversità intellettuale di cui un management accorto può trarre spunti utili.

In conclusione l'approccio americano consente di ridurre i rischi di conflittualità a scapito però di un potenziale invadente sviluppo d'influenza del marketing.

3.3
Il marketing di programma e di servizi

Il settore spaziale è caratterizzato all'origine da un significativo grado di innovazione e da un peso assai importante della tecnologia.

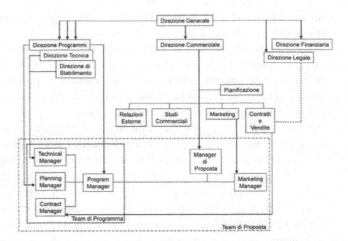

Fig. 3.1 Esempio di
organizzazione
industriale e
commerciale

Nel momento in cui la concezione di un programma spaziale coinvolge tecnologie più efficaci, innovative e ingegnose, l'impresa proponente acquista un vantaggio competitivo.

Il mix di marketing è poi frutto del mix di economie, di mercato e di contesto, nel quale il programma è proposto.

Il marketing mix dei programmi spaziali non è classificabile come un marketing di largo consumo, detto "business to consumer", quanto piuttosto un "business to business", cioè una vendita da impresa a impresa o a una organizzazione, attuato attraverso uno specifico marketing di programma.

Il marketing di programmi spaziali caratterizza imprese che propongono progetti unici, complessi che anche quando sono ripetitivi, come ad esempio la produzione di lanciatori in serie, presentano aspetti di singolarità realizzative.

Il marketing di programmi spaziali ha quindi avuto bisogno di adattare la propria filosofia di sviluppo, poiché per realizzare una missione spaziale occorrono un sofisticato savoir-faire e una enorme dimensione economica e finanziaria.

Ad esempio, le procedure per i bandi di gara o le Call for Ideas delle agenzie spaziali, sono state definite da anni e vengono applicate costantemente con metodologie standard che hanno concorso poi a influenzare anche le procedure per appalti commerciali.

In ogni caso quindi la strategia di marketing consiste essenzialmente nel creare una fitta rete di relazioni a monte del bando, o della richiesta di offerta, per poter in qualche modo influenzare il cliente nella definizione dei requisiti del programma.

Il marketing dei programmi spaziali, molto più sofisticato in confronto con il marketing industriale classico o con il marketing di beni di largo consumo, presenta ancora dei potenziali di sviluppo, nonostante determinate procedure siano state stabilmente configurate, come accennato prima.

Ad esempio a metà anni 2000 il marketing del programma Skynet V relativo alla realizzazione e messa in orbita di satelliti per telecomunicazioni militari del Ministero della Difesa Inglese, è stato un modello innovativo per i programmi spaziali in quanto ha posto in essere per la prima volta una tipologia di Project Financing dedicato a servizi di tipo militare.

In definitiva il marketing dei programmi spaziali caratterizza delle transazioni economiche di tipo "business-to-business" tra fornitori di apparati ed equipaggiamenti, fabbricanti di sottosistemi, integratori di sistemi e infine clienti.

Si veda la Fig. 3.2 per visualizzare la rappresentazione schematica della catena di business.

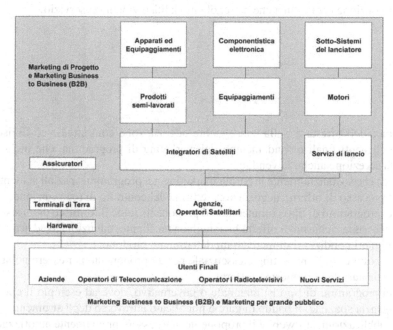

Fig. 3.2 Rappresentazione schematica della filiera di Business per il Marketing del settore spaziale (esempio sistema di telecomunicazione commerciale o governativo)

Praticamente solo la transazione finale può riguardare il mercato di largo consumo cioè il marketing di servizi, ad esempio nelle telecomunicazioni via satellite il business DTH, "Direct-To-Home", della diffusione televisiva genera delle applicazioni finali che sono destinate alla vendita al consumo tramite abbonamenti a pagamento a cosiddetti bouquet o pacchetti di canali televisivi.

Di particolare rilevanza è il business della navigazione via satellite.

In questo caso si è sviluppato un mercato di largo consumo attraverso la realizzazione di sistemi applicativi (navigatori per auto o per telefoni cellulari ad esempio) che utilizzano in maniera gratuita il segnale radioelettrico emesso dai satelliti GPS, senza che però quest'ultimi siano stati realizzati per tali finalità commerciali e che tantomeno sono di proprietà o controllo degli operatori che vendono a largo consumo applicativi a esso relativi.

In altre parole nell'acquistare un navigatore satellitare per automobile non vi è alcuna garanzia commerciale sulla continuità del funzionamento in quanto il proprietario del sistema GPS, i cui segnali sono utilizzati e quindi funzionali alla transazione commerciale tra l'acquirente e il venditore del navigatore, è il Dipartimento della Difesa americano che può alterare o interrompere il segnale secondo le proprie esigenze di sicurezza nazionale.

Diverso è il caso di un abbonamento commerciale di Pay-TV dove tra l'utente finale che acquista l'abbonamento, il service provider che gli fornisce l'apparecchiatura di ricezione e l'operatore, quasi sempre proprietario, dei satelliti, sussiste una transazione economica che ne regola modalità e vincoli di servizio.

3.4
Il processo dell'offerta nel marketing di un programma spaziale

Le tappe dell'offerta e della conseguente negoziazione contrattuale costituiscono i due elementi finali e fondamentali del marketing di programma, che include in questa accezione anche la vendita.

Ecco che sostanzialmente la parola marketing nei programmi spaziali si identifica con il processo di offerta, negoziazione e firma del contratto di realizzazione.

Nei programmi di tipo commerciale il proponente, cioè il fornitore di un sistema, risponde a una richiesta di offerta inviatagli da un cliente, intenzionato ad acquistare alle migliori condizioni di mercato un determinato prodotto.

In questo caso il marketing è essenziale per un proponente per essere nella lista dei destinatari della richiesta d'offerta.

Nei programmi di tipo istituzionale o governativo, dove ad esempio il cliente è una agenzia spaziale, il bando di gara è pubblicato attraverso degli strumenti specifici (pubblicazioni, siti web) e il proponente deve essere previamente autorizzato ad accedere a tali strumenti informativi con una apposita registrazione e un accredito.

In entrambi i casi il cliente prepara una documentazione denominata SoW, "Statement of Work", nel quale vengono dettagliate il più possibile le specifiche e la tipologia delle attività richieste.

Lo SoW è il documento di base che consente:

• al cliente di richiedere con precisione ai fornitori selezionati, o comunque ai diversi proponenti, delle risposte precise e dettagliate con cui procedere alla scelta finale;
• ai proponenti di definire al meglio la propria offerta tecnica ed economica.

A titolo di esempio in un programma di realizzazione di un satellite commerciale di telecomunicazioni, lo SoW è generalmente costituito da una serie di documenti quali:

• Volume 1: la presentazione della missione, del sistema e delle condizioni di gara;
• Volume 2: gli elementi costitutivi della fornitura;

- Volume 3: le specifiche tecniche;
- Volume 4: le specifiche di management, di qualità, di sviluppo e prova;
- Volume 5: la guida per l'offerta e i parametri di valutazione.

Il proponente quindi nella sua offerta deve accogliere tutti i requisiti definiti nello SoW, prestando estrema attenzione alla compatibilità globale dell'offerta con quelli che sono i parametri di valutazione indicati nello SoW.

Sarà quindi opportuno definire nell'offerta una matrice di compatibilità che fornirà al cliente la visualizzazione schematica dell'aderenza dell'offerta alle sue richieste.

Questa matrice di compatibilità è fondamentale per tutti i bandi di gara siano essi commerciali che governativi, in quanto può accadere che un'offerta di un sistema che ecceda le prestazioni definite nello SoW possa essere scartata per ragioni di costo o di efficienza tecnica o di incertezza sul rischio tecnico.

Anche l'offerta deve essere costituita da elementi diversi quali:

- la lettera d'offerta, che è sostanzialmente una lettera commerciale nella quale i responsabili della società proponente esprimono sinteticamente i dettagli tecnico economici dell'offerta;
- Volume 1: un "Executive Summary", costituito da un dossier sintetico in relativamente poche pagine contenente tutti gli elementi caratteristici dell'offerta;
- Volume 2: l'offerta tecnica, cioè il volume descrittivo della realizzazione proposta e del processo di prova e qualifica;
- Volume 3: l'offerta gestionale e amministrativa, che indica la configurazione di management cioè come il proponente organizzerà il programma in termini di risorse, di scelta di sottofornitori, di review di programma e di milestones decisionali;
- Volume 4: l'offerta economica, contenente il prezzo proposto, la sua composizione, la sua eventuale revisione e il piano di pagamenti.

L'insieme dei volumi 2 e 3 costituirà il "Management Plan" definito nel Capitolo 2.

È opportuno soffermarsi sui quattro aspetti fondamentali di un'offerta sui quali tutta la attività di gestione del progetto dovrà essere incentrata: il piano di realizzazione, la scheda delle singole attività, la pianificazione temporale e il prezzo (incluso di evidenza dei costi).

Il piano di realizzazione si esplicita attraverso la costruzione di una struttura organizzativa denominata WBS, "Work Breakdown Structure", che "spacchetta" l'insieme delle singole attività da realizzare, denominate WP's, "Work Packages", e le identifica singolarmente attraverso un indice di riferimento.

A loro volta ogni WP di primo livello sarà decomposto in una serie di WP's di secondo livello, e a seguire in cascata fino al livello costitutivo di base.

A titolo esemplificativo osserviamo la Fig. 3.3 dove la WBS riportata è il piano realizzativo, suddiviso per attività elementari, di un satellite per telecomunicazioni; come si può notare anche le attività di tipo "amministrativo" quali la gestione dei contratti o dei fornitori deve essere riportata per poi essere quantificata in termini temporali e di performance nelle relative descrizioni dei WP's.

La WBS della Fig. 3.3 è volutamente semplificata nel numero e nel dettaglio dei WP, ma è ovvio che il Capo Programma dovrà sin dalla fase di offerta "costruire" il proprio piano realizzativo con una WBS che sia il più possibile aderente a tutte le immaginabili attività elementari che comporranno l'insieme del programma.

Di fatto le WBS dei sistemi spaziali sono delle "mappe strutturali" estremamente complesse ma costituiscono per il Capo Programma uno strumento essenziale per la realizzazione, ecco perché si costruiscono in fase di offerta e divengono poi in fase di sviluppo il riferimento obbligato.

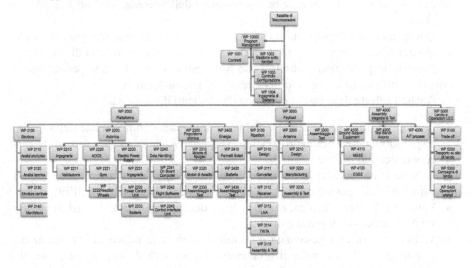

Fig. 3.3 Esempio di Work Breakdown Structure di un programma di un satellite di Telecomunicazioni

Sempre a titolo esemplificativo è riportata nella Fig. 3.4 la WBS elementare per il piano realizzativo di un lanciatore spaziale; in questo caso le attività di tipo "amministrativo" non sono state riportate.

Andando ora ad analizzare le schede relative ai Work Packages, vediamo che esse hanno generalmente la struttura della Fig. 3.5.

Di fatto all'interno della scheda descrittiva di ogni WP devono essere specificate le caratteristiche chiave dell'attività in oggetto: inizio e fine dell'attività, responsabilità, obiettivo dell'attività, elementi di input necessari per l'avvio dell'attività ed elementi di uscita dell'attività (risultati), elementi di configurazione e soprattutto in cosa consiste l'attività stessa.

La qualità descrittiva della WBS di progetto e dei singoli WP's è la chiave di volta della bontà della pianificazione di un progetto. Il loro livello di dettaglio deve essere tale da non trascurare elementi che durante la fase realizzativa possano poi rivelarsi sottostimati in misura critica.

Dopo la sistematica strutturazione della WBS e dei relativi WP's il terzo aspetto essenziale è l'esplicitazione della pianificazione temporale del progetto, che del resto è intrinseca alla definizione stessa dei vari WP's nei quali la successiva somma

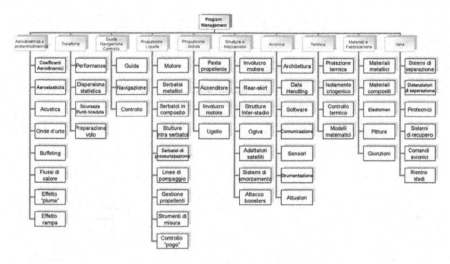

Fig. 3.4 Esempio di Work Breakdown Structure di un piano realizzativo di un lanciatore spaziale

di "data-di-avvio" e "data-di-conclusione" di fatto estrinsecano la durata globale del programma.

La Fig. 3.6 illustra uno schema di pianificazione temporale relativo a un progetto di realizzazione di un satellite di telecomunicazione di elevata complessità (la durata

Project:		WP Code:	
WP Title: Contractor: Major Constituent:		Sheet	1 of .....
Start Event:	Planned Date:	Issue Ref.:	
End Event:	Planned Date:	Issue Date:	
WP Manager:			
Objectives: Input: Tasks: Output:			

Fig. 3.5 Esempio di scheda di Work Package

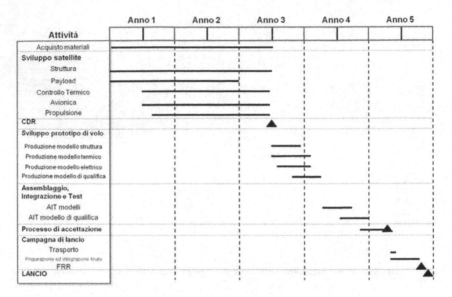

Fig. 3.6 Esempio di pianificazione temporale di programma

realizzativa di un satellite commerciale dalle 6 alle 8 tonnellate di peso al decollo è generalmente tra i 4 e i 5 anni).

L'insieme dei tre elementi sopra descritti porta a una quantificazione delle risorse materiali e umane necessarie per la realizzazione del programma. Questo processo è estremamente importante in quanto permette al Capo Programma di enucleare il cosiddetto "percorso critico", cioè quel mix di risorse umane e calendario di attività elementari che devono assolutamente essere soddisfatte al fine di limitare al massimo rischi di ritardi e/o sovracosti.

La logica a Fasi del programma descritta nel Capitolo 2 consente al Capo Programma di "aggiornare" il proprio percorso critico riadattandolo via via alle contingenze incontrate, sempre con l'obiettivo finale di rispettare tempi e costi di consegna.

Gli ultimi elementi fondanti sono quelli di costo, che quindi sono esplicitati a parte, nell'apposito volume relativo all'offerta economica.

A titolo di esempio viene illustrato nella Fig. 3.7 lo schema standard di composizione del prezzo per un'offerta economica relativa a un bando di gara dell'Agenzia Spaziale Europea ESA, il PSS, "Price Standard Sheets", che costituisce un riferimento per la composizione dei prezzi anche talora su base commerciale.

Le varie voci di costo che concorrono a formare il prezzo sono dettagliate, e anche il profitto, pari all'8%, è esplicitamente riconosciuto e identificato.

La Fig. 3.7 riporta una veduta di insieme, ovviamente il Capo Programma deve avere una scheda di costo relativa a ogni WP in modo da costruire fattivamente il proprio costo (e quindi il prezzo conseguente) e poterlo controllare durante lo sviluppo delle varie attività.

COMPANY COST ELEMENT DATA SHEET	FORM No. PSS A1 Issue 2	Page no. ___ of ___
RFQ/ITT no.:		COMPANY NAME:
PROPOSAL no.:		Name and title:
NATIONAL CURRENCY *:		Signature:
Period for which agreed rates and overheads are valid : From ___ To ___		
ECONOMIC CONDITIONS:		

		Status (x when appl.)
		Agreed by

1. LABOUR Direct labour cost centres or categories	Basic Labour hourly rate (NC)	Labour OH% (or NC)	GROSS HOURLY RATE in National Currency	

2. INTERNAL SPECIAL FACILITIES		Type of Unit	UNIT RATE (NC)	

3. OTHER COST ELEMENTS			OVERHEADS %
According to ESA type	According to normal company type		
Raw materials			
Mechanical parts			
Semi-finished products			
Electric & electron components			
Hirel parts			
a) procured by company			
b) procured by 3rd party			
External major products			
External services			
Transport, insurance			
Travels			
Miscellaneous			
Subcontracts			
GENERAL EXPENSES			
According to ESA type	According to normal company type	Applicable on cost element no.	
5. General & Admin. expenses			
6. Research & Developm. expenses			
7. Other (specify)			

Fig. 3.7 Formulario PSS dell'ESA per il dettaglio delle voci di costo

Una volta definiti in fase di offerta la WBS, le descrizioni dei WP's, la pianificazione temporale e i dati di costo (cioè l'insieme del Management Plan), il Capo Programma dovrà attenere la sua attività a una stringente e continua verifica dell'andamento delle diverse attività.

INSTRUCTIONS FOR COMPLETING THE COMPANY COST ELEMENT DATA SHEET FORM PSS A1

Form PSS A1 is to be completed by the tenderer and each subcontractor, regardless of the type of price under which the tender is submitted.

PURPOSE
The purpose of this form is to provide the Agency with the basic rates, overheads and general expenses which are subject to the respective companies' normal acccounting method and on which the tender prices have been calculated.

GENERAL NOTES:
(a) It must be expressly stated whether the rates, overheads and general expenses identified are provisional or definitive. The name of the approving authority/institution shall be indicated.
(b) The Agency reserves the right to audit the tenderer's data, submitted in response to this RFQ/ITT.
(c) If for reasons of confidentiality a proposed subcontractor does not want to submit this form through the tenderer he is free to submit it to ESA directly, attention Head of Cost Analysis Division.
(d) Co-contractors are treated as subcontractors for the purposes of this form.
(e) The number of the points below refer to the appropriate number on the Company Cost Element Data Sheet.

INSTRUCTIONS
1. Labour
The basic labour hourly rate, labour overheads and gross hourly rate of each cost centre or category applied to the tender shall be quoted in accordance with the company's normal accounting practice.

2. Internal Special Facilities
Internal Special Facilities refers to the cost of using in-house specialised technical facilities and associated services (e.g. computer, test facilities, numerically controlled machines) for which unit charging rates have been established. The type of unit (i.e. day, hour, minute, etc.) and the unit rate (cost of each unit) shall be shown for each facility.

The rates for Internal Special Facilities shall contain the pertinent overhead, but shall exclude General and Administrative Overheads and General Research and Development Contribution. The two excluded overheads shall be quoted separately under points 5 and 6 respectively. If the unit rates represent established market prices they should be identified with MP in the status column.

3. Other Cost Elements
General
(a) The left-hand column identifies the standard term as applied by ESA. If according to the company's accounting system the elements are named/grouped differently, the appropriate title is to be shown in the second column.
(b) If individual overheads apply to the different categories of other cost, these overheads shall be quoted separately. The overhead shall be quoted as zero, if according to the tenderer's normal costing practice, it is already included elsewhere.
(c) For quoting the various overheads, the definition of ESA cost categories is:

3.1 to 3.5 Materials
As appropriate, the various material overheads are to be shown under the pre-printed headings, i.e. raw materials, mechanical parts, semi-finished products, electric and electronic components and HIREL parts.

For expenditure related to "High Reliability" (HIREL) parts used for space systems, the following special provisions shall apply:
(a) If the HIREL parts are procured by the tenderer for his own part of the work, the usual overhead may be used.
(b) If the HIREL parts are procured by a third party, (i.e. Agent, Prime Contractor) the overheads shall be limited to those overhead activities which are carried out by the tenderer himself.
(c) The overheads on HIREL parts shall only be applicable to the vendor price and shall not be applicable to any Agency charges. Overheads on Agents' services, if applicable, shall be quoted separately under External Services.
(d) HIREL parts and associated overheads may be quoted only by the tenderer requiring the HIREL part for developing or manufacturing his part of the hardware.

3.6 External Major Products

External Major Products are defined as fully manufactured items such as assemblies, devices, modules etc., which are normally produced for other customers by the tenderer or by any other manufacturer and which are intended to be fitted readily, without major processing (machining, modifications, etc.), into the deliverable items, or constitute as such, a deliverable item by itself.

3.7 External Services
External Services are defined as services to be rendered by a third party, such as hire of facilities, computer services, manpower services, plating of parts, services for procurement of HIREL parts etc..

3.8 Transport and Insurances
(self-explanatory)

3.9 Travel and subsistence
(self-explanatory)

3.10 Miscellaneous
Any other direct cost elements, which are part of the tender but not covered by the above headings shall be shown with the relevant overhead in this line.

3.11 Subcontracts
A subcontract is a contract to be entered into by the tenderer with a third party for a clearly defined task related to the tenderer's offer and which is sufficiently non-standard that it requires specifications/task descriptions to be generated specifically. It also excludes those elements which fall under a definition contained under Other Cost Elements. A subcontractor can himself place subcontracts. It is thus distinguished from a Purchase Order, which is placed on the basis of standard documents.

4.

5.   General and Administrative Expenses
If, according to the company's normal accounting methods General and Administrative overheads apply, such overheads shall be quoted. Each company shall show on which cost elements the General and Administrative expenses are liquidated.

All ESA non-allowable cost as defined in ANNEX 1, Clause 6.3 to the General Clauses and Conditions for ESA Contracts shall be excluded from the General and Administrative overheads.

6.   Research and Development Expenses
The ESA contribution to the companies General Research and Development Expenses is limited to a maximum of 5% of the total Labour cost, Internal Special Facilities cost and Material cost (item 3.1 to 3.5), including the relevant overheads (viz Clause 6.2 of ANNEX 1 to the ESA General Conditions). The General Research and Development contribution shall be quoted separately and shall not be included elsewhere.

7.   Other General Expenses
If general expenses other than General and Administrative expenses (item 5) or Research and Development expenses (item 6) have to be borne by the company for execution of the work proposed, the nature of the expenses and resulting percentage of the cost quoted shall be identified against the cost element item.

8.

9.

10.
12. Cost without Charge
Where the company's normal accounting method defines cost which does not attract any overheads this line shall be used to identify the nature of such cost (e.g. Royalties, Consultancy etc.).

Fig. 3.8 Istruzioni per PSS dell'ESA

3.5
Il contratto di un programma spaziale

A valle del processo di negoziazione seguente la presentazione dell'offerta, avviene in caso di conclusione positiva la firma del contratto le cui clausole sono state appunto oggetto della negoziazione contrattuale.

Si definisce quindi contratto un accordo che genera delle obbligazioni tra due parti, il fornitore e il cliente.

Nel contratto devono essere descritti e specificati senza ambiguità gli obblighi, le responsabilità e i diritti di ognuna delle parti, le quali sono generalmente le sole due coinvolte nel quadro del contratto.

Esistono però dei casi, come quello del contratto dei servizi di lancio del veicolo Ariane, in cui nell'accordo firmato tra le parti, la società Arianespace che fornisce il servizio e il cliente, esistono delle responsabilità oggettive di terze parti, lo Stato francese in questo caso, qualora il lanciatore europeo decollato dal suolo francese con a bordo un satellite di una qualsiasi nazionalità, provochi malauguratamente un problema su un territorio terzo.

Analogamente per quanto attiene al lanciatore europeo Vega, a maggioranza italiana, anche lo Stato italiano e, in misura inferiore, l'ESA sono parzialmente responsabili di danni a terzi.

Per tornare alla natura non ambigua del contratto, essa si definisce tale in quanto sia il cliente che il fornitore hanno un preciso interesse a non lasciare incertezze nell'accordo.

Per il cliente infatti è necessario:

- precisare in dettaglio la natura del programma, esprimere cioè delle specifiche tecniche, in una forma tale da responsabilizzare il fornitore;
- poter seguire l'avanzamento delle attività, attraverso ad esempio un dettagliato calendario di tappe informative;
- precisare le modalità di pagamento, in modo da pianificare il proprio piano di investimento.

Mentre per il fornitore è altrettanto fondamentale:

- evitare il rischio di vedersi rifiutare una fornitura a causa di una non-conformità;
- far definire dal cliente la natura del controllo tecnico scelto, in modo da responsabilizzare il cliente stesso nell'accettazione della fornitura;
- conoscere dettagliatamente i limiti di budget dettati dal piano di pagamenti, per pianificare le attività in conseguenza.

Pertanto come regola generale si direbbe che un programma viene avviato solo al momento della firma del contratto.

Spesso però nelle attività spaziali esistono delle procedure contrattuali che, sia per ragioni di urgenza commerciale sia per ragioni di investimento istituzionale programmato, vedono lo svolgersi delle negoziazioni giuridiche e finanziarie quando le attività tecniche sono già avviate.

Questa procedura, basata di solito su fiducia reciproca (nel caso commerciale ad esempio tra un operatore satellitare e una società manifatturiera che ha già realizzato satelliti per quell'operatore) o su un quadro istituzionale garantito (ad esempio nell'ambito di programmi delle Agenzie spaziali il cui finanziamento è già programmato), è basata su una lettera di intenti, denominata ATP, "Authorisation To Proceed", che permette al fornitore di iniziare i lavori e responsabilizza il cliente tramite un ordine preliminare.

Nel mercato spaziale le tipologie contrattuali sono da un lato standardizzate nell'ambito ad esempio delle agenzie spaziali, e da un altro lato più libere, come ad esempio nel mercato commerciale dei servizi di lancio o di realizzazione dei satelliti di comunicazione.

Data poi la specificità del settore, i fornitori su scala globale sono sempre un numero limitato e la cui competenza tecnica è generalmente nota.

Basicamente si possono identificare le seguenti tipologie di contratti:

- a prezzo fermo e fisso;
- a costo;
- a incentivi.

3.5.1
Il contratto a prezzo fermo e fisso

Nel contratto a prezzo fermo e fisso il fornitore e il cliente si accordano per un valore del prezzo che è fissato in maniera definitiva al momento della firma del contratto.

Ogni WP's esplicita chiaramente il proprio costo, e nel caso ad esempio dei contratti con l'ESA il margine è di fatto prestabilito nella costruzione dei dati di costo (denominati "cost sheets").

Il fornitore si impegna quindi a fornire la prestazione per quel prezzo quale che sia il suo costo di realizzazione.

Definendo quindi R^0 il costo di realizzazione stimato alla data del contratto e B^0 il profitto stimato corrispondente, si ha che il prezzo $P = R^0 + B^0$ può avere due andamenti a secondo che il costo reale di realizzazione R sia inferiore o superiore a R^0.

Nel primo caso il fornitore aumenta il proprio margine e il cliente paga più caro il lavoro, nel secondo caso il fornitore vede assottigliarsi il margine e deve far fronte a rischi di programma.

Con delle metodologie analitiche di stima dei costi i due casi limite vengono tenuti sotto controllo, e di fatto nei grandi programmi spaziali questa tipologia di contratto è sovente utilizzata.

Qualora nel corso del programma intervenissero però delle modifiche non previste dal contratto, oppure sorgessero delle esplicite nuove richieste del cliente, oppure lo stesso fornitore valutasse per vari motivi di non poter ottemperare ad alcuni obblighi contrattuali, si effettuano delle "modifiche contrattuali" o "Change Request".

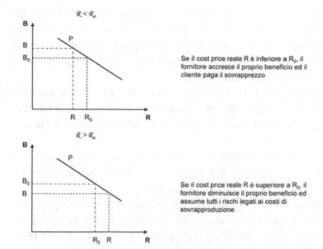

Se il cost price reale R è inferiore a R_0, il fornitore accresce il proprio beneficio ed il cliente paga il sovrapprezzo

Se il cost price reale R è superiore a R_0, il fornitore diminuisce il proprio beneficio ed assume tutti i rischi legati ai costi di sovrapproduzione

Fig. 3.9 Schema generale di prezzo fermo e fisso

Il prezzo va rivisto, e il fornitore riformula il proprio prezzo sulla base della variazione contrattuale, la quale diviene effettiva nel momento in cui le parti firmano una variazione di contratto detta CCN, "Contract Change Notice".

Questo tipo di programma è molto diffuso in Europa ed è quasi uno standard per l'ESA.

3.5.2
Il contratto a rimborso

Nel contratto a rimborso le spese effettuate dal fornitore sono pagate dal cliente, e in suo accordo, durante l'avanzamento del lavoro, e il profitto del fornitore, definito in anticipo, non dipende dal costo finale delle attività.

Il fornitore si impegna quindi al meglio, ma il cliente si riserva il diritto di verificare i fondamenti di una fattura presentata ed eventualmente di rigettarla se ritenuta eccessiva.

Dal punto di vista del cliente questo contratto non può limitarsi a una passiva accettazione delle fatture con conseguente pagamento, ma invece deve comportare una serrata analisi critica.

Ciò comporta quindi che il cliente deve essere dotato di una struttura tecnica ed economica in grado di valutare in maniera competente l'operato del fornitore, e ciò in un programma spaziale significa per un cliente (ad esempio una agenzia spaziale) dotarsi di risorse di management equivalenti a quelle messe in campo dal fornitore (ad esempio una grande industria).

Dal punto di vista del fornitore poi questo tipo di contratto protegge dalle variazioni improvvise dei costi di realizzazione ad esempio per effetto di modifiche tecniche non previste.

Il fornitore potrebbe anche trovare un vantaggio nell'aumentare i costi senza apparente aumento dei propri margini di fronte al cliente, ma poiché nell'incremento dei volumi di attività aumentano anche i costi delle spese generali, ove di solito il fornitore alloca importanti poste di beneficio economico, ecco che i margini generali aumentano senza occupazione dei team di lavoro.

Di contro un fornitore potrebbe anche non avere interesse a perseguire aumenti di costo legati a miglioramenti tecnici del programma, in altre parole a ricercare il rapporto ottimale prezzo/performance, in quanto il suo margine è comunque prestabilito.

Questo tipo di contratto è sovente utilizzato quando i margini di incertezza del programma sono talmente elevati che il fornitore, o il cliente, stima dei rischi inaccettabili nella determinazione di un prezzo fermo e fisso.

La sua implementazione potrebbe a una prima analisi apparire non propriamente vantaggiosa per entrambe le parti in quanto l'incremento dei costi potrebbe essere indotto da elementi imprevisti, d'altra parte proprio la sua flessibilità invece ne fa uno strumento utile per gestire aggiustamenti nel corso del programma reindirizzando più facilmente i WP's necessari.

Questo tipo di contratto è molto diffuso in USA essenzialmente nei contratti governativi, sia civili che militari, dove i margini di incertezza sono talvolta elevati data la vasta mole di sviluppo richiesta, si pensi ad esempio alla gestione di un programma di esplorazione umana o un avanzato programma tecnologico militare.

3.5.3

Il contratto a incentivi

Come detto sopra non è conveniente concludere un contratto a prezzo fermo e fisso in presenza di significative incertezze di programma, e il conseguente ricorso al contratto a costo rappresenta una soluzione, che ha però il prezzo di introdurre la scomparsa appunto delle incertezze.

Una soluzione pertanto che può condurre a sopprimere o ridurre significativamente l'impegno al progresso e all'efficienza del programma.

Ecco che con la formula degli incentivi si eleva il prezzo fermo e fisso, al cui interno erano presenti dei rischi eccessivi, e si gestisce tale incremento sulla base delle verifiche degli obiettivi prefissati e dei risultati ottenuti.

Ad esempio la formula del rispetto dei tempi di consegna è uno degli strumenti di incentivo.

In linea di principio un contratto dovrebbe comportare il rispetto degli impegni temporali in esso contenuti, quindi una tale formula di incentivazione potrebbe apparire incongruente.

Tuttavia nei programmi spaziali, ad esempio nei contratti di fornitura commerciale "chiavi-in-mano" di satelliti, servizio di lancio e stazioni di terra dove i tempi contrattuali sono spesso "stretti" per esigenze di concorrenza commerciale, il cliente può spesso trovare vantaggioso accordare al fornitore nel caso di consegna entro i tempi previsti un premio di valore uguale alla penalità in caso di ritardo.

Un'altra tipologia di incentivo è quella basata sulla performance, cioè su un obiettivo legato all'efficienza del prodotto richiesto.

Ad esempio la massa di un satellite o la performance di un lanciatore possono essere dei valori indicati in un contratto di tipo fermo e fisso ma con la clausola che in caso di riduzione della massa secca del satellite (la massa senza combustile) o incremento della massa al lancio (maggiore performance del lanciatore), un pagamento supplementare sarà effettuato.

3.5.4
Piano e condizioni dei pagamenti

Il piano di pagamenti è uno degli elementi chiave per le parti poiché:

- il cliente pianifica la spese delle proprie risorse, capitale proprio o debito, a seconda delle modalità di esborso;
- il fornitore pianifica le proprie attività di sviluppo e di acquisti esterni in funzione del piano di disponibilità delle risorse economiche.

Nel contratto è necessario quindi definire:

- le tappe tecnicamente convenute per dare luogo ai pagamenti; in genere si tratta di eventi significativi nella vita del programma, cioè le review o le milestones con decisioni significative;
- le date alle quali prevedere tali tappe e quindi i pagamenti;
- i valori che saranno pagati dal cliente dopo l'accettazione del prodotto.

In generale la negoziazione contrattuale prevede due tappe, Fig. 3.10:

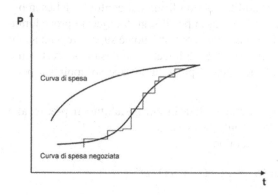

Fig. 3.10 Relazione tra tempo e curve di spesa/pagamenti

- nella prima tappa si definisce un profilo di pagamenti nel tempo in funzione del profilo previsto di costi industriali e di disponibilità di budget (curva si spesa);
- nella seconda tappa si aggiustano i profili con iterazioni successive creando dei tetti in funzione del mix milestone-tempo-budget (curva di spesa negoziata).

Nel momento in cui nel corso della negoziazione le due curve tendono a ridurre il loro "distacco" allora si può procedere a inserire nel contratto il calendario dei pagamenti che corrisponde quindi a una tabella che indica:

- l'evento chiave per procedere al pagamento;
- la data prevista dell'evento chiave;
- il valore da pagare alla data prevista.

3.5.5
Revisione del prezzo

Su questo punto le negoziazioni contrattuali sono molto spesso difficili e complesse.

Esistono difatti delle evoluzioni delle condizioni economiche che non dipendono dalla volontà di nessuna delle due parti, ad esempio la variazione economica negli anni del rapporto tra euro e dollaro condiziona spesso una evoluzione di un prezzo previsto in un contratto di realizzazione di un programma spaziale della durata pluriennale.

Il fornitore che si impegna su un prezzo fermo e fisso a una certa data, vuole come giusto, garantirsi contro il rischio legato alla suddetta evoluzione economica che può avvenire tra il momento della firma del contratto e gli eventi chiave in esso previsti.

Oltre alle normali procedure assicurative contro i rischi di cambio, che comunque implicano per il fornitore una serie di costi aggiuntivi, vi sono due possibilità:

- la cosiddetta *attualizzazione*, in cui il prezzo è riallineato alle condizioni economiche di un dato momento prestabilito dopo la firma del contratto, ad esempio dopo tre mesi, e diviene allora fermo e fisso per il seguito. Questa procedura è solitamente applicata quando la durata di un contratto non è superiore a un anno;
- la cosiddetta *revisione*, in cui il prezzo è riallineato a milestones prestabilite secondo delle formule di revisione. Questa procedura è spesso applicata per i programmi di lunga durata.

I parametri necessari alla revisione sono la data in cui è stabilito il prezzo alle condizioni economiche iniziali e la formula di revisione.

La formula di revisione è sovente del tipo:

$$P = P^0(a + bB/B^0 + cC/C^0 + dD/D^0 + \ldots)$$

dove:

P è il prezzo revisionato;

P^0 è il prezzo iniziale;

$B^0 C^0 D^0$ sono i valori degli indici più rappresentativi degli elementi che costituivano il prezzo alla data iniziale;

$B\ C\ D$ sono i valori degli stessi indici a date fissate nel contratto;

a è la parte fissa del prezzo cioè non sottoposta a revisione;

$b\ c\ d$ rappresentano la componente dei diversi elementi costituenti il prezzo, ove $a + b + c + d = 1$.

La definizione della formula consiste quindi a dare dei valori ai parametri in funzione dei preventivi relativi alle varie tappe realizzative del programma.

Tecniche di management dei programmi spaziali

4

Prima di entrare nel dettaglio delle tecniche gestionali di un programma spaziale definiamo ancora una volta quali sono gli attori che interagiscono nella vita del programma stesso:

- Cliente: al livello più generale il cliente è colui che definisce i requisiti siano essi degli obiettivi di tipo strategico siano delle specifiche di dettaglio. Il cliente può essere quindi una entità governativa o privata, un'organizzazione nazionale o internazionale.
- Mandatario: molto spesso coincide con il cliente, ma nel caso in cui quest'ultimo non dovesse possedere tutte o parte le competenze necessarie per l'avvio e la gestione del programma, potrebbe fare affidamento a un ente amministrativo o privato che lo sostituisca vis-a-vis dei fornitori.
- Architetto industriale: può essere una industria o un ente governativo che per la sua competenza riconosciuta è chiamato dal cliente, o dal mandatario, a definire l'architettura del sistema spaziale completo, a coordinare le diverse imprese e a effettuare i controlli di realizzazione o di produzione (vedasi il caso dell'ESA per il programma Galileo, oppure soprattutto il caso dell'agenzia francese CNES per i lanciatori Ariane).
- Capo commessa, o Prime Contractor: è un'industria o un consorzio di industrie che riceve dal cliente o dal mandatario il contratto di studio e di sviluppo del programma e mette in essere lo staff di programma per la gestione dello stesso.
- Fornitori: ricevono dal capo commessa i contratti per la fornitura di apparati e sotto-sistemi.

La Fig. 4.1 schematizza il flusso contrattuale degli attori sopra delineati per il programma Europeo di sviluppo del sistema Galileo per la navigazione via satellite.

Nella complessa organizzazione posta in essere per questo programma, la fase denominata FOC (Full Orbital Constellation) di realizzazione e lancio dei trenta satelliti Galileo è stata configurata nel modo seguente:

- La Commissione Europea, attraverso la Direzione Trasporti, è il cliente. Di fatto dopo una prima fase di finanziamenti governativi erogati dall'Agenzia Spaziale

Spagnulo M.: Elementi di management dei programmi spaziali
DOI 10.1007/978-88-470-2309-3_4, © Springer-Verlag Italia 2012

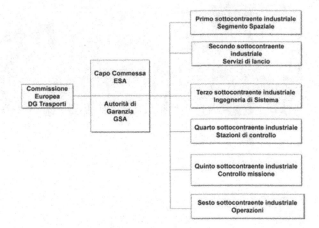

Fig. 4.1 Organizzazione
industriale del progetto
Galileo

Europea ESA, la fase seguente, la FOC appunto, è stata finanziata dalla Commissione Europea che ha rimpiazzato l'ESA come ente finanziatore e quindi in definitiva come cliente.

- L'ESA è divenuta un attore a metà strada tra il mandatario (che è sempre più invece assimilabile alla Commissione Europea) e l'architetto industriale, a cui la Commissione stessa ha affidato il compito di realizzare il sistema.

- Sei industrie attraverso dei contratti di scopo agiscono come Prime Contractors per il filone di attività relativo (space segment, servizi di lancio, ground segment, ecc.).

- La GSA "Galileo Supervisory Authority" agisce come ente delegato dall'Unione Europea a verificare la garanzia di trasmissione del segnale pubblico; è quindi una sorta di ente regolatore e controllore relativamente alla fornitura del segnale satellitare.

4.1
Organizzazione del team di programma

Un programma spaziale è inserito all'interno della organizzazione industriale chiamata alla sua realizzazione.

L'organizzazione tipica di una industria è sovente fondata su delle Linee di Business (o di Prodotto se altamente focalizzate) che ne caratterizzano la natura delle attività; questa organizzazione è un elemento tipicizzante con carattere di permanenza, cioè muta di rado e solo in presenza di cambiamenti significativi di strategia societaria.

Un programma, per quanto di importanza e volume significativo, ha una durata limitata nel tempo e raramente si inserisce in maniera diretta ed esplicita all'interno dell'organizzazione societaria, per quanto invece sviluppa con essa una fitta rete di relazioni sia con il vertice aziendale che con le strutture tecniche.

Per queste sue peculiarità un programma non si inserisce generalmente in Unità Tecniche a elevata gerarchia decisionale quanto piuttosto in Linee di Business a diretto riporto della Direzione societaria.

4.1.1
Struttura a matrice del programma

L'organizzazione di questo tipo è generalmente adottata in quanto consente la gestione efficace di un programma salvaguardando gli obiettivi della struttura societaria. Il principio di funzionamento vede:

- un team di programma a cui è affidata la responsabilità della gestione e quindi del raggiungimento degli obiettivi del programma stesso. Il team, attraverso il suo leader che è il Capo Programma, ha quindi una delega dalla Direzione e a essa rende conto direttamente;
- una serie di Unità tecniche della struttura societaria a cui il programma affida delle attività realizzative secondo la propria competenza, e che quindi agiscono al di fuori del programma e con obiettivi industriali da esso differenti (anche se globalmente convergenti);
- una serie di società esterne a cui il programma affida delle attività realizzative che, per vari motivi, non sono appaltate all'interno della struttura societaria del programma.

Il team di programma è quindi dimensionato per coprire adeguatamente le necessità tecniche e amministrative.

La Fig. 4.2 schematizza questo tipo di organizzazione, che può ovviamente essere applicata anche a un mandatario oltre che a un Prime Contractor.

In una società dove sussiste una certa ripetitività di attività, ad esempio in una industria manifatturiera che costruisce molti satelliti commerciali per vari clienti, i numerosi programmi possono condurre a un efficentamento della struttura societaria in cui alcuni "servizi" divengono comuni ai diversi programmi.

Ad esempio un team di sistema o una Unità Tecnica di AIT, cioè "Assembly Integration & Test", possono essere create univocamente per essere poi utilizzate "ad-hoc" da ogni programma.

La Fig. 4.3 mostra schematicamente a titolo di esempio una possibile organizzazione di programma per la realizzazione di un satellite commerciale di telecomunicazioni.

La parte sinistra della Fig. 4.3 mostra una possibile configurazione del team di programma che a livello di Prime Contractor che comprende:

- un Capo programma;
- un responsabile di sistema o System Engineer;

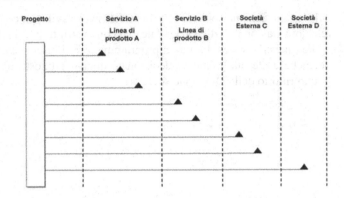

Fig. 4.2 Esempio di tipologia di organizzazione interna di programma

- un responsabile di satellite, o Satellite Engineer, che dirige normalmente un team costituito da un responsabile dell'architettura elettrica, un responsabile dell'architettura meccanica e termica, un responsabile del sistema di rice-trasmissione (il carico utile del satellite, detto payload), un responsabile dei test e della qualifica;
- un responsabile del controllo in orbita e delle fasi LEOP, "Low Earth Orbit Phases" immediatamente conseguenti al lancio;
- un responsabile di interfaccia con il veicolo di lancio e delle operazioni associate;
- un responsabile della Qualità;
- un responsabile amministrativo e contrattuale.

Per non complicare ulteriormente lo schema, nella parte destra della Fig. 4.3 è riportata la configurazione del solo team di programma della parte relativa alla realizzazione del satellite.

In termini numerici un team di programma è dimensionato secondo l'importanza dello stesso, secondo il contesto in cui si svolge, secondo le risorse societarie disponibili e secondo la struttura societaria al cui interno il programma si svolge.

Mediamente in un programma per un satellite commerciale di telecomunicazioni un team è dimensionato almeno dalle 15 alle 20 persone.

Per un programma di elevate dimensione, quale la ISS o il Galileo, il team può essere invece di svariate decine di persone.

Il team di programma ha una sua autonomia e i diversi responsabili hanno un ruolo fondamentale nell'assicurare il giusto flusso informativo, e nell'affrontare le situazioni più impreviste in presenza di problemi tecnici o amministrativi disparati.

4.1.2

I profili dei componenti del team di programma

La risorsa chiave è il Capo Programma, "Program Manager", il quale ha la piena responsabilità della gestione del programma, con una delega da parte della Direzione societaria, da cui riceve direttive e a cui riporta direttamente.

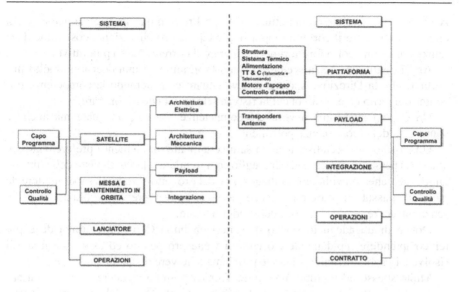

Fig. 4.3 Esempio di team di programma per un satellite di telecomunicazioni

Con la forza di questa autorità il Capo Programma deve assicurare il raggiungimento degli obiettivi tecnici e finanziari.

A livello tecnico il Capo Programma deve:

• avere la responsabilità di raggiungere gli obiettivi globali assicurando il raggiungimento e la coerenza dei differenti obiettivi che costituiscono l'insieme del programma. Queste attività sono la "gestione del sistema" e la "gestione delle interfacce". In altri termini, poiché un programma può subire ritardi per una mancata fornitura di un componente da un società esterna, o anche da enti interni, la gestione di questo ritardo è compito del Capo Programma nel momento in cui il problema rischia di manifestarsi;

• definire compiti e responsabilità delle Unità Tecniche, senza però violare la politica societaria di tali Unità che in definitiva riportano gerarchicamente a un'altra Direzione;

• stabilire le priorità nello sviluppo del programma;

• definire le regole di Qualità e assicurarne il controllo.

A livello gestionale il Capo Programma deve:

• rispettare la pianificazione generale del programma indicata nel Management Plan, a partire dalle differenti pianificazioni individuali partendo dal livello dei componenti fino al livello di sistema, assicurandone l'eventuale evoluzione;

• definire le misure di controllo del planning;

• gestire la configurazione della documentazione;

• assicurare i compromessi necessari tra elementi di programma, solitamente non sempre convergenti tra loro, quali le specifiche tecniche, i ritardi e i costi.

A livello commerciale e contrattuale il Capo Programma deve relazionarsi con il cliente e assicurare il corretto rapporto di reciproca soddisfazione, così come deve relazionarsi con i sotto fornitori per assicurare il corretto flusso produttivo.

Appare naturale che la scelta del Capo Programma è una decisione molto importante che la Direzione societaria deve attuare considerando le competenze e il contesto interno ed esterno in cui la risorsa selezionata dovrà operare.

Un Capo Programma deve avere competenze tecniche adeguate ma anche e soprattutto delle conoscenze polivalenti.

Un passato di specialista tecnico sarà certamente un elemento preferenziale, in quanto la persona sarà in grado di meglio comprendere il punto di vista delle diverse Unità Tecniche coinvolte, ma nella gestione del progetto egli dovrà saper mettere da parte tale passato in varie circostanze per poter convergere verso soluzioni rapide, senza intaccare la bontà tecnica del prodotto finale.

Dotato di un adeguato spirito di sintesi un buon Capo Programma deve poter comprendere rapidamente ciò che gli viene prospettato ed essere in grado di risolvere i problemi, analizzando le problematiche vere da quelle presunte.

Molto spesso ad esempio una unità Tecnica potrebbe tendere a fornire un apparato o un sottosistema introducendo via via modifiche e miglioramenti che, con onestà tecnica, vengono ritenuti strumenti di maggiore efficentamento. In tali casi un Capo Programma deve saper distinguere quando "il meglio è il nemico del bene", deve cioè saper rifiutare delle attrattive tecniche quando ritiene che il planning del programma possa in qualche modo esserne impattato per via di test ulteriori da effettuare o di mancanza di una "expertise" operativa.

Lo spirito umano prima che professionale è una dote necessaria in un Capo Programma, che deve motivare il team, informarlo e condurlo anche con asprezza se necessario. Tutte doti che si sviluppano solo dopo molti anni di lavoro tecnico o gestionale all'interno di realtà organizzative complesse.

Il team di programma che accompagna il lavoro ha singolarmente degli obiettivi limitati rispetto a quelli del Capo Programma, ma contribuisce a pilotare le Unità Tecniche, o amministrative, verso il raggiungimento dei singoli obiettivi contribuisce fondamentalmente alla corretta realizzazione del programma stesso.

È innegabile poi che per i responsabili di sistemi o di sottosistemi, la partecipazione a un programma complesso costituisce una fondamentale finestra evolutiva verso problematiche più ampie, proprie del Capo Programma, che ne ampliano la conoscenza e l'esperienza per poter poi aspirare a ruoli più elevati.

4.2
Management della performance e dei margini

Quando si avvia un programma spaziale vi sono una serie di incertezze sulla tenuta realizzativa, che in definitiva corrispondono a una necessità di management di ga-

rantire una congrua adeguatezza del prodotto finale con i vincoli iniziali e quelli che
via via si sono manifestati durante la vita del programma.

Si pensi ad esempio quale può essere la difficoltà, in un programma di realizzazione di un satellite commerciale di telecomunicazioni, nel prevedere con accuratezza, ad esempio con un margine del $\pm 5\%$, la massa al lancio del satellite nel
momento in cui si firma il contratto di acquisto del satellite. La firma avviene mediamente dai tre ai quattro anni prima del lancio, il cui prezzo dipende dalla massa
del satellite stesso.

Fin dalla fase di concezione e definizione di un programma si tende quindi a
prendere della garanzie che si ottengono tecnicamente introducendo dei margini,
cioè delle variazioni, degli "scarti", tra il valore nominale di un parametro, cioè il
valore di specifica, e quello ritenuto il più probabile.

La valutazione del valore più probabile può dipendere da elementi storici, cioè
dal possesso di dati simili già sviluppati nel passato per altri programmi, oppure può
dipendere da elementi di misura, o molto più spesso di simulazione numerica.

Compito del team di programma è quello di definire con ragionevolezza dei margini, né eccessivi né insufficienti, vedasi a titolo schematico la Fig. 4.4, che possano
essere adattati alle diverse fasi del programma.

Ad esempio nel caso citato precedentemente del satellite di telecomunicazioni,
solitamente i margini relativi alla massa al lancio possono passare da ± 10 o $\pm 20\%$
all'inizio del programma fino a ± 1 Kg o ± 5 Kg a pochi giorni dal riempimento
finale dei serbatoi del satellite, cioè della fase che chiude le operazioni realizzative
del satellite e che poi viene seguita dal trasporto dello stesso sulla cima del lanciatore
per il lancio.

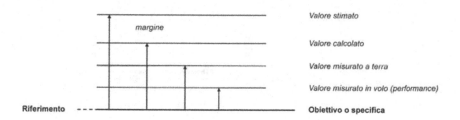

Fig. 4.4 Parametrizzazione figurata dei margini

4.2.1

L'analisi dei margini nelle differenti Fasi di programma

Si considerino inizialmente le Fasi A e B di un programma spaziale, nelle quali si
definiscono le specifiche del sistema prendendo in considerazione i vincoli tipici del
segmento spaziale che si vuole realizzare.

Questi vincoli consistono essenzialmente in:

- vincoli di natura spaziale, cioè l'ambiente dove il sistema dovrà operare, ad esempio orbite basse ad alto livello di ossigeno atomico oppure orbite geostazionarie su aree terrestri ad alta influenza gravitazionale;
- vincoli di compatibilità con altri sistemi, cioè ad esempio la gestione dell'interfaccia tra il satellite e il lanciatore e le conseguenti operazioni alla base di lancio;
- vincoli di natura industriale, cioè ad esempio quelli relativi alle tecnologie da utilizzare o alla politica industriale della nazione che finanzia un sistema spaziale per uso governativo;
- vincoli di tipo tecnologico in relazione all'attività di ricerca e sviluppo necessaria in funzione della missione da realizzare.

Una schematizzazione dell'incrocio tra i vincoli e gli obiettivi del programma è raffigurata nella Fig. 4.5 per quel che riguarda un satellite commerciale di telecomunicazioni, come esempio.

Fig. 4.5 Confronto obiettivi e vincoli di programma

Il processo di ottimizzazione richiede quindi dei *bilanci tecnici*, detti "budget", su elementi essenziali del sistema. Infatti all'avvio del programma si definiscono i budget di sistema che dimensionano i parametri ritenuti chiave con dei margini.

L'ottimizzazione può altresì definirsi come un processo che garantisce l'adeguatezza dei margini e li fa convergere a zero, caso limite, alla fine del programma.

Per illustrare il processo si consideri il caso di un satellite di telecomunicazioni.

Trattandosi di un satellite commerciale, il costruttore dispone di una struttura, detta piattaforma satellitare, che è lo "chassis" di base su cui concepire, realizzare e integrare il "payload", cioè il pannello dei ripetitori e delle antenne.

La missione del programma definisce le specifiche generali in termini di capacità di comunicazione, quindi conoscendo la capacità emissiva, espressa in Watt, di ogni ripetitore occorre definire il giusto numero di ripetitori allocabili sulla piattaforma disponibile.

Si conosce la massa massima al lancio del satellite, che dipende anche dalla capacità di lancio del lanciatore (ulteriore vincolo), si conosce la capacità massima dei serbatoi della piattaforma, e si definisce quindi il budget di massa come la variazione tra il massimo valore realizzabile e quello calcolato in funzione del dimensionamento strutturale della piattaforma.

Intrinsecamente legato al budget di massa è il budget di propellente, cioè la variazione tra la massa possibile all'interno dei serbatoi e quella calcolata in funzione dei parametri propulsivi del motore per assicurare al satellite il raggiungimento dell'orbita finale e le correzioni di stazionamento per un minimo di 10 o più anni.

Si veda nella rappresentazione schematica della Fig. 4.6 una serie di margini potenziali da prendere in considerazione.

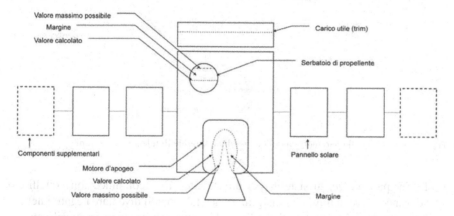

Fig. 4.6 Schematizzazione dei margini su una piattaforma satellitare di un satellite di telecomunicazioni

È possibile inoltre definire la potenza disponibile a bordo satellite ottimizzando il numero di coppie di elementi singoli dei pannelli solari.

Conoscendo la potenza di ogni coppia di elementi, la dispersione termica e la capacità di assorbimento della piattaforma si definisce il budget di potenza come il valore massimo raggiungibile e quello calcolato come necessario al funzionamento dei vari sotto-sistemi.

Il processo di ottimizzazione si effettua utilizzando questi e altri budget, ma sostanzialmente cercando di definire il numero ottimale di ripetitori, vengono simulati diversi scenari di funzionamento del satellite e per ognuno vengono calcolati dei budget di massa, di propellente, di potenza, ecc. in modo da visualizzare, vedasi Fig. 4.7 (in ascissa il numero di ripetitori), con quale numero i margini di tali budget si riducono simultaneamente.

Talvolta a un valore di un margine di un parametro chiave può associarsi una probabilità, ad esempio nel caso del satellite uno degli obiettivi della missione potrebbe essere quello di assicurare un margine di 2dB sulla potenza emessa durante il 99% di un determinato periodo dell'anno.

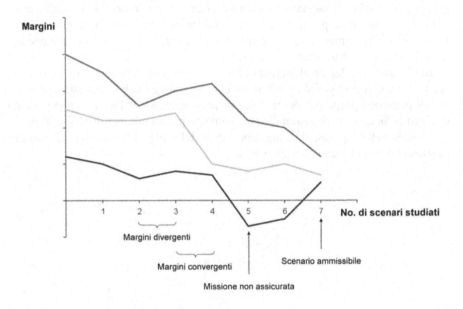

Fig. 4.7 Analisi visuale parametrica dei budget di un satellite di telecomunicazioni

I principali *budget* di sistema per un satellite di telecomunicazioni, quelli cioè che devono essere definiti con margini idonei, tali da non diventare negativi nel qual caso la missione si degraderebbe o diverrebbe impossibile, sono essenzialmente:

- budget di missione;
- budget di massa;
- budget di propellente;
- budget di potenza elettrica;
- budget di comunicazione, o "link budget";
- budget del numero di ordini di comandi da terra;
- budget di compatibilità elettromagnetica.

A questi budget è pertanto associato un margine, in valore numerico o come detto prima anche in valore probabilistico.

Ad esempio solitamente un budget di propellente conduce a ottimizzare la massima quantità di propellente necessaria per avere il 99,7% di possibilità di assicurare la missione del satellite per la durata di vita, e in questo caso il margine è semplicemente la differenza tra il valore calcolato e la capacità massima dei serbatoi.

In questo caso il budget è poi ottimizzato per assicurare il margine di propellente durante la vita orbitale del satellite, quindi non si ferma alla Fase realizzativa.

Nel calcolo dei margini si hanno spesso difficoltà legate alla conoscenza di cosiddetti livelli di riferimento, che possono avere origini disparate.

Un Prime Contractor di un satellite potrebbe autonomamente determinare dei margini:

- a seconda di esigenze tecniche contrattuali con il cliente per assicurare ad esempio un margine sulla potenza elettrica a fine vita del satellite;
- a seconda di esigenze contrattuali ma che possono essere modificate e avere un impatto economico; si pensi, ad esempio, che l'incremento del margine del budget della massa al lancio è critico per eventuali aumenti di prezzo del lanciatore soprattutto nelle fasi realizzative finali;
- a seconda di risultati misurati in voli precedenti, ad esempio nel caso di livelli di vibrazioni misurate durante lanci;
- a seconda poi dello stato-dell'arte tecnologico.

Poiché raramente un sistema spaziale, satellite o lanciatore o infrastruttura, può integralmente ricondursi a programmi precedenti, i margini di riferimento vengono presi in considerazione scomponendo il sistema in sotto-sistemi e apparati.

Considerando sempre il caso di un satellite di telecomunicazioni, si effettua la scomposizione nei differenti sotto-sistemi come parametricamente visualizzato a titolo di esempio nella Fig. 4.8.

Una regola piuttosto pratica è quella di applicare a ogni sotto-sistema un livello di conoscenza, da 0 a 5 ad esempio, e a ogni livello attribuire una percentuale di errore sulla stima o conoscenza del valore relativo al sotto-sistema, vedasi la Fig. 4.9.

Ipotizzando che:

- a livello di conoscenza 0 corrisponde un sotto-sistema integralmente conosciuto a cui poter attribuire un margine di incertezza dello 0%;
- a livello di conoscenza 1 corrisponde un sotto-sistema integralmente leggermente modificato, rispetto al conosciuto, a cui poter attribuire un margine di incertezza del 2%;
- a livello di conoscenza 2 corrisponde un sotto-sistema integralmente sensibilmente modificato, rispetto al conosciuto, a cui poter attribuire un margine di incertezza del 4%;
- a livello di conoscenza 3 corrisponde un sotto-sistema di nuova tecnologia a cui poter attribuire un margine di incertezza del 6%;
- a livello di conoscenza 4 corrisponde un apparato di nuova generazione a cui poter attribuire un margine di incertezza del 8%;
- a livello di conoscenza 5 corrisponde un apparato di nuova generazione a cui poter attribuire un margine di incertezza del 10%.

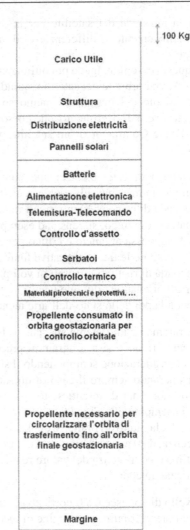

Fig. 4.8 Breakdown visuale del budget di massa di un satellite di telecomunicazioni

Si considerino ora le Fasi C e D di un programma spaziale, nelle quali si realizza il sistema.

Come visto precedentemente nelle Fasi A e B la gestione dei margini si effettua attraverso dei calcoli numerici, sostanzialmente delle simulazioni e progressivamente con delle misure via via che lo stato di definizione e realizzazione del prodotto lo consente.

Nelle Fasi di sviluppo, C e D, la gestione dei margini viene effettuata con la misura diretta dei parametri, e l'ausilio di documentazione dedicata, cioè gestione la cosiddetta "Configurazione", una tecnica permette di seguirne l'evoluzione e di impostare le correzioni.

	Livello di conoscenza	Masse stimate (kg)	Incertezza (0.02 x livello di conoscenza) (kg)
Carico Utile (missione)	4	300	24
Struttura	3	200	12
Alimentazione Elettrica ■ Distribuzione elettrica ■ Pannelli solari ■ Batterie ■ Elettronica di controllo	 2 2 2 1	 50 150 120 50	 2 6 4,8 1
Telemisura - Telecomando	1	60	1,2
Controllo d'assetto	1	80	1,6
Serbatoi	2	100	4
Controllo termico	1	50	1
Motore d'apogeo (a secco), inclusi sistemi pirotecnici e di rinforzo struttura	1	80	1,6

Massa del satellite a fine vita	$M_{FV} = 1360\,kg + 59{,}2\,kg$
Propellente consumato in orbita (funzione di durata di vita = 0,2)	$0{,}2 \times M_{FV} = 0{,}2 \times (1360\,kg + 59{,}2\,kg)$
Massa del satellite ad inizio vita (Massa a fine vita + propellente consumato)	$M_{IV} = (1360\,kg + 272\,kg) + (59{,}2\,kg + 11{,}8\,kg) = 1632\,kg + 71{,}04\,kg$
Massa di propellente necessario a circolarizzare l'orbita di trasferimento (funzione di circolarizzazione = 0,7)	$0{,}7 \times M_{IV} = [0{,}7 \times (1360\,kg + 272\,kg)] + [0{,}7 \times (59{,}2\,kg + 11{,}8\,kg)] = 1142{,}4\,kg + 49{,}7\,kg$
Massa al lancio	$M_L = (1632\,kg + 1142{,}4\,kg) + (71{,}04\,kg + 49{,}07\,kg) = 2623{,}14\,kg$

Fig. 4.9 Esempio di bilancio di massa di un satellite per telecomunicazioni

A titolo di esempio gli schemi in Fig. 4.10 e 4.11 illustrano la gestione dei margini relativi al budget di potenza e al budget di massa di un satellite per telecomunicazioni.

Nelle Fasi C e D ovviamente man mano che si procede verso la realizzazione materiale del sistema, i margini rischiano di "confondersi" con le tolleranze o con le assunzioni di progetto, e ciò può provocare confusione tra il fornitore e il cliente a causa di diverse interpretazioni dello stesso parametro. Ecco che contrattualmente è opportuno specificare bene le regole che definiscono la tipologia dei margini del sistema.

Nella Fase E poi, quella di utilizzo del sistema nello spazio, l'evoluzione di alcuni margini, quali ad esempio quello relativo al budget di propellente, possono essere verificati attraverso i dati di telemisura in modo da pianificare le correzioni orbitali per ottenere la durata di vita prevista dal contratto.

Fig. 4.10 Esempio di budget di potenza per un satellite di telecomunicazioni

A tutti i livelli quindi di un programma spaziale, dall'apparato al sotto-sistema fino al sistema completo, vengono presi dei margini che contribuiscono all'ottimizzazione dei budget, si veda ad esempio lo schema semplificato della Fig. 4.12.

È teoricamente quindi piuttosto complicato produrre alla fine del programma un sistema perfettamente congruente al dimensionamento progettuale, ma è proprio l'obiettivo del Capo Programma quello di ridurre questo divario il minimo possibile.

Nell'organizzazione di un programma si è già visto come dal team di programma si discende per livelli gerarchici o funzionali fino ai singoli fornitori dei singoli apparati, siano essi interni alla struttura industriale del programma o siano esterni, cioè di altre società.

Ogni responsabile di una fornitura a livello di apparato o di sotto-sistema, prenderà un margine sulla sua propria fornitura che con molta probabilità non sarà posto a conoscenza del responsabile gerarchico superiore.

Quest'umana attitudine è del tutto comprensibile e in fondo accettata, d'altronde ogni margine è preso secondo criteri valutativi differenti, spesso in funzione dell'attitudine di singoli individui magari posti sotto pressione dai diretti superiori gerarchici. Ma come conseguenza ne discende che esisterà a livello di programma un margine globale del tutto non identificato, sconosciuto.

Ci si potrà domandare se esiste da parte del team di programma una procedura di condividere questi "margini nascosti" in modo da poterli ridistribuire per il beneficio del programma stesso.

Realisticamente ciò non è possibile, e in effetti il cumulo di questi margini nascosti è la garanzia che ogni responsabile, al proprio livello, si prende per la propria fornitura.

Fig. 4.11 Esempio di budget di massa per un satellite di telecomunicazioni

Di conseguenza la praticità del "management dei margini" consiste a seguire dettagliatamente le evoluzioni dei parametri chiave del programma, e soprattutto di adottare scelte spesso difficili quando si constata la possibilità di convergere verso un margine negativo.

Entriamo nel dettaglio di un piccolo caso per un satellite di telecomunicazioni per illustrare un esempio pratico di management dei margini.

A livello di apparato ad esempio se la massa di un componente elettronico inscatolato risultasse elevata si potrebbe tendere a ridurre lo spessore dell'involucro metallico o addirittura si potrebbe cambiare il materiale del rivestimento, in fibra di carbonio, per alleggerire l'insieme.

A livello di sotto-sistema si potrebbe ad esempio decidere, per esigenze commerciali, di incrementare il margine del budget di potenza emessa da parte di un ripetitore di bordo, nel momento in cui il sotto-sistema è già stato realizzato.

Una tale esigenza potrebbe richiedere di sostituire la guida coassiale tra l'emissione e l'antenna con una guida a più debole attenuazione.

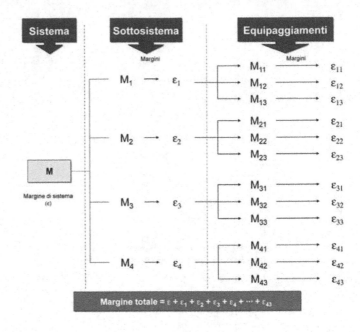

Fig. 4.12 Analisi di
accumulo dei
margini

A livello di sotto-sistema si opererà quindi un trasferimento di margini, incrementando quello sul budget di potenza e diminuendo quello sul budget di massa.

Ecco che viene evidenziata la interdipendenza dei margini e la criticità nel management, che non può e non deve prescindere da una profonda conoscenza del sistema che si va a realizzare.

A livello di sistema, a ulteriore esempio, si potrebbe nel caso precedente calcolare poi che anche con la sostituzione della guida la potenza emessa dal sottosistema risulti non sufficiente a coprire l'esigenza commerciale. Qualora non si potesse intervenire, sempre a livello sotto-sistema, sulle antenne, sarebbe necessario un intervento a livello di sistema.

Si potrebbe ad esempio operare sul link budget che è funzione anche dell'ampiezza della finestra di station-keeping del satellite; di conseguenza riducendo tale ampiezza si dovrebbe aumentare la massa di propellente per consentire un incremento di manovre orbitali di correzione; di conseguenza si aumenterebbe il budget di massa totale al lancio che però dovrà comunque restare sia nei limiti imposti dal lanciatore (a meno di non rinegoziare il prezzo di lancio nel caso di aumenti significativi della massa), sia nei limiti imposti dalla capacità dei serbatoi del satellite.

Questa pratica di trasferimento dei margini è frequente nei programmi, non può come già detto prescindere da una profonda conoscenza del sistema.

4.3
Management della Configurazione

Il management della Configurazione in un programma spaziale ha per obiettivo di mantenere il controllo documentale della definizione tecnica del sistema, dei sotto-sistemi e degli apparati attraverso tutta la vita del programma stesso.

Il team di programma deve pertanto produrre, mantenere e aggiornare una documentazione completa che gli permetta di avere una visione esatta degli elementi costituitivi il sistema che deve realizzare.

La prima funzione del management di Configurazione è dunque quella di identificare i documenti delle specifiche e delle caratteristiche tecniche.

Poiché sussiste una coerenza temporale convergente tra i vari apparati/sotto-sistemi nella vita del programma, il Capo Programma non può gestire tale coerenza senza essere a conoscenza degli elementi che lo compongono; ecco che la seconda fondamentale funzione del management di Configurazione è quella della pianificazione. Il responsabile della Configurazione, all'interno del team di programma, dovrà pertanto stabilire, in funzione della pianificazione, un percorso parallelo di controllo e verifica della documentazione per consentire al team di essere in grado a ogni istante del programma di identificare lo stato tecnico attualizzato del sistema, di un sotto-sistema o di un apparato.

La terza funzione del management di Configurazione è poi quella del "controllo" dello stato della Configurazione stessa, cioè di seguire le evoluzioni degli elementi del programma attraverso le modifiche successive, previamente autorizzate, che hanno avuto ripercussioni sul programma stesso.

Identificazione, pianificazione e controllo, e infine la verifica e l'inserimento delle evoluzioni o modifiche costituiscono le tre funzioni essenziali del management di Configurazione.

4.3.1
Metodologia delle tre funzioni del management della configurazione

Funzione identificazione

Si effettua elaborando dei documenti tecnici specifici, controllati e numerati in configurazione, e che sono gradualmente aggiornati nel corso del programma e vengono approvati in momenti topici quali le review.

La Configurazione di ogni elemento, dagli apparati fino all'intero sistema, deve prevedere un insieme di documenti tra cui, come minimo, devono figurare i seguenti:

- le Specifiche Tecniche;
- il Documento di Definizione, "Definition Document" o D.D;

- il Documento di Fabbricazione e Controllo, "Production and Control Document" o P.C.D.;
- il Documento di Controllo delle Interfacce, "Interface Control Document" o I.C.D.

Un qualsiasi elemento è identificato quando si dispone di tali documenti, che in sintesi permettono alla fine del programma di tracciarne la storia, le evoluzioni, le modifiche e lo stato attuale.

Tra i quattro documenti sopra elencati, tutti egualmente importanti, il D.D. e il I.C.D. hanno una rilevanza particolare.

Nel primo il sistema da realizzare è sviscerato e identificato in tute le sue componenti, mentre nel secondo sono prese in considerazione tutte le relazioni tra i componenti del sistema sia con elementi interni sia con elementi esterni al programma.

A titolo di esempio nella Fig. 4.13 è riportato un indice possibile di un D.D. per un programma di un satellite di telecomunicazioni.

Il Documento di Controllo delle Interfacce è solitamente costituito da due parti:

- La prima, elaborata dal cliente, definisce le interfacce del sistema con il mondo esterno, cioè ad esempio i laboratori di test, le sale di assemblaggio, il poligono di lancio; in essa sono chiarite varie caratteristiche quali:
  - i sistemi assiali di riferimento;
  - i volumi di ingombro sotto l'ogiva del lanciatore;
  - i connettori di alimentazione esterna sotto l'ogiva del lanciatore;
  - la configurazione in orbita;
  - ecc.

- La seconda parte, elaborata dal Prime Contractor o dal team di programma, definisce la coerenza del sistema con le specifiche. In pratica a partire dai dati dei fornitori, ad esempio gli schemi meccanici o termici o strutturali di un apparato, il Prime Contractor o il team di programma ne verificano che l'integrazione a livello di sistema sia possibile e coerente. Ciò deve essere poi ulteriormente validato dal fornitore.

Il Documento di Controllo delle Interfacce una volta congelato diviene esso stesso una "specifica tecnica", ed è quindi oggetto di una procedura formale e accurata di management della Configurazione.

A titolo di esempio nelle Figure 4.14a, b, c è riportato un indice possibile di un Documento di Controllo delle Interfacce per un satellite di telecomunicazioni.

Funzione pianificazione e controllo

Il controllo consiste in un insieme di procedure che consentono di

- definire a ogni review la situazione dei documenti approvati;
- controllare in maniera formale i documenti configurati e approvati attraverso un sistema di gestione delle modifiche apportate, le quali a seconda della loro categorizzazione (categoria 1 uguale modifiche "maggiori", categoria 2

A - GENERALITA'
- Identificazione dei materiali (sintesi dei dati di design dei sottosistemi ed equipaggiamenti con il loro numero di riferimento tecnico)
- Documentazione applicabile e di riferimento
- Stato della definizione (preliminare, finale, ...)

B - DESCRIZIONE GENERALE DEL SATELLITE
- Funzione dei sottosistemi
- Piano di presentazione
  - Preparazione al lancio
  - In configurazione orbitale
- Piano di sviluppo

C - CARATTERISTICHE TECNICHE
- Funzionali
- Performance
- Caratteristiche fisiche

D - SCHEMI FUNZIONALI E SINOTTICI

E - BILANCI
- Meccanica (assi di riferimento, masse, allineamento, inerzie, rigidezze)
- Termica (in accordo con le modalità di funzionamento
- Potenza (in accordo con le modalità di funzionamento)
- Telemisura (lista delle telemisure, formati)
- Telecomando (lista dei telecomandi)
- Puntamento
- Collegamenti
- ...

F - MESSA IN ORBITA
- Modi di funzionamento
- Procedure e vincoli di trasferimento da una modalità all'altra

G - LIMITI E VINCOLI
- Durata di vita
- Protezione e sicurezza
- Trasporto e manutenzione

Fig. 4.13 Esempio di indice per un Documento di Definizione per un satellite di telecomunicazioni

uguale modifiche "minori") devono essere approvate dal cliente e dal team di programma;
- controllare con delle apposite procedure interne l'evoluzione dei documenti tecnici fin tanto che le modifiche non sono state formalmente approvate e in conseguenza la Configurazione risulta "congelata allo stato".

Il processo è assimilabile a una acquisizione progressiva della Configurazione, la cui progressione è data nel tempo dalle review chiave del programma.

Questo processo in definitiva consta nella registrazione formale del riferimento dei documenti stabiliti nella funzione di Identificazione, e nell'accesso regolamen-

---

a) Volume 1: Documento di Controllo delle Interfacce Meccaniche

(i) – LIVELLO SISTEMA

■ Configurazione
  ■ Sistema di assi utilizzato
  ■ Masse
  ■ Configurazione in orbita

■ Interfacce lanciatore
  ■ Inviluppo: piano del satellite in preparazione al lancio (tolleranze)
  ■ Torre ombelicale

■ Sviluppo
  ■ Piano di sviluppo dei differenti equipaggiamenti
  ■ Piano di sviluppo del cablaggio
  ■ Piano di dettaglio

■ Bilancio dettagli di massa-allineamento-inerzie

■ Allineamento del campo di vista

(ii) LIVELLO SOTTOSISTEMI ED EQUIPAGGIAMENTI

Il dossier contiene un set completo di Piani di Interfacce Meccaniche. A titolo di esempio per un equipaggiamento, si riporta un disegno di dettaglio contenente:

■ Dati puramente meccanici:
  ■ Dimensioni esterne massimali
  ■ Dimensioni dettagliate delle interfacce, includenti la posizione ed il diametro dei fori di fissaggio e le tolleranze corrispondenti
  ■ Appiattimento e trattamento del piano d'appoggio
  ■ Definizioni degli assi di riferimento
  ■ Masse dell' equipaggiamento
  ■ Posizione del centro di gravità e del momento di inerzia (dal rapporto agli assi di riferimento)
  ■ Trattamento e definizione delle superfici esterne

■ Dati elettromeccanici
  ■ Identificazione e posizione dei connettori elettrici
  ■ Codice e nome del fabbricante dei connettori
  ■ Numero di pin

Fig. 4.14 (a) Esempio di indice per un Documento di Interfaccia per un satellite di telecomunicazioni

tato all'originale di ognuno di essi. In tal modo ogni documento non può essere modificato che sotto la sola responsabilità di colui che l'ha emesso, e non senza traccia scritta e catalogata della documentazione che ne ha causato l'evoluzione.

Solitamente la procedura avviene in accordo con il cliente, ma anche con l'intervento dei fornitori.

A titolo di esempio viene di seguito riportato in Fig. 4.15 un planning possibile di acquisizione della Configurazione per un satellite.

Come si può osservare la lista dei documenti viene incrociata con la sequenza temporale delle review di programma, e a seconda della tipologia delle re-

b) **Volume 2: Documento di Controllo delle Interfacce Termiche**

(i) – LIVELLO SISTEMA

■ Definizione delle orbite
■ Definizione delle fasi
■ Definizione delle modalità di funzionamento
■ Concetto generale di sottosistema termico

(ii) LIVELLO SOTTOSISTEMI ED EQUIPAGGIAMENTI

■ Interfaccia
    ■ Conduzione (superficie di contatto, conduttanza)
    ■ Radiazione (superficie emittente, emittanza)
■ Massa
■ Capacità termica
■ Resistenza termica interna
■ Potenza dissipata(minima, nominale, massima)
■ Temperature ammissibili (minime e massime) all'interfaccia
    ■ In orbita (in arresto, in funzionamento)
    ■ Durante lo stoccaggio ed il trasporto
■ Commenti

c) **Volume 3: Dossier di Controllo delle Interfacce Elettriche**

(i) – LIVELLO SISTEMA

■ Sinottica generale delle interconnessioni
■ Sinottica generale di "0 Volt"
■ Sinottica delle alimentazioni

(ii) LIVELLO SOTTOSISTEMI ELETTRICI

■ Requisiti di potenza degli equipaggiamenti di sottosistema
    ■ Su ognuna delle sorgenti (primarie, secondarie)
    ■ Per ciascuna modalità di funzionamento
■ Piano di interconnessione del sottosistema
    ■ Equipaggiamenti componenti i sottosistemi e identificazione delle interconnessioni
    ■ Connessioni pin tra gli equipaggiamenti di sottosistema, con indicazione della natura dei cablaggi e dei rinforzi
    ■ Connessioni con gli altri sottosistemi

(ii) LIVELLO EQUIPAGGIAMENTI

■ Tipo e codice del connettore
■ Numero di pin
■ Natura e funzione del segnale al pin
■ Caratteristiche del segnale: continuo, alternato, digitale (bit rate)
■ Livello di corrente circolante nei pin
■ Impedenza dal rapporto alla linea di ritorno, ...

Fig. 4.14 (b) Esempio di indice per un Documento di Interfaccia per un satellite di telecomunicazioni

d) **Volume 4: Interfacce di Telecomando**

(i) – LIVELLO SATELLITE

- Lista dei telecomandi
- Differenti tipi di comando (discreto, serie digitale) e loro caratteristiche

(ii) LIVELLO SOTTOSISTEMI ED EQUIPAGGIAMENTI

- Nome e destinazione del comando
- Tipo di comando (discreto, serie digitale)
- Fasi di funzionamento durante le quali è necessario il comando
- Verifica da telemisura (se applicabile)

c) **Volume 5: Interfacce di Telemisura**

(i) – LIVELLO SISTEMA

- Lista delle telemisure
- Descrizione dei formati di telemisura
- Tipi e caratteristiche dei segnali di telemisura (analogici, discreti, serie digitali)

(ii) LIVELLO SOTTOSISTEMI ELETTRICI

- Nome del segnale
- Tipo di segnale (analogico, discreto, serie digitale)
- Frequenza di campionamento
- Tipi di formati
- ...

Fig. 4.14 (c) Esempio di indice per un Documento di Interfaccia per un satellite di telecomunicazioni

view è possibile avere un quadro di come evolve nel tempo il management della Configurazione.

Come già detto le review devono essere stabilite per effettuare nel corso della vita del programma:

- una valutazione approfondita delle attività;
- una analisi della documentazione elaborata, o dei risultati di prova;
- una presa in carico delle raccomandazioni dei gruppi di review;
- un congelamento dello stato della Configurazione.

Le procedure del management della Configurazione possono poi dividersi in:

- management interno, che si riferisce alla gestione della documentazione di ogni singolo attore e che non è nel controllo del team di programma (ad esempio una Unità Tecnica che realizza un apparato per il programma);
- management formale dei documenti configurati, che è responsabilità del team di programma.

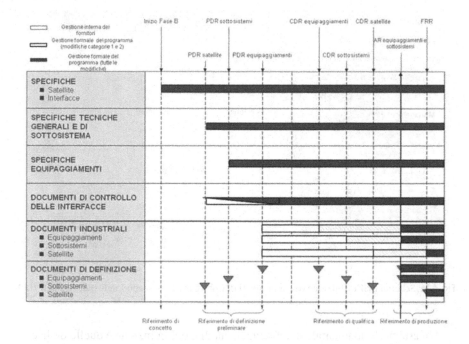

Fig. 4.15 Esempio di piano di evoluzione della Configurazione per un programma di un satellite di telecomunicazioni

A questo punto si possono illustrare le evoluzioni dei documenti di Configurazione esaminando la Fig. 4.16, che fa riferimento alle procedure standard dell'ESA riguardo la lista della documentazione di programma.

I documenti sono formalmente gestiti alle fine delle review dove vengono aggiornati in Configurazione.

Gli aggiornamenti possono essere implementati in momenti chiave definiti contrattualmente ma generalmente coincidono con le review di programma.

Funzione di verifica e inserimento delle modifiche

La verifica e l'inserimento delle modifiche è quindi la messa a nuovo dello stato della Configurazione che si effettua:

- listando il tipo e lo stato di approvazione delle modifiche proposte dai vari attori, cioè dagli industriali, dal team di programma o dal cliente;
- introducendo fisicamente nei documenti di riferimento della Configurazione le modifiche e il loro stato di approvazione.

L'obiettivo finale del processo è quindi anche di conoscere in modo preciso, prima di qualificare durante una apposita review un apparato, un sotto-sistema o un sistema, la Configurazione teorica dello stesso e le differenze realizzative del prodotto in rapporto alla Configurazione teorica.

Documentazione	MDR	PRR	SRR	PDR	CDR
Specifiche funzionali di sistema	versione 1	vers. finale			
Specifiche tecniche di sistema	versione 1	vers. finale			
File giustificativo delle specifiche	versione 1	vers. finale			
Documento di definizione della missione	versione 1	vers. finale			
Management Plan	**versione 1**		**revisione**	**vers. finale**	
Documento delle specifiche		Versione 1	finale		
Product Assurance Plan			versione 1	revisione	versione finale
Documento di definizione		versione 1	vers. finale		
Documento di giustifica delle specifiche		versione 1	vers. finale		
Documento di controllo delle interfacce				versione 1	vers. finale
Piano di gestione della Configurazione				versione 1	vers. finale
Piano dell'Assemblaggio, integrazione e test				versione 1	versione finale

Fig. 4.16 Schema dell'evoluzione dei documenti di Configurazione secondo gli standard dell'ESA

Un aspetto fondamentale del management di Configurazione è quello della classificazione delle modifiche che devono essere formalmente approvate o respinte secondo procedure precise.

Solitamente le modifiche sono classificate in tre tipologie:

- categoria 1, cioè quelle modifiche che hanno un impatto sulle specifiche tecniche o contrattuali stabilite nel contratto "base" quello cioè tra il cliente e il Prime Contractor;
- categoria 2, che hanno un impatto sulle specifiche tecniche o contrattuali tra il Prime Contractor e i sotto-fornitori, e che quindi non influiscono nel contratto "base";
- categoria 3, cioè quelle modifiche che possono essere effettuate da un sotto-fornitore per soddisfare le esigenze tecniche a lui richieste.

Il processo di proposta e accettazione/rifiuto delle modifiche è gestito in maniera formale.

Ogni proposta di modifica viene quindi elaborata secondo standard che possono variare nei differenti programmi ma lo schema illustrato nella Fig. 4.17 ne rappresenta le caratteristiche principali.

In linea di principio ogni proposta di modifica dovrebbe contenere almeno gli elementi seguenti:

- il numero della proposta di modifica;
- l'ente che la propone;
- l'impatto della modifica sui documenti gestiti in Configurazione;
- i giustificativi tecnici, di costo e di impatti temporali.

Logo Industria/Ente	Nome Programma	❶	N° DI RICHIESTA

	❹ CONTRAENTE	❽ N° DI MODIFICA
❸ IDENTIFICAZIONE DEL PRODOTTO	❺ N° CONTRATTO	❾ INTRODUZIONE RACCOMANDATA
❻ TITOLO	

❼ N° Proposta di modifica	GRUPPO
❿ ID. SOTTINSIEMI	⓫ SOTTO-CONTRAENTE	PRIORITA' ❷

⓬ DESCRIZIONE	ALLEGATI

⓭ DESCRIZIZONE	MOTIVAZIONI

⓮ DOCUMENTI DI CONFIGURAZIONE

⓯ CARATTERISTICHE PARTICOLARI

⓰ INFLUENZA STIMATA SULLE MODIFCHE CONTRATTUALI
COSTO TOTALE

INFLUENZA SUI RITARDI

ALTRE INFLUENZE CONTRATTUALI

⓱ APPROVAZIONI		
Capo progetto contraente	Conformità direttiva	Responsabile del contratto (contraente)
DECISIONE APPROVATA/RESPINTA	Gruppo	Data
Capo progetto cliente		Responsabile del contratto (cliente)

⓲ CONTENUTI (annessi, pagine, piani)

Fig. 4.17 Esempio di proposta di modifica di programma

La proposte di modifiche vengono esaminate a due livelli: nel team di programma o nel Prime Contractor, e in seconda battuta presso una apposita commissione in cui il team di programma insieme al cliente analizzano la proposta di modifica e ne decretano congiuntamente l'approvazione o il rifiuto.

Il processo è similare a un loop chiuso di controllo.

L'approvazione può essere totale o parziale, nel senso che una modifica potrebbe essere accettata ma limitatamente a un solo apparato ad esempio e non a un intero sotto-sistema come originariamente proposto.

In ogni caso la responsabilità dell'incorporazione di una modifica nel programma non può mai prescindere da una conoscenza e una accettazione da parte del cliente.

4.4
Management dei test

Nel management dei programmi spaziali l'attività dedicata ai test è fondamentale per assicurare la convergenza del programma stesso verso gli obiettivi di missione definiti originariamente.

La convergenza si esplicita quindi non solo attraverso la simulazione numerica ma soprattutto attraverso vere e proprie prove fisiche alle quali sono sottoposti gli elementi del programma, dall'apparato al sotto-sistema al sistema.

I materiali fisici, cioè l'hardware, e i programmi numerici, cioè il software, di un sistema spaziale sono provati e misurati a livello di:

• componenti elementari;
• equipaggiamenti o apparati;
• sotto-sistemi;
• sistemi integrati;
• interfaccia con elementi esterni.

Naturalmente a seconda della tipologia della missione, la pianificazione delle prove e dei test può essere differente.

È ovvio infatti che la natura di certi programmi, quali ad esempio le sonde scientifiche oppure i sistemi spaziali con astronauti a bordo, differisce per complessità e ridondanza rispetto ai lanciatori spaziali o ai satelliti commerciali di telecomunicazioni; questo può condurre a tipologie di test anche molto differenti, in ragione della criticità più o meno acuta del tipo di verifica richiesta.

4.4.1
Tipologie di test

I test devono verificare le condizioni operative e funzionali degli elementi del sistema in funzione delle performance per le quali tali elementi sono stati progettati all'interno del sistema stesso.

I test devono quindi soddisfare delle verifiche:

Funzionali

Questo tipo di test sono effettuati con misure o simulazioni elettriche o radioelettriche solitamente in laboratorio oppure nel corso delle prove sotto vuoto termico. Quasi sempre la verifica funzionale dei vari sotto-sistemi è effettuata in maniera integrata con un test di compatibilità elettromagnetica. Questi test sono effettuati con appositi banchi di prova le cui specifiche e la cui realizzazione è responsabilità del team di programma.

Ambientali

Questo tipo di test sono effettuati per verificare la compatibilità degli elementi del sistema con le operazioni a terra prima del lancio; poi con il lanciatore durante la fase di messa in orbita; e infine con l'ambiente spaziale, luogo delle operazioni.

Per quanto riguarda le operazioni a terra, occorre tener presente che tutto il materiale dovrà essere realizzato, immagazzinato, lavorato e trasportato a terra prima di volare nello spazio, quindi ogni elemento sarà soggetto a un trasporto e a un maneggio di cui bisognerà stabilire dettagliatamente vincoli e restrizioni.

Per quanto riguarda il lanciatore, i test dovranno prevedere la verifica delle compatibilità meccaniche, strutturali, acustiche ed elettromagnetiche del sistema con le condizioni di rumore e di vibrazione indotte dal lanciatore. Queste condizioni sono solitamente ben note, e sono descritte nei manuali di utilizzo dei vari veicoli di lancio. Questi test sono effettuati sia con simulazioni numeriche che con prove fisiche e riguardano principalmente:

- test di vibrazione meccanica e acustica;
- test d'urto e di accelerazione transitoria;
- test di sforzo statico;
- test di equilibrio inerziale.

Per quanto riguarda l'ambiente spaziale una volta in orbita, i test da effettuare a terra consistono nel verificare la tenuta del sistema alle condizioni termiche del vuoto cosmico con e senza irradiamento solare. Per i satelliti di telecomunicazione in orbita geostazionaria è poi di significativa importanza il test di verifica alla carica e scarica elettrostatica dato che l'irradiamento siderale non è attenuato dalla campo magnetico terrestre o degli alti strati dell'atmosfera. Questi test sono effettuati in laboratori specifici di prova a vuoto e termica.

D'interfaccia

Questi test, condotti spesso tramite simulazioni, riguardano prove di compatibilità con altri sistemi, quali ad esempio la compatibilità di comunicazione tra un satellite in orbita bassa e la rete di stazioni di terra addette alle comunicazioni e al controllo.

Generalmente nella filosofia dei test dei programmi spaziali si tende a realizzare un modello prototipale del sistema (satellite, astronave, o infrastruttura), identico al modello di volo, per effettuare i test di qualifica con i margini definiti.

Questa metodologia è quella che solitamente assicura le migliori prestazioni anche in orbita, ma può presentare, in funzione del programma, lo svantaggio di richiedere un costo maggiore di sviluppo e una tempistica più lunga.

Il piano dei test si può ridurre ad esempio nel caso di programma psuedo-ricorrenti, cioè di programmi il cui sistema utilizza piattaforme o sotto-sistemi già utilizzati in programmi precedenti e quindi già noti a livello funzionale.

In genere però un piano di test si stabilisce nel momento in cui il sistema è concepito, proprio perché la disponibilità o meno di mezzi adeguati di test influenza significativamente le scelte di progetto.

In generale il team di programma prima di stabilire il piano di test deve porsi specifiche domande quali:

- Quale tipo di test va previsto per un dato elemento, e in quale momento della sua realizzazione?
- Quali margini applicare sui diversi test che si vogliono effettuare?
- Quali sono gli strumenti di test più adeguati alla verifica che si vuole effettuare?
- Come essere sicuri dell'accuratezza dei test, e gestire quindi la qualità degli strumenti e delle misure ?

4.4.2

Pianificazione e metodologia dei test

Anche la pianificazione dei test in un programma spaziale è un processo formale che deve essere definito al momento del concepimento dello stesso, e di fatto rientra nel Management Plan.

I test vanno impostati definendo la documentazione tecnica relativa (specifiche, planning) e la documentazione di controllo (piano di controllo, misura e conformità).

La Fig. 4.18 illustra schematicamente la logica relativa alla pianificazione dei test.

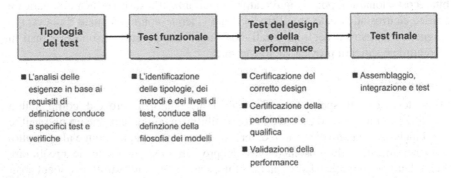

Fig. 4.18 Esempio di logica per la pianificazione dei test di programma

La logica che guida la definizione del piano dei test è in pratica una sintesi metodologica delle verifiche necessarie dei diversi livelli di un sistema, al fine di essere il più possibile sicuri che il materiale prodotto è rispondente alle specifiche.

Ovviamente per la scelta dei test deve essere un necessario compromesso tra le esigenze di affidabilità, quelle finanziarie del programma, le richieste del cliente e anche i vincoli imposti dal mercato o dalla concorrenza.

La pianificazione dei test e il conseguente processo di verifica inizia sin dalla fase di progetto preliminare, e si estende fino all'accettazione finale attraverso un'iterazione articolata a più livelli, dagli apparati ai sotto-sistemi sino al sistema finale; un'iterazione che può svolgersi in tre fasi principali: la qualifica di progetto, "Design Qualification", la qualifica delle prestazioni, la "Performance Qualification", e la qualifica di accettazione, la "Acceptance Qualification".

La Design Qualification viene stabilita al momento dello sviluppo iniziale del programma e consiste nella verifica dell'idea stessa della missione e nella valutazione delle varie opzioni di sistema atte a realizzarla.

In generale quindi nella Design Qualification il massimo livello di test arriva fino al sotto-sistema e le prove di sviluppo riguardano essenzialmente apparati o sotto-sistemi di nuova concezione o produzione. Il team di programma può anche decidere che per alcuni di questi apparati o sotto-sistemi può essere sufficiente una semplice verifica per analisi invece che una prova fisica.

Talora alcuni test di Design Qualification possono condurre alla rottura fisica dell'apparato proprio per verificarne il grado di resistenza e dimensionare i margini in conseguenza.

La Performance Qualification si effettuata su modelli rappresentativi di quelli di volo e i test sono quindi realizzati al livello massimo di rappresentatività del sistema, integrando quindi funzionalmente sotto-sistemi e apparati.

Solitamente in questa fase spesso il carico dei test è maggiore di quello reputato massimo durante la vita orbitale del programma; ad esempio i test di irraggiamento elettromagnetico o di vibrazione sono superiori ai livelli massimi stimati in orbita o durante il lancio. Si fa ciò per verificare i limiti estremi di funzionamento senza degradare però le performance globali del sistema.

Il principio guida è quello di ricercare il massimo livello di difetti possibili al minimo livello dell'apparato e del sotto-sistema, così da minimizzare il rischio di avere in volo difetti che si ripercuotano a livello sistema.

Spesso si realizzano i cosiddetti "ProtoFlight Models", PFM's, cioè dei modelli di prova che sono poi destinati al volo in orbita; in questo caso si adottano dei test di qualifica, dall'apparato al sistema, rigorosamente analitici sin dalle prime fasi di sviluppo.

La Acceptance Qualification è effettuata sui modelli di volo, detti "Flight Models", FM's, ed è costituita da test funzionali, ambientali e di performance realizzati a livelli superiori di quelli stimati nella vita del programma, dalla sua evoluzione a terra al lancio alla vita orbitale. Lo scopo è quello di provare l'intero sistema e ad assicurarsi che lo stesso sia affidabile e senza difetti di fabbricazione.

Diversi sono i metodi di test: per analisi numerica o simulazione, per prova, per inspezione, per similarità o per dimostrazione a seguito di review di programma.

I metodi di analisi o simulazione comprendo tutte le tecniche di verifica elaborate a partire da modelli matematici e di calcolo rappresentativi del sistema o dei sotto-sistemi o finanche degli apparati.

Questi metodi sono però sempre complementari e quasi mai sostitutivi di quelli di prova diretta. Possono divenire alternativi ai test se giudicati economici e in grado di fornire un elevato livello di affidabilità, o qualora un test fisico sia impossibile da prodursi a terra.

Con lo sviluppo dei modelli matematici a seguito delle accresciute capacità di calcolo i test analitici stanno diventando una metodologia di verifica di sistema e sotto-sistema sempre più utilizzata per valutare le fasi di funzionamento sotto differenti ambienti operativi.

I metodi di test per le prove sono effettuati per la qualifica di un prodotto, di un sotto-sistema o di un sistema, cioè per la loro accettazione al volo, e si distinguono in:

- *test funzionali*, praticati in ambienti normali, che sono essenzialmente delle prove di compatibilità, di interfaccia e di funzionamento per la verifica elettrica, meccanica, elettromagnetica, radioelettrica, ecc.;
- *test ambientali*, a differenza dei funzionali hanno delle condizioni esterne indotte quali vibrazioni, variazioni di temperatura, differenti livelli di irraggiamento. Anche questi test si effettuano a tutti i livelli, dall'apparato al sistema, e cercano di riprodurre quanto più possibile l'ambiente a cui il sistema si troverà a vivere durante il lancio e la vita in orbita.

I metodi di test per ispezione consistono nell'esame visivo delle differenti componenti di un elemento del sistema, del sotto-sistema o dell'apparato, e sono quindi solitamente utilizzati a terra nei processi di controllo della Qualità. Però in orbita dei test per ispezione sono utilizzati ad esempio per la verifica dello scudo termico dello Space Shuttle o per la verifica dello stato fisico di elementi esterni, ad esempio i pannelli solari, della Stazione Spaziale Internazionale ISS.

I metodi di test per similarità sono effettuati nel caso che un apparato o un sotto-sistema non più utilizzato da un programma viene direttamente riutilizzato in un altro programma. Questo è spesso il caso nei programmi commerciali dove la piattaforma di base è per esigenze di economie di scala sempre la stessa.

Ovviamente anche in casi come questo i test di Performance e di Acceptance devono comunque essere condotti rigorosamente.

I metodi di verifica a seguito di review di programma consistono nell'accettare un materiale sulla base di documentazione e prove prodotte in sede di review per dichiarare la conformità con le specifiche del materiale stesso e non procedere con test ulteriori. Solitamente questa procedura si effettua a livello di apparato o sotto-sistema, e si tratta sostanzialmente di una Acceptance Qualification.

Una volta esaminati i differenti metodi di test occorre definire dei modelli a cui sono applicati determinati livelli di verifica.

Ad esempio a livello di apparato la verifica si effettua su dei circuiti o dei modelli al banco, disponibili in serie o integrati con elementi sviluppati specificatamente per il programma. Solitamente nei programmi commerciali la qualifica di un apparato si effettua nello stesso momento della accettazione, anche se ciò può comportare dei rischi, che pertanto non vengono presi in programmi non commerciali.

Un approccio che caratterizza la filosofia dei modelli per i test tende quindi a definire all'inizio di un programma la natura e il numero di tali modelli per poi definirne l'analisi funzionale a cui sottoporli.

Questo approccio è spesso dettato anche dal budget finanziario disponibile, dalla durata del programma e dall'esperienza degli Ingegneri del team di programma.

La Fig. 4.19 illustra i principali modelli e l'analisi funzionale conseguente per la verifica e i test.

SPERIMENTAZIONE	SVILUPPO	QUALIFICA	ENTRATE
Livello Equipaggiamenti	■ EIM: Modello di identificazione (o modello elettrico ingegneristico)	■ QM: Modello di qualifica	■ FMi: Modello di volo (i = 1, ..., n)
Livello sottosistema Livello sistema veicolo	■ SM: modello strutturale in scala ■ TM: modello termico in scala ■ RM: Modello radioelettrico in scala ■ EM: modello di ingegneria	■ QM: Modello di qualifica	■ FMi: Modello di volo (i = 1, ..., n)
	■ EQM: modello di ingegneria e di qualifica	■ PFM: Modello prototipico di volo	
FILOSOFIA CLASSICA: EIM+ QM + FM FILOSOFIA ALTERNATIVA (1): EQM+ FM FILOSOFIA ALTERNATIVA (2): EQM+ PFM			
	Il modello di EQM è un modello di ground Il modello PFM è un modello di volo		

Fig. 4.19 Esempio dei modelli dallo sviluppo all'accettazione per il volo

L'analisi dettagliata della combinazione dei diversi modelli, dall'apparato al sistema, conduce alla determinazione del ciclo di prove di qualifica e accettazione.

In un programma spaziale il processo sopradefinito viene chiamato AIT, cioè "Assembly Integration & Test" e costituisce una fase importantissima nella vita del programma, poiché, come è illustrato dallo schema della Fig. 4.20, il suo evolversi è funzione di feedback sin dalle fasi iniziali di design della missione stessa.

L'obiettivo finale dell'AIT è di minimizzare i costi, e quindi il numero dei modelli, assicurando il rigoroso livello di confidenza tecnica nel prodotto finale.

Esistono diverse filosofie di AIT, ad esempio quella che vede lo sviluppo di un modello preliminare, "Development Model", seguito da un modello di qualifica, "Qualification Model" e poi da un esemplare di volo, "Flight Model"; oppure quella che vede lo sviluppo di un prototipo di volo, "ProtoFlight Model", e poi di un Flight Model.

Non vi è una regola precisa, ma in generale occorre essere rigorosi a livello apparato e sotto-sistema per poi verificare funzionalmente il sistema integrato.

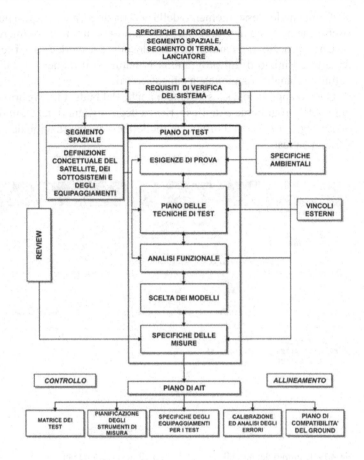

Fig. 4.20 Schema
funzionale della
logica del
programma di test

La pianificazione dei test, detta AIT Plan, è quindi un documento di primaria importanza che viene elaborato sotto la responsabilità del team di programma sin dalle fasi di offerta al cliente.

In esso il programma di verifica è dettagliato per tutti i modelli previsti e si applica alle Fasi A, B e C/D del programma. Il flusso logico di tale processo è illustrato schematicamente nelle Figure 4.21a, b e c applicabili alle Fasi del programma.

4.4.3

Strumenti di prova

Una volta definito l'AIT Plan passiamo a esaminare quali sono nello specifico i mezzi, gli strumenti di prova, utilizzati per l'AIT stesso, poiché la conoscenza di

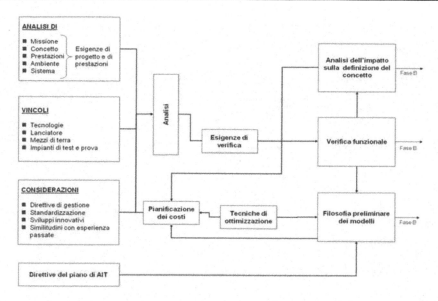

Fig. 4.21 (a) Schema funzionale della logica del programma di test per la Fase A

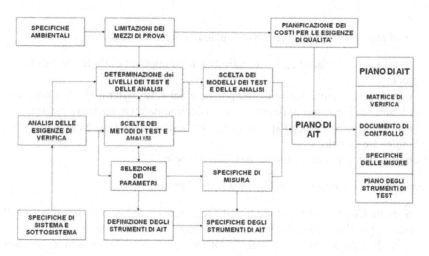

Fig. 4.21 (b) Schema funzionale della logica del programma di test per la Fase B

questi consente di elaborare i processi decisionali decisivi per la realizzazione del programma.

Gli strumenti di prova possono essere classificati come:

- i "ground test equipment" per le prove funzionali;
- i banchi prova del software;
- i "ground test laboratories" per le prove ambientali.

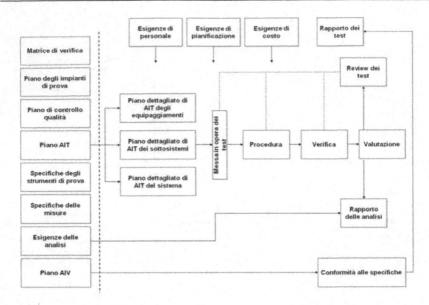

Fig. 4.21 (c) Schema funzionale della logica del programma di test per la Fase C/D

I *ground test equipment* per le prove funzionali permettono di:

- verificare le interfacce e la compatibilità degli apparati durante i test di Integrazione;
- verificare il funzionamento degli apparati e dei sotto-sistemi elettrici integrati;
- determinare i margini di funzionamento degli apparati e dei sotto-sistemi;
- verificare l'integrità degli apparati e dei sotto-sistemi e il loro funzionamento con il software di volo;
- configurare apparati e sotto-sistemi per il lancio.

Generalmente i ground test equipment si dividono in:

- "Specific Check Out Equipment", SCOE, che sono dei banchi di test per i sotto-sistemi, per l'alimentazione, per il condizionamento delle batterie, ecc.;
- "Overall Check Out Equipment", OCOE, che sono dei banchi di telemisura/telecomando, dei registri di misura, dei calcolatori periferici, degli schermi di controllo.

Questi mezzi utilizzano differenti strumenti di misura e strumenti informatici alcuni dei quali sono disponibili commercialmente e altri invece necessitano di uno sviluppo specifico per il programma.

Il team di programma deve quindi avere una visione di progetto ma in grado di saper utilizzare configurazioni multiprogetto per massimizzare l'efficienza e l'affidabilità.

L'ESA ha proceduto negli anni a definire degli standard di architetture e di linguaggi informatici al fine di rendere omogenee le procedure di AIT per i diversi satelliti sviluppati per applicazioni diverse.

I *banchi prova del software* sono sempre più importanti data l'elevata pervasività del software nei sistemi di guida e controllo dei sistemi spaziali.

In genere è opportuno che le risorse umane dedicate allo sviluppo del software di volo non siano le stesse che eseguano le verifiche e la qualifica.

La realizzazione dei banchi prova in grado di simulare il comportamento dinamico dei sotto-sistemi e del sistema attraverso calcolatori analoghi a quelli di bordo è un'attività quasi sempre specifica a ogni programma.

I *ground test laboratories* per le prove ambientali sono solitamente distinti in tre classi a seconda dei test:

- *test meccanici*, cioè i laboratori per le prove di vibrazione, le prove acustiche, le prove di choc, e le prove di inerzia;
- *test termici*, cioè i laboratori per le prove di vuoto termico e di irraggiamento;
- *test elettromagnetici*, cioè le camere anecoiche per le prove di scariche elettrostatiche o di conduzione.

Questi laboratori sono delle installazioni dimensionalmente importanti e funzionalmente significative, la cui realizzazione e mantenimento è giustificata solo da esigenze tecniche o economiche.

In altre parole un Prime Contractor di satelliti commerciali potrà avere convenienza a realizzare a proprie spese presso i propri stabilimenti, i laboratori per le prove ambientali solo se prevederà di utilizzarli per una nutrita serie di satelliti le cui prove, pagate dai clienti, potranno nel tempo ripagarne il costo di investimento.

In Europa esistono a tal fine due centri di prova che possono essere utilizzati anche su base di affitto temporaneo.

All'ESTEC, il centro tecnologico dell'ESA in Olanda, esiste un ampio laboratorio di AIT per grandi satelliti.

A Tolosa presso la società privata Intespace esiste un centro di test a cui si rivolgono i Prime Contractor per condurre le prove ambientali dei loro satelliti.

Poi i vari Prime Contractor possono anche dotarsi parzialmente di centri di prova, preferendo realizzare alcuni test "in casa" e altri affittando laboratori esterni.

In Italia a Roma presso la Thales Alenia Space Italia SpA esiste un laboratorio di Assemblaggio e Test per satelliti della classe 500 Kg fino a 2000 Kg, le cui caratteristiche di modernità e innovazione ne fanno uno dei migliori in Europa e nel mondo.

Nella definizione dell'AIT Plan quindi la disponibilità degli strumenti di test è una delle chiavi nel processo decisionale di sviluppo del programma.

Lo schema di Fig. 4.22 illustra quindi un esempio di percorso decisionale possibile in funzione di diversi criteri, costo e disponibilità di laboratori di test.

Ovviamente ogni percorso decisionale definito nella Fase B di un programma deve contenere delle opzioni alternative da seguire nella Fase C qualora intervengano accadimenti imprevisti.

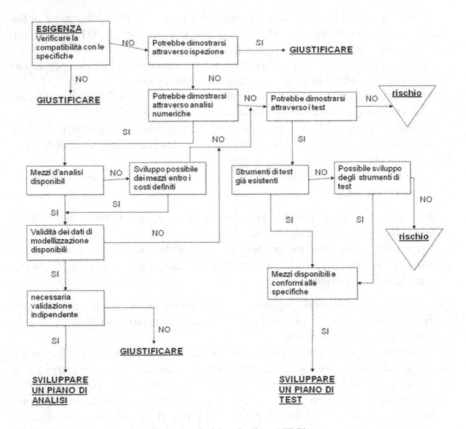

Fig. 4.22 Schema funzionale della logica decisionale di un AIT Plan

A seguito del diagramma decisionale viene definito il diagramma di Test di primo livello, di cui un esempio è illustrato il Fig. 4.23 dove viene elaborata una filosofia di test che prevede il massimo utilizzo di modelli (SM= Modello Strutturale, TM= Modello Termico, RM= Modello Radiofrequenza, IM= Modello Integrato, QM= Modello di Qualifica, FM Modello di Volo).

Un approccio di test come quello descritto sopra è quindi un punto di partenza per cercare per un dato programma di definire un percorso semplificato in grado di rispettare le specifiche di missione.

È importante rilevare che nella realtà operativa e logistica di un programma spaziale, le cui implicazioni internazionali sono già state evidenziate, i criteri di logistica geografica dei laboratori di prova sono assai influenti, poiché lo spostamento di risorse e dei banchi di prova necessari per i test devono comunque essere minimizzati per evitare aumenti dei costi, dei ritardi o di rischi associati al trasporto.

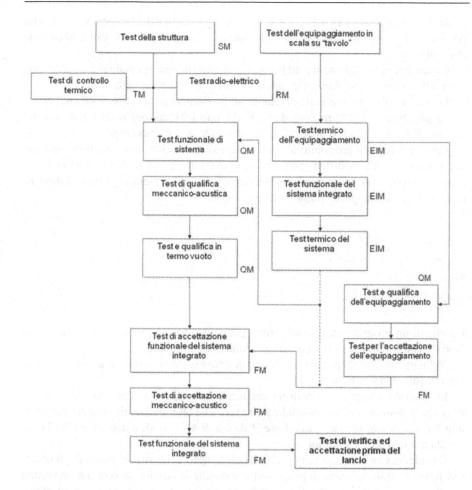

Fig. 4.23 Schema funzionale della sequenza dei test principali

4.4.4

La dimensione dell'AIT in un programma spaziale

Le prove funzionali e ambientali devono essere effettuate da risorse specializzate che siano in grado di comprendere le problematiche di assemblaggio, di integrazione ma anche di funzionamento globale del sistema che si viene a realizzare.

Nel team di programma da due a quattro risorse umane, oltre al Capo Programma, possono gestire l'AIT, mentre a livello dei fornitori e a seconda dell'ampiezza del programma le risorse dedicate all'AIT possono crescere fino a decine di persone dedicate, e ciò sottolinea l'importanza di questo delicato processo nella vita di un programma spaziale.

Inoltre questa attività costituisce una parte significativa del budget dedicato a un programma, in rapporto ad esempio al costo di sviluppo o al costo di realizzazione dei materiali.

Generalmente l'AIT incide sul budget di un programma spaziale per un 20% fino a un 30% in casi particolari quali satelliti scientifici o sistemi abitati.

Per un satellite commerciale di telecomunicazioni a elevata capacità il cui budget totale può essere di 300 milioni di €, l'AIT può incidere per il 20% cioè c.a. 60 milioni di €, il cui 20% o 30% ad esempio solo le prove ambientali.

Per sua natura un programma spaziale una volta lanciato in orbita non consente che limitate o nulle modifiche alla sua configurazione, pertanto il corretto funzionamento di un sistema riposa fondamentalmente sull'applicazione rigorosa sui modelli necessari di un dettagliato piano di prove a terra.

4.5
Management dei ritardi

La vita di un programma spaziale come già evidenziato è pluriennale sia nella sua fase di realizzazione che in quella di esploitazione in orbita.

Nella prima fase il calendario temporale può essere di vari anni a seconda della complessità della missione.

In generale un programma di un satellite applicativo o scientifico che presenta importanti innovazioni tecnologiche può avere una fase realizzativa sintetizzabile in una Fase A di c.a. sei mesi, una Fase B da c.a. 9 a 12 mesi, e una Fase C/D la cui durata minima è di 3 o 4 anni.

È evidente che la tenuta temporale del calendario delle attività è uno degli obiettivi fondamentali del team di programma, e poiché le attività sono di natura umana e industriale, i rischi di ritardi per cause impreviste o per sottostima degli sforzi necessari sono delle eventualità assai probabili.

In ogni programma esistono, come già visto per i margini tecnici, dei margini di ritardo che sono fisiologici ai diversi livelli degli attori di un programma.

Il problema con la gestione dei ritardi è che nel momento in cui se ne attiva una, a ogni Fase del programma, si inizia una catena di ritardi conseguenti la cui evoluzione rischia di uscire dal controllo dei responsabili con conseguenze drammatiche per la vita del programma stesso.

Nella tecnica di management gli strumenti fondamentali per il controllo dell'evoluzione di un programma e dell'analisi dell'impatto dei ritardi sono i diagrammi di GANTT e il metodo PERT, "Program Evaluation and Review Technical".

Non è però obiettivo del testo fornire qui gli elementi relativi a questi due strumenti, la cui approfondita analisi è oggetto di corsi e libri dedicati sin dal concepimento di queste due metodologie.

Interessa qui richiamare però alcuni elementi generali che caratterizzano i metodi GANTT e PERT.

I diagrammi GANTT trovano sempre la loro collocazione principe in tutti i sistemi di management, grazie alla chiarezza di presentazione che fornisce agilmente al lettore elementi chiave del calendario delle attività.

Ma tali diagrammi non riescono però a coprire tutte le esigenze di management in programmi con centinaia di Work Packages. La debolezza in ciò è dovuta al fatto che la loro natura è essenzialmente posta sull'asse del mero calendario temporale, e non esplicita la interdipendenza esistente tra le diverse attività.

In realtà si annidano proprio in queste interdipendenze le cause dei diversi problemi, e quindi dei ritardi, di un programma.

Per tener conto quindi dei criteri di interdipendenza legati alla complessità tecnica, alla molteplicità dei fornitori e alle interfaccie tra la triade cliente-programma-fornitori, si utilizzano i metodi PERT.

La pianificazione secondo la metodologia PERT si esplica in due fasi:

- l'identificazione delle attività, cioè l'analisi del programma scomposto nei suoi Work Packages costitutivi con la spiegazione dell'ordine temporale con cui devono essere realizzati;
- la costruzione di una rete temporale che rispetti la sequenza delle attività e prenda in conto i vincoli imposti dal programma per la gestione dei ritardi.

L'interdipendenza tra Work Packages è esplicitata in nodi che costituiscono nella rete PERT il segnapunto relativo alla realizzazione di un avanzamento significativo del lavoro, a cui contribuiscono i diversi Work Packages a esso afferenti.

Per la realizzazione di un apparato ad esempio si potrà procedere a una integrazione e a test parziali anche in presenza di ritardo di un componente, ma verrà identificata una "data al più tardi" in cui se il componente non sarà disponibili l'intero apparato subirà un ritardo nella integrazione e successiva fornitura al programma. Questo ritardo avrà un impatto sul sotto-sistema al cui interno l'apparato dovrà essere collocato, e in ultima analisi tutto il programma subirà un ritardo.

La rete PERT viene quindi costruita ipotizzando diversi tempi di ritardo del componente così' come altri tempi di consegna da eventuali fornitori diversi in modo da massimizzare il ventaglio di alternative.

Nella costruzione della rete viene così a evidenziarsi il cosiddetto "percorso critico", cioè la successione della attività che conducono alla data finale di consegna la più tardiva, al limite quella per cui il margine temporale è nullo, e quindi la più critica.

I percorsi critici possono essere più di uno, anzi è auspicabile che lo siano, e in definitiva la definizione del percorso critico e l'analisi dei margini permettono al team di programma di prendere le decisioni rapidamente e di attivare i mezzi necessari per tempo al fine di mettere in essere le giuste azioni correttive.

Ad esempio nel caso dell'apparato visto in precedenza, all'approssimarsi dell'esaurimento del percorso critico il team di programma si attiva per una soluzione alternativa quale può essere l'acquisizione da un altro programma, che non è in percorso critico, dello stesso componente.

4.5.1
Organizzazione della pianificazione

La pianificazione è una della metodologia rispondente all'obiettivo del management dei ritardi.

Il programma è scomposto in attività, WorkcPackages, conformemente all'organizzazione tecnica definita per la realizzazione della missione, e delineata nel Management Plan.

La pianificazione, schematicamente rappresentata nella Fig. 4.24, è vissuta generalmente in due momenti distinti, che sono la sua elaborazione e la sua esploitazione nel corso della realizzazione delle attività pianificate.

La pianificazione all'inizio della vita di un programma, può generalmente essere incompleta per alcuni elementi funzionali, in quanto alcuni dati tecnici possono non essere disponibili a causa di studi di fattibilità o di definizione non ancora completati ad esempio dai sotto-fornitori.

Il primo stadio della pianificazione è quindi globale e sommario, e dovrà mettere in evidenza i momenti chiave di realizzazione accoppiati agli interventi degli attori direttamente interessati.

Questa pianificazione preliminare serve quindi per facilitare le negoziazioni in corso tra gli attori del programma, per definire un calendario realistico e per definire quali attività è necessario avviare da subito data la loro criticità.

In un secondo stadio viene elaborata una pianificazione di dettaglio, che fornisca la logica ritenuta idonea alla realizzazione del programma insieme con i vincoli e le relazioni tra gli attori.

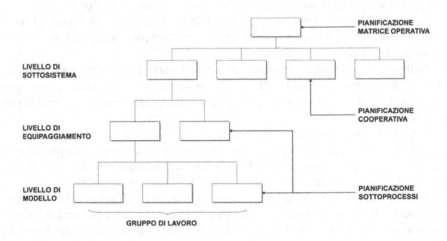

Fig. 4.24 Livello di pianificazione di un progetto

Generalmente nei programmi spaziali la pianificazione, detta "Planning", è dettagliata a livello di sotto-insiemi e la pianificazione globale è effettuata con metodi a rete.

Il management dei ritardi esige quindi che le date temporali accumulate dalle varie attività siano conformi a un calendario temporale omogeneo e comune tra tutti gli attori. In altre parole occorre che ad esempio il calendario delle attività, definito in tempo di lavoro effettivo sia giorni sia settimane, sia in fase per tutti i fornitori con quello del team di programma e in ultima analisi con quello del cliente, per evitare discrepanze derivanti da diversi riferimenti calendariali.

Nei programmi spaziali quasi sempre all'interno del comparto industriale realizzativo sussistono realtà di diverse nazionalità e continenti, e per ognuna i vincoli di calendario (ferie, congedi o altro) possono differire, inducendo così disomogeneità nella pianificazione temporale che devono essere evitate.

Il Planning dettagliato è un documento "vivente" in un programma, e il team deve aggiornarlo via via che le realizzazioni sono effettuate.

Generalmente una prima iterazione della metodologia PERT dà luogo a una durata totale del programma superiore a quella prevista contrattualmente. Infatti il PERT è una pianificazioni per step successivi che si basa sulla stima delle tappe successive confrontate con i tempi previsti.

Pertanto si opera sulla riduzione dei tempi restringendo le durate di alcune attività ritenute non critiche, giungendo a una pluralità di possibili calendari di attività.

Spesso alcune date obiettivo sono dei "desiderata" e non hanno una reale caratteristica di impellenza, ecco che man mano che il programma evolve questi obiettivi possono essere calati in momenti più idonei aumentando i margini di sicurezza.

Inoltre le attività di apparati o sotto-sistemi che sono sul percorso critico possono essere ridotte temporalmente ripartendole all'interno di altri servizi tecnici invece che centralizzarle su uno solo, oppure facendo ricorso ad altri fornitori esterni.

Lo svantaggio può essere un potenziale incremento dei costi, quindi il mix di misure da prendere deve essere valutato con attenzione dal team di programma.

Qualora queste misure non fossero sufficienti si può pensare a provvedimenti più drastici quali la semplificazione o la soppressione di determinate attività, di verifica e test ad esempio, ma generalmente si tende a evitare questo processo.

Solitamente la modifica dei tempi e la messa in parallelo delle attività critiche rappresenta la soluzione più soddisfacente.

La responsabilità organizzativa è quindi direttamente riconducibile all'interno del team al Capo Programma, che delega un responsabile della pianificazione, il "Project Controller", all'interfaccia con il cliente e con i fornitori, dato che il management dei ritardi si effettua dal cliente verso il team di programma, e dal team di programma verso i fornitori. Qualora esistano più livelli di fornitori ogni livello gerarchico effettuerà una sua pianificazione di gestione dei ritardi.

Il documento di Planning è quindi aggiornato su base solitamente mensile, tuttavia nelle pianificazioni più critiche o nella fase finale di un programma, il ciclo di aggiornamento può essere settimanale.

4.5.2
Ciclo del controllo

Una volta stabilito il documento di Planning e la frequenza di aggiornamento, si effettua il ciclo di controllo, attraverso i rapporti di avanzamento delle attività.

L'obiettivo del ciclo di controllo è quindi quello di aggiornare il PERT di programma, solitamente ogni mese, per consentire di avere un'idea dettagliata della situazione e delle attività in corso.

PERT sta per *Program Evaluation and Review Technical*, ed è una tecnica di project management sviluppata nel 1958 dalla Booz, Allen & Hamilton, Inc., una ditta di consulenza ingegneristica, per l'ufficio Progetti Speciali della Marina degli Stati Uniti, con l'obiettivo di ridurre i tempi e i costi per la progettazione e la costruzione dei sottomarini nucleari armati con i missili Polaris, coordinando nel contempo diverse migliaia di fornitori e di subappaltatori.

Con i PERT si tengono sotto controllo le attività di un progetto utilizzando una rappresentazione reticolare che tiene conto dell'interdipendenza tra tutte le attività necessarie al completamento del progetto.

Si noti che l'algoritmo PERT non elabora una sequenza temporizzata delle attività, perché non tiene conto della disponibilità delle risorse; considera cioè che le risorse siano a disponibilità infinita.

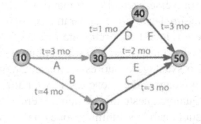

Fig. 4.25 Esempio di un diagramma di PERT per un programma di 7 mesi con 5 milestones (da 10 a 50) e sei attività (A, B, C, D, E ed F)

Però l'informazione dei rapporti di avanzamento, a ogni livello, può non essere un'analisi dettagliata dello stato delle attività, ma deve contenere la nozione di impatto sulla Pianificazione per consentire al Project Controller di integrare nel PERT globale i contributi dei diversi fornitori.

Ovviamente il team di programma deve analizzare ogni rapporto di avanzamento per monitorare lo stato delle attività a livello delle informazioni contenute e saper valutare se in un determinato rapporto mette in evidenza o meno una potenziale criticità per il programma.

A seguito dell'assunzione formale da parte del team di programma di una modifica con impatto sul PERT, il Project Controller provvede ad aggiornare il GANTT che diviene così il nuovo riferimento.

Poiché i programmi spaziali contengono centinaia di diverse attività sono ormai sviluppati anche su base commerciale dei software di gestione che consentono la messa in opera e l'aggiornamento costante dei PERT e dei GANTT.

Il diagramma di GANTT è uno strumento di supporto alla gestione dei progetti, così chiamato in ricordo dell'ingegnere statunitense che si occupava di scienze sociali che lo ideò nel 1917, Henry Laurence Gantt (1861 - 1919).

Il diagramma è costruito partendo da un asse orizzontale - a rappresentazione dell'arco temporale totale del progetto, suddiviso in fasi incrementali (ad esempio, giorni, settimane, mesi) - e da un asse verticale - a rappresentazione delle mansioni o attività che costituiscono il progetto

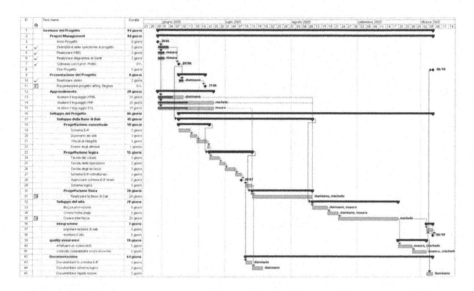

Fig. 4.26 Esempio di semplice diagramma di Gantt

Barre orizzontali di lunghezza variabile rappresentano le sequenze, la durata e l'arco temporale di ogni singola attività del progetto (l'insieme di tutte le attività del progetto costituisce la Work Breakdown Structure).

Queste barre possono sovrapporsi durante il medesimo arco temporale a indicare la possibilità dello svolgimento *in parallelo* di alcune delle attività. Man mano che il progetto progredisce, delle barre secondarie, delle frecce o delle barre colorate possono essere aggiunte al diagramma, per indicare le attività sottostanti completate o una porzione completata di queste. Una linea verticale è utilizzata per indicare la data di riferimento.

Un diagramma di GANTT permette dunque la rappresentazione grafica di un calendario di attività, utile al fine di pianificare, coordinare e tracciare specifiche attività in un progetto dando una chiara illustrazione dello stato d'avanzamento del progetto rappresentato; di contro, uno degli aspetti non tenuti in considerazione in questo tipo di diagrammazione è l'interdipendenza delle attività, caratteristica invece della programmazione reticolare, cioè del diagramma PERT.

A ogni attività possono essere in generale associati una serie di attributi: durata (o data d'inizio e fine), predecessori, risorsa, costo.

Inoltre i mezzi informatici permettono anche di visualizzare le cosiddette "curve di tendenza" che in pratica forniscono al team di programma, a partire dai singoli dati della pianificazione per ogni elemento, una curva temporale aggiornata che illustra calendariamente quale sarà la data di consegna finale stimata di un apparato o di un sotto-sistema o di un sistema.

Risk management

5

L'affidabilità dei sistemi Spaziali è una scienza che si esplicita mediante la determinazione congiunta, in fase di progetto, dei requisiti di affidabilità e sicurezza, "Reliability & Security", e il loro controllo contestuale in fase di gestione.

L'affidabilità ha le sue origini della sua storia nel campo aeronautico e per questo, fin dall'inizio, é stata associata al requisito della sicurezza, e traslata nel settore spaziale sin dagli anni '50.

Prima degli anni '40 gli aspetti qualitativi delle tecniche di "Reliability & Security", intuiti sulla base dell'esperienza dai progettisti, furono più il prodotto di un'arte che di una tecnica scientifica.

Negli anni '40 le conoscenze sull'affidabilità dei sistemi vennero notevolmente sviluppate per le necessità, in tempo di guerra, di progettare apparecchiature sicure ed efficaci.

Alcune iniziali formulazioni per il calcolo dell'affidabilità in serie furono sviluppate ad esempio negli studi del missile tedesco V-1.

Negli anni '50, negli USA, l'affidabilità divenne un importante campo di studi anche per l'ingegneria elettronica, la cui crescente complessità, specialmente negli armamenti militari e quindi nella missilistica spaziale, era la principale causa di frequenti guasti e fallimenti.

Nel 1952, il Dipartimento della Difesa degli USA fondò il Comitato Consultivo per l'Affidabilità delle Attrezzature Elettroniche (AGREE), i cui studi dimostrarono che gli equipaggiamenti elettronici erano talmente inaffidabili e difficili da mantenere che, se un componente valeva un dollaro, il costo del suo mantenimento operativo era di due dollari l'anno.

Quindi il loro progetto intrinseco doveva contenere i fondamenti di "Reliability & Security".

Le conclusioni del rapporto AGREE furono pubblicate come norma militare americana, adottate poi anche dalla NASA e dalle industrie aerospaziali e ad alta tecnologia.

Gli anni '60 videro quindi la nascita di molte nuove tecniche di Reliability & Security, soprattutto nell'industria aeronautica, spaziale e nucleare.

Spagnulo M.: Elementi di management dei programmi spaziali
DOI 10.1007/978-88-470-2309-3_5, © Springer-Verlag Italia 2012

Nel 1961 i Laboratori Telefonici Bell introdussero il concetto "d'albero dei guasti e degli errori" come metodo per valutare la sicurezza di un sistema progettato per controllare il lancio del missile Minuteman.

Successivamente la Boeing riutilizzò il concetto e inventò il modo di costruzione dell'albero dei guasti come "metodo dell'analisi delle modalità di guasto e degli effetti", da allora utilizzato regolarmente nei programmi aeronautici e spaziali.

La progettazione non era più una fase come le altre del *ciclo produttivo,* ma sintetizzava in sé ogni aspetto di affidabilità di tutto il sistema, sia a monte, durante la fase di costruzione/produzione (qualità e sicurezza delle macchine, dell'organizzazione, del prodotto), sia durante la fase di utilizzo (a valle), quando bisognava evitare qualunque tipo di scadimento della qualità e quindi della sicurezza, nei programmi aeronautici, oppure di guasto nei programmi spaziali.

Negli anni '70 poi gli studi dell'ergonomia, già attivi da un ventennio, determinarono un'ulteriore svolta nella valutazione dell'errore umano, introducendo nuovi aspetti del problema della "Reliability & Security", ponendo l'accento su concezione relazionale delle attività.

Essendo l'errore umano e quello tecnico normalmente correlati, essi divenivano entrambi risultati di un cattivo funzionamento del sistema.

Le varie parti dovevano essere osservate nella loro totalità, come un unico sistema in cui erano importanti non più i singoli elementi, ma le relazioni tra di essi, cioè le "interrelazioni" tra uomo e macchina, le cosiddette MMI "Man-Machine Interfaces".

Questa nuova metodologia ha introdotto quindi nuovi requisiti di "Reliability & Security", che possono essere gestiti da un management, attuato nel tempo, che adotti tecniche revisionali e progettuali della teoria dell'affidabilità, quali:

- previsione della probabilità che il sistema diventi inaffidabile e si verifichi, pertanto, un evento con impatto sulla sicurezza;
- previsione della probabilità di ripristino dell'affidabilità.

La prima è un'operazione di conoscenza che fornisce il grado d'affidabilità del processo, la seconda un'operazione di decisione che fornisce le azioni preventive volte a incrementarne l'affidabilità.

Nell'evoluzione industriale si comprese, quindi, che, per raggiungere adeguati livelli di "Reliability & Security", era necessario gestire i rischi dell'organizzazione, con ciò gettando le premesse per la nascita del Risk Management, una metodologia che garantiva l'analisi preventiva dei rischi, la loro valutazione e il loro controllo futuro.

Il rischio considerato è riconducibile a una potenziale perdita, "loss", legata a un evento avverso; gli aspetti gestionali, il management, riguardano il rapporto ipotizzabile tra rischio ed eventuale perdita.

La finalità del Risk Management è dunque la riduzione, attraverso strategie e metodologie che minimizzano il rischio, di una possibile perdita.

Il Risk Management può essere anche definito come un insieme di processi pianificati a monte e finalizzati a ridurre il più possibile la probabilità di una perdita.

5.1
Il concetto di rischio

Nella teoria del Risk Management il rischio relativo a un evento negativo per il programma, è definito attraverso due parametri:

- la probabilità che accada l'evento;
- la gravità delle conseguenze dell'evento.

Parimenti il rischio può anche essere definito da:

- un parametro appartenente al passato, che contiene cioè quell'insieme di eventi negativi denominati "insieme delle cause";
- un parametro appartenente al futuro, che contiene cioè un insieme di eventi potenzialmente osservabili nel futuro denominati "insieme delle conseguenze".

Indipendentemente dalla probabilità il rischio può essere classificato in quattro categorie:

- rischio catastrofico, corrispondente a conseguenze quali la perdita di vite umane (esplosione dello Space Shuttle Challenger nel 1986 o dello Shuttle Columbia nel 2003), oppure la distruzione totale del sistema (failure in orbita di un satellite), oppure ancora distruzione parziale dell'ambiente circostante (esplosione al decollo del lanciatore Lunga Marcia nel 1996 con conseguenze sul territorio geografico circostante);
- rischio critico, corrispondente a conseguenze quali ferite gravi ma non permanenti oppure danni ambientali limitati;
- rischio significativo, corrispondente a conseguenze quali ferite leggere oppure blocco della missione ma senza perdita del sistema;
- rischio minore, corrispondente a problemi di elementi del sistema che non comportano conseguenze sulla riuscita della missione.

5.1.1
Il rischio accettabile

Si definisce rischio accettabile il rischio ammesso come tollerabile; esso è la risultante di un processo decisionale che a seguito di analisi oggettive e di confronto con altri rischi similari e conosciuti, definisce un ventaglio di conseguenze naturali, sociali, tecnologiche e finanziarie in grado di poter essere sopportate dal sistema.

Ovviamente il rischio accettabile non è mai definito o approvato dal Capo Programma, ma è il risultato di una decisione al più alto livello gerarchico.

Ad esempio, nel caso dei lanci spaziali dal poligono francese di Kourou è da anni definito un livello di rischio accettabile che comporta delle conseguenze relativamente alla distruzione in volo o al malfunzionamento e ricaduta sulla terra del lanciatore Ariane nel corso di una missione.

Ovviamente nel calcolo di questo rischio accettabile non sono state in linea di principio accettate le conseguenze di mortalità umana al suolo per effetto della ricaduta del veicolo. Tutti i possibili parametri di "Reliability & Security" sono stati presi in conto. Però non è possibile escludere completamente un'eventualità catastrofica, ecco che la massima autorità competente,cioè il Governo Francese, si fa carico di responsabilità eventuali in caso di evento catastrofico e diviene in qualche misura garante del rischio accettabile definito.

Uno schema esemplificativo di come ricercare il valore di un rischio accettabile è illustrato nella Fig. 5.1, ove si evince che esso sarà un compromesso tra quanto l'ente responsabile è pronto a pagare a monte dell'evento e quanto dovrà pagare a valle dell'evento in termini finanziari, d'immagine di disponibilità, d'impatto mediatico e altro.

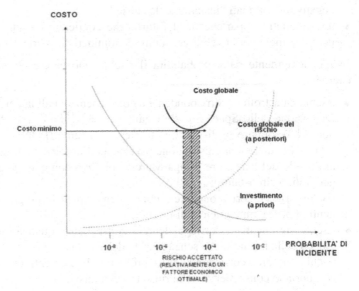

Fig. 5.1 Analisi generale del rischio

Nel Risk Management è utile adottare anche il grafico della criticità.

Il grafico, schematicamente illustrato nella Fig. 5.2, presenta in ordinata la probabilità dell'evento e in ascissa la valutazione della gravità delle conseguenze. Esso permette una valutazione immediata del dominio dei rischi.

Per determinare la funzione F tale che $P = F(G)$, se g_0 è il valore corrispondente a un evento di gravità pari a zero, si può scrivere

$$F(g_0) = 1.$$

Poiché F non è una funzione nulla nell'intervallo $(g_0 - \infty)$ si ottiene

$$\int_{g_0}^{\infty} F(t)dt > 1.$$

ne consegue che la funzione F è una densità di probabilità.

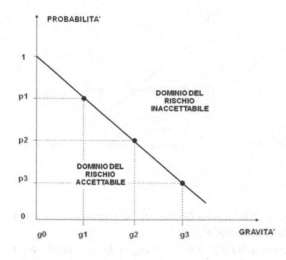

Fig. 5.2 Analisi generale rischio/conseguenza (grafico della criticità)

5.1.2

Il passaggio dal rischio inaccettabile a quello accettabile

Tre metodologie permettono di passare dal dominio del rischio inaccettabile al dominio del rischio accettabile.

Metodo della prevenzione

In questo metodo si tende a diminuire la probabilità P che accada un evento negativo mantenendo inalterata la gravità G delle conseguenze.

Come schematicamente illustrato nella Fig. 5.3 il passaggio da un dominio a un altro si compie parallelamente all'asse delle probabilità.

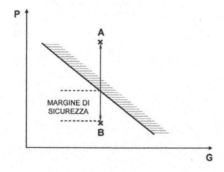

Fig. 5.3 Analisi generale della prevenzione del rischio

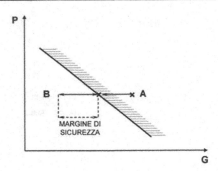

Fig. 5.4 Analisi generale della protezione dal rischio

Metodo della protezione

In questo metodo si tende a diminuire la gravità G delle conseguenze di un evento negativo mantenendo inalterata la probabilità P.

Come schematicamente illustrato nella Fig. 5.4 il passaggio da un dominio a un altro si compie parallelamente all'asse delle gravità.

Metodo dell'assicurazione

In questo metodo si tende a portare su una terza parte la gravità G delle conseguenze di un evento negativo.

Come schematicamente illustrato nella Fig. 5.5 il metodo consiste nel fare slittare l'intera funzione del rischio dietro il punto A considerato come accettabile. Ovviamente maggiore è il margine di sicurezza e più elevato è il costo di assicurazione, tecnico ed economico.

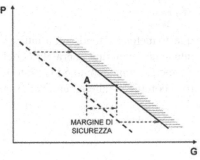

Fig. 5.5 Analisi generale dell'assicurazione dal rischio

5.2
"Reliability & Security" tecnica dei sistemi spaziali

Una missione spaziale è definita:

- riuscita, se tutti gli obiettivi fissati, le specifiche, sono stati raggiunti;
- degradata, se una parte degli obiettivi sono stati raggiunti, che vi siano stati o meno dei problemi di Security;

- fallita, se nessuno degli obiettivi è stato raggiunto, che vi siano stati o meno dei problemi di Security.

La riuscita di una missione integra globalmente tutti gli obiettivi di "Reliability & Security" che possono definirsi come:

- *Reliability*, cioè la realizzazione nominale dell'insieme delle funzioni che concorrevano al raggiungimento degli obiettivi. Il completamento ottimale di questo processo si ottiene quando l'insieme dei mezzi umani e materiali messi in essere dal programma garantiscono sin dal loro concepimento quei livelli di Reliability compatibili con l'obiettivo della riuscita tecnica della missione. In altre parole il processo è lo sforzo tecnologico e operativo da mettere in atto.
- *Security*, cioè la realizzazione nominale del rispetto dei requisiti che concorrevano al riutilizzo, totale o parziale dei mezzi umani e materiali messi in essere dal programma.

La "Reliability" nel senso tradizionale del termine concorre quindi sia alla riuscita tecnica della missione, sia al mantenimento dell'adeguato livello di Security.

Il Risk Management per la "Reliability" attiene quindi all'analisi e alla gestione qualitativa e quantitativa dei mezzi e della loro qualità, al fine di permettere il raggiungimento degli obiettivi qualunque sia il grado di complessità della missione.

Il Risk Management per la "Security" attiene quindi all'analisi degli eventi accidentali in grado di rimettere in causa la disponibilità a posteriori, in senso lato ovviamente, dei mezzi messi in essere dal programma per la missione.

Naturalmente il Risk Management attiene anche all'impatto della missione sull'ambiente circostante, e sugli effetti reciproci dell'ambiente sul sistema.

L'obiettivo qualitativo del Risk Management è direttamente correlato con l'interesse rivestito alla risorsa e all'eventuale perdita a esso associata, quindi la "Security" deve coprire l'integralità dei diversi aspetti di una missione, cioè riuscita, degradata o fallita.

La Fig. 5.6 visualizza schematicamente la relazione tra la riuscita tecnica, "Security" e il relativo rapporto con il grafico della criticità.

5.2.1
Il Product Assurance come strumento di Reliability

La selezione di un appropriato standard qualitativo nella realizzazione di un programma spaziale passa per la progettazione e la fabbricazione di ogni singolo elemento del sistema con criteri di qualità e affidabilità.

Si tratta di uno degli obiettivi primari per realizzare la missione rispettando i requisiti funzionali, tollerando i carichi ambientali e corrispondendo alle aspettative operative.

Gli standard di qualità possono essere diversi a seconda del tipo di missione, appare evidente che le missioni spaziali umane presentano dei requisiti di qualità

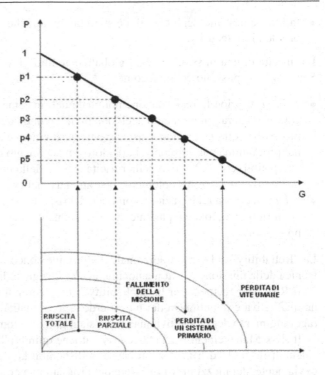

Fig. 5.6 Relazione successo/criticità

elevatissimi e con alti gradi di ridondanza, rispetto a una missione robotica (quale quella di un satellite di telecomunicazioni o un'astronave cargo non abitata).

Il monitoraggio del ciclo di vita di prodotti di un programma, siano essi componenti basici o apparati o sotto-sistemi, è un'attività definita contrattualmente ed espletata da specifiche milestones associate alle review di programma.

Pertanto sin dalla fase di offerta il Management Plan dovrà contenere nel "Product Assurance Plan", P.A. Plan, il flusso di attività pianificate per verificare il ciclo di vita progettuale, cioè il ciclo di produzione e il ciclo di integrazione di ogni singolo componente del sistema spaziale da realizzare.

Scopo del "Product Assurance" è quindi la garanzia del controllo di Qualità, che partendo dai requisiti del cliente arriva a seguire l'intero ciclo di vita del prodotto: progetto, sviluppo, fabbricazione, qualifica, integrazione e accettazione.

Il P.A. Plan elaborato dal Prime Contractor, e accettato dal cliente, si applica in cascata ai sotto-fornitori ognuno per il proprio prodotto di competenza.

All'interno del team di programma quindi il responsabile della qualità, il "Product Assurance" Manager, sarà incaricato della verifica della messa in essere della politica industriale della Qualità di prodotto.

Le attività di "Product Assurance" solitamente iniziano con la Fase B e proseguono nelle Fasi C/D, mentre specifiche attività possono essere attuate nella Fase E; solitamente sono effettuate in accordo con le procedure di qualità interne e specifiche a ogni organizzazione industriale e devono essere compatibili con le norme ISO 9100.

Il P.A. Plan è quindi un documento contrattuale vincolante e costituisce lo strumento del processo iterativo di gestione del rischio.

5.3
"Reliability & Security" finanziaria dei sistemi spaziali

Come già evidenziato precedentemente il Risk Management è definito come un insieme di processi, pianificati per tempo, finalizzati a ridurre il più possibile la probabilità di una perdita anche di tipo finanziario.

La realizzazione di un programma spaziale necessita di investimenti significativi dallo studio di fattibilità sino alla costruzione al lancio e all'utilizzo in orbita.

A partire dal momento in cui questi investimenti sono ingaggiati per la realizzazione della missione, cioè sono spesi del tutto o parzialmente o comunque allocati, essi sono finanziariamente sotto un insieme di rischi che possono avere un impatto negativo o talora positivo.

Tali rischi possono essere di natura:

- personale, vale a dire di incapacità ad esempio dell'organizzazione deputata alla gestione della missione di generare profitto e ricoprire l'investimento;
- economica, commerciale o tecnologica, vale a dire ad esempio una fluttuazione nella domanda di un servizio satellitare per effetto di rallentamenti dell'attività economica globale di una nazione o di un continente, oppure un'evoluzione tecnologica che porta a una nuova scoperta in grado di fornire un medesimo servizio ma a costo minore. Eclatante in quest'ultimo caso la storia dei programmi commerciali Iridium e Globalstar che negli anni '90 furono sviluppati con il lancio in orbita di decine di satelliti in orbite LEO, "Low Earth Orbit", per fornire servizi di telefonia mobile su scala mondiale. Nonostante investimenti di miliardi di $ e un eccellente risultato tecnologico le missioni fallirono i loro obiettivi commerciali per effetto della diffusione e della maggiore economicità dei sistemi di telefonia GSM;
- aleatoria, vale a dire ad esempio un incidente durante la fase di lancio, o il malfunzionamento di un apparato o di un sotto-sistema durante la vita orbitale con impatto sulla missione.

Ovviamente le prime due tipologie di rischio non hanno, a meno di situazioni eclatanti, la possibilità di essere previsti e quindi di essere gestiti preventivamente, mentre i rischi di tipo aleatorio possono essere previsti.

Ad esempio nel lancio di un satellite è previsto che il lanciatore fallisca la sua missione.

Ecco che il Risk Management in questo caso tenta di neutralizzare le conseguenze di determinati tipi di rischi aleatori, trasferendoli in tutto o in parte a una remunerazione, detta premio, che è conferita a un agente economico specializzato, cioè l'assicuratore.

In sintesi in un programma spaziale, principalmente di tipo commerciale ma sempre più spesso anche nei programmi governativi, il Risk Management finanziario si attua con strumenti assicurativi che traducono le perdite economiche, sugli investimenti effettuati, conseguenti di avvenimenti negativi aleatori, in somme economiche dette premi contrattati in anticipo, quindi negoziati e stipulati con un investimento economico di programma.

5.3.1
Elementi assicurabili, fasi e tipologia di rischio

Gli elementi assicurabili in un programma spaziale fanno parte ovviamente del segmento di terra (edifici, impianti, personale), e del segmento spaziale (lanciatore e satellite).

Per quanto riguarda il segmento di terra le tecniche assicurative da mettere in essere sono quelle relative alla normale gestione di impianti industriali più o meno complessi, mentre il segmento spaziale ha peculiarità proprie del settore basate sulla impossibilità di modificare o riparare eventuali danni significativi una volta effettuato il lancio.

Se si considera a titolo di esempio il caso di un programma relativo a una missione commerciale di un satellite di telecomunicazioni, gli elementi da assicurare sono:

- il satellite, nelle sue componenti diversificate delle operazioni pre e post lancio e di fase esplorativa;
- il servizio di lancio.

Le fasi di rischio finanziario da gestire per il satellite sono quindi tre.

Fase pre-lancio

Questa fase inizia alla firma del contratto di realizzazione e copre le attività di integrazione, test e trasporto del satellite; copre inoltre le attività relative alla campagna di lancio presso la base prescelta. In questa fase il Risk Management deve prevedere perdite o danni conseguenti a cause esterne (urti, collisioni, introduzioni di corpi esterni, incendi, esplosioni) di natura accidentale o umana

Fase di lancio

Questa fase inizia generalmente al momento dell'accensione dei motori del veicolo di lancio sulla rampa per terminare nel momento in cui il satellite è rilasciato fisicamente in orbita separandosi dallo stadio superiore del lanciatore. In questa fase il Risk Management deve prevedere:

- la perdita totale del satellite a seguito della distruzione del lanciatore in volo oppure del non raggiungimento da parte di questi dell'orbita prevista per il rilascio del satellite;

- la perdita parziale del satellite a seguito ad esempio della non corretta inserzione in orbita del lanciatore. In questo caso il satellite dovrà recuperare l'orbita finale consumando più propellente interno del previsto e quindi ne avrà meno per correggere la deriva orbitale durante la vita operativa.

Fase di esploitazione o di vita operativa in orbita

Questa fase inizia generalmente al termine della fase precedente, comprende quindi le operazioni dette di LEOP, Low Earth Orbit oPerations, per il raggiungimento dell'orbita finale in assetto nominale, e termina quando il satellite esaurisce la propria vita operativa.

In questa fase il Risk Management deve prevedere:

- la perdita totale del satellite a seguito di un evento accidentale, o meno, quale ad esempio la rottura di un sotto-sistema critico;
- la perdita parziale del satellite a seguito ad esempio del malfunzionamento di un apparato o di un sotto-sistema tale però da consentire la ridotta erogazione, nel tempo o nella quantità, del servizio previsto.

Non esistono anche in questi casi delle regole stringenti o standardizzate, e ogni polizza assicurativa è più o meno negoziata sulla base delle disponibilità economiche del programma e delle capacità finanziarie dell'assicuratore.

Ad esempio i rischi relativi alla vita orbitale possono essere coperti solo per una parte della vita orbitale stessa, ad esempio i primi 24 o 36 mesi, oppure possono coprire solo una perdita parziale invalidante il satellite per un 50% o 70% (vale a dire solo se il 50% o il 70% della capacità trasmissiva del satellite è impossibilitata).

Anche le cause dei rischi invalidanti sono oggetto di negoziazione accurata, ad esempio non sempre gli accordi assicurativi prevedono di corrispondere premi per perdite parziali o totali in conseguenza di difetti accertati di progettazione o di fabbricazione, o ancora di una non accurata messa in servizio.

5.3.2

Il mercato dell'assicurazione dei rischi nei programmi spaziali

Data la peculiarità del settore spaziale, il mercato assicurativo resta fragile ed estremamente volatile in termini finanziari.

Un programma spaziale può fare quindi appello a più di un ente assicuratore per ripartire i rischi secondo le capacità finanziarie di ognuno di essi.

La domanda di mercato si definisce come l'insieme delle somme che in un anno uno o più clienti vorrebbero assicurare simultaneamente per la stessa tipologia di rischio. Questa domanda si definisce anche Sinistro Massimo Possibile, SMP.

Ad esempio per quanto riguarda i servizi di lancio, la domanda annuale del mercato è data dalla somma dei SMP relativi a tutti i contratti di lancio stipulati nel mondo in quell'anno.

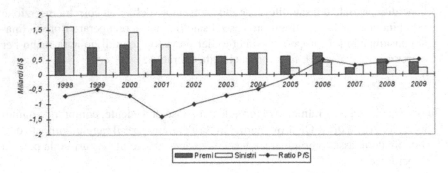

Fig. 5.7 Principali indicatori del mercato assicurativo spaziale (fonte: Air&Cosmos 2209 marzo 2010)

L'offerta del mercato è invece la totalità delle somme che l'insieme degli assicuratori possono mettere sul mercato a fronte del SMP definito sopra. In questo caso l'offerta si definisce anche capacità del mercato.

Se si osserva la Fig. 5.7 che illustra l'andamento nel periodo 1998-2009 dei sinistri dichiarati, dei premi pagati e del rapporto tra premi su sinistri, si possono trarre significative conclusioni.

L'andamento dei premi dimostra l'esistenza frequente di incidenti o perdite di sistemi spaziali. Nel periodo considerato c.a il 40% dei premi è stato imputabile a malfunzionamenti dei lanciatori e il 60% c.a. a malfunzionamenti dei satelliti.

Essendo numericamente stabile da anni il numero di satelliti assicurati ogni anno, circa 20, la diminuzione dei premi è stata dovuta principalmente al fatto che venissero ordinati satelliti a basso contenuto tecnologicamente innovativo in presenza di una offerta di lanciatori ad alta competizione tra loro, e quindi a basso prezzo.

Sul finire del primo decennio del 2000 il mercato pare entrato in una fase di ripresa ove i satelliti richiesti sono più grandi e costosi, quindi il prezzo dei lanciatori e dei premi assicurativi riprende a crescere.

Un aspetto importante del mercato è appunto il tasso dei premi, che dipende dal numero di Sinistri ovviamente ma anche dal rischio legato all'innovazione tecnologica dei sistemi spaziali o anche dalla connotazione geo-economica degli operatori. Al momento i tassi dei premi sono passati da valori tra il 15% e il 20% del 2007 al 11,5% del 2009, a seconda appunto dei diversi fornitori di satelliti o di servizi di lancio.

A titolo di ulteriore esempio si consideri il caso seguente di definizione secondo la metodologia del "Burning Cost" del tasso di premio relativo a un servizio di lancio.

La metodologia parte dall'osservazione da un lato del SMP annuo e da un altro lato del montante di sinistri effettivamente pagati nell'anno, sempre relativamente al solo servizio di lancio.

Se nell'anno sono stati assicurati sul mercato 15 lanci a montanti variabili, ad esempio 3 lanci per un valore di 80 milioni di $ ciascuno, 7 lanci per un valore di

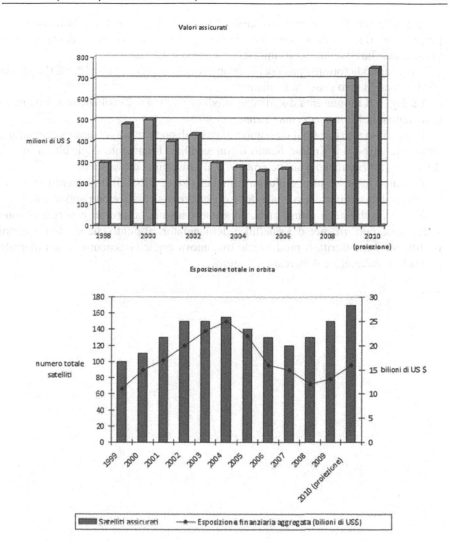

Fig. 5.8 Principali indicatori di tendenza del mercato assicurativo spaziale (fonte: Space News 8 marzo 2010)

60 milioni di $ ciascuno e 5 lanci per un valore di 90 milioni di $ ciascuno, il SMP conseguente è di 1110 milioni di $.

Se nel corso dell'anno sui 15 lanci assicurati si sono registrati 2 perdite totali, una relativa a un premio di 60 milioni di $ e l'altra di 90 milioni di $, il premio pagato dal mercato assicurativo sarà stato di 150 milioni di $.

Il Burning Cost totale sarà quindi stato (150 / 1110) x 100 = 13% c.a.

Ipotizzando che l'assicuratore abbia delle spese generali pari al 10% del volume di affari che gestisce, e che su questo volume di affari il suo obiettivo sia di ricavare un 2,5% di beneficio finanziario, cioè di margine, il nuovo tasso assicurativo da proporre per il nuovo anno verrà incrementato per un valore corrispondente al nuovo volume di affari dato dai 1110 milioni di $ meno il 12,5%.

Applicando la formula precedente si otterrà quindi $[150/(1110\text{-}12,5\%)] \times 100 = 15,4\%$ come nuovo tasso da applicare.

La Fig. 5.8 rappresenta due diversi modi di osservare l'evoluzione del mercato assicurativo nell'ultima decina di anni.

Il grafico in alto mostra il massimo montante di copertura assicurativa disponibile annualmente per un singolo lancio di un satellite. L'aumento degli ultimi anni è dovuto sostanzialmente a un incremento dell'affidabilità dei sistemi.

Il grafico in basso invece illustra il numero totale di satelliti assicurati in orbita rispetto al flusso finanziario totale delle coperture assicurative corrispondenti.

Si evince che negli ultimi anni, nonostante alcune failure, in generale ci sono state buone performance dei satelliti e dei lanciatori al punto che si sono generati profitti per i sottoscrittori producendo una nuova capacità assicurativa sul mercato in grado di calmierare il mercato dei premi.

Il management dei costi nei programmi spaziali

6

6.1
Analisi delle tipologie di valutazioni economiche nei programmi spaziali

Quando un giovane esprime il desiderio di voler intraprendere da adulto la carriera di Ingegnere, quale lavoro ha in mente?

Molto probabilmente egli è attirato dall'idea di poter costruire macchine complesse, sistemi che eseguono operazioni affascinanti, eredi della macchine iniziate durante rivoluzione industriale della fine '800 e via via sempre evolute.

Ancora oggi l'uomo seguita a costruire macchine complesse per le operazioni più diverse, e che hanno contribuito a rivoluzionare il nostro modo di vivere, di viaggiare, di lavorare.

Ma per poter realizzare questi sistemi, sin dall'800, due sono i pre-requisiti indispensabili:

1. possedere, e saper utilizzare, le competenze tecniche e i materiali necessari per progettare e realizzare "la macchina";
2. disporre delle risorse economiche per sostenere l'attività di cui sopra.

Sino a pochi anni fa, la formazione di base dell'Ingegnere era orientata quasi esclusivamente al primo punto, della progettazione e realizzazione; ma ciò ha costituito nell'evoluzione dei tempi un errore grave, in quanto il secondo requisito di cui sopra non è mai indipendente dal primo; si possono infatti o avere diversi "progetti" di una macchina, ciascuno che richieda però risorse economiche assai diverse in termini di quantità, di tempi, di modalità di erogazione e di rischi associati alla sua realizzazione con successo.

Per di più, soprattutto nei programmi commerciali, la progettazione, almeno quella di dettaglio, non inizia nemmeno senza che non sia stata conclusa una approvazione del finanziamento.

Spagnulo M.: Elementi di management dei programmi spaziali
DOI 10.1007/978-88-470-2309-3_6, © Springer-Verlag Italia 2012

Questo per dire che la gestione dei costi è un'attività da svolgersi a monte e non a valle di un programma, e che non si limita solo al controllo per non "sforare" il budget definito, ma è anche un'attività progettuale importante che cammina di pari passo con la progettazione tecnica.

In questo capitolo vengono trattati degli strumenti concettuali per poter gestire le problematiche di tipo economico che condizionano enormemente la progettazione e la gestione di programma, nel settore spaziale.

Le analisi degli effetti economici associati a un particolare programma sono importanti in quanto costituiscono l'elemento essenziale per poter rispondere ai seguenti principali interrogativi:

- il beneficio ottenuto con il programma, giustifica l'investimento richiesto?
- qual è, tra le varie alternative tecniche di messa in essere del programma, quella migliore a fronte delle caratteristiche specifiche dell'ente finanziatore?

Per poter prendere una decisione il più possibile circostanziata, cosiddetta "informata", circa l'opportunità o meno di implementare una particolare iniziativa in uno specifico contesto socio-economico, è fondamentale l'analisi che consegue alle domande sopra illustrate.

Questa necessità è, in generale, abbastanza evidente, ma per renderne più semplice la comprensione si possono citare i pochi esempi di situazioni, nel passato, nelle quali di contro considerazioni di tipo economico non sono risultate decisive:

- 1950: l'URSS attua l'impulso decisivo al programma di volo spaziale umano per mandare nel 1961 il primo uomo in orbita intorno alla terra e per sancire il predominio Sovietico nella tecnologia missilistica;
- 1961: il Presidente degli USA John Kennedy annuncia al mondo il programma Apollo per far sbarcare sulla luna un americano entro il decennio, al fine di dimostrare all'URSS la capacità di recupero del gap tecnologico;
- anni '70: l'URSS attiva i programmi di potenziamento dei suoi vettori balistici militari, per poter mantenere il livello di deterrenza militare rispetto all'armamento occidentale;
- inizio 2000: la Cina decide il piano di attività umana nello spazio, per sancire il suo ingresso tra le grandi potenze mondiali a elevata capacità e indipendenza tecnologica.

Nei casi citati, è l'esistenza di un obiettivo a elevatissimo valore strategico che porta a ritenere secondarie le valutazioni di tipo economico.

In particolare, nei paesi democratici, dove i finanziamenti pubblici elevati sono soggetti a valutazioni di opportunità da parte dell'opinione pubblica, è possibile intraprendere programmi spaziali a elevato costo solo se:

- un'analisi tecnico-economica dimostra il "ritorno dell'investimento" in termini temporali certi; questa è la prassi del caso "normale";

ovvero:

- l'obiettivo del programma ha un valore strategico e politico talmente importante che è condiviso come una priorità dalla base elettorale; questa è la prassi del caso "particolare".

Dovendo immaginare un esempio, futuribile, di quest'ultima categoria di programmi, si potrebbe ipotizzare la realizzazione di un progetto spaziale per distruggere o deviare un corpo celeste che si trovasse in rotta di collisione con il nostro pianeta.

A ogni modo nel settore spaziale l'importanza delle valutazioni economiche associate al progetto riveste un'importanza fondamentale.

Questo è legato al fatto che il settore spaziale richiede investimenti pubblici di dimensioni molto elevate, e con tempi di ritorno dell'investimento lunghi.

Per di più il ritorno dell'investimento è spesso difficile da quantificare in modo certo, anche se ciò sarebbe indispensabile al fine di poterne confrontare la maggiore o minore attrattività rispetto a utilizzi alternativi delle risorse pubbliche.

Una domanda comune, e sensata, sia dei cittadini sia dei decisori politici è ad esempio: "... in questo momento per la nostra comunità, è meglio avere a terra più ospedali, o lanciare satelliti per determinate applicazioni?".

È erroneo ritenere che le valutazioni economiche siano però utili solo al supporto di decisioni politiche e strategiche di alto livello, poiché anche al livello progettuale tecnico si deve poter "produrre" una progettazione con decisioni collegate ai costi.

Le Figure 6.1 e 6.2 sintetizzano i vari livelli di utilizzo delle valutazioni economiche.

6.2
Definizioni e criteri di base

Costi ricorrenti e non ricorrenti

La principale distinzione riguardante i costi è quella tra costi ricorrenti, detti RC da "Recurring Cost", e costi non ricorrenti, detti NRC da "Non Recuring Cost".

I RC sono quelli legati alla fornitura di un singolo elemento, e sono costi che "ricorrono" ogni qual volta viene richiesta la fornitura di quel singolo elemento. Dipendono dalle dimensioni del lotto di fornitura e sono composti principalmente dalle seguenti componenti:

- costo dei materiali;
- costo dei semilavorati;
- costo del processo di fabbricazione e controllo;
- costo delle prove di accettazione;
- costo di consegna, trasporto e assicurazione.

I NRC sono invece quelli legati a tutte le attività di progetto, sviluppo e di qualifica cui l'elemento (o item) deve essere assoggettato prima di poterlo definire "idoneo" alla particolare applicazione nella sua missione spaziale.

Ne consegue che i costi non ricorrenti sono sostenuti una sola volta (all'inizio, prima della fornitura degli item) e sono indipendenti dalla quantità (ricorrente) di fornitura successiva richiesta.

Liv.	Responsabilità	Criterio di utilizzo delle analisi tecnico-economiche
6 minimo	Livello: analista tecnico (di apparecchiatura o di sottoassieme)	Il progettista di un qualsiasi equipaggiamento per uso spaziale ha, di solito, ricevuto come input anche un target per il suo costo. Anche qualora non lo avesse ricevuto, egli individuerà comunque diverse opzioni tecniche per l'equipaggiamento richiesto. L'analisi di convenienza di queste opzioni (chiamata analisi di trade-off) non può che tenere conto di valutazioni economiche. Un atteggiamento pro-attivo in tal senso, porta il progettista ad individuare nell'analisi economica di una opzione tecnica, quali siano gli elementi più penalizzanti gli aspetti di costo, e a porsi la domanda se questi siano eliminabili o riducibili agendo sui parametri tecnici a sua disposizione. Questo continuo loop tra esigenze tecniche e minimizzazione del loro impatto su costi è il cuore della metodologia chiamata Design To Cost. Questa è oggi disciplina indispensabile nell'ambito di attività spaziali di tipo commerciale (i.e. ove esista fenomeno di concorrenza)
5	Livello: Responsabile Tecnico di programma	Il responsabile tecnico di un programma complesso ha sempre un vincolo di costo relativo al prodotto. La sua specifica responsabilità è quella di "bilanciare" lo sforzo di "design to cost" (vedi livello 6) svolto sulle singole apparecchiature, al fine di concentrarlo nelle direzioni che producono maggiore effetto economico, ed evitare che possa invece portare a rischi immotivati, ove il beneficio economico fosse irrilevante. Il suo ruolo è fondamentale ove una significativa riduzione di costo possa essere introdotta su un apparato, solo a condizione che una certa funzionalità venga aggiunta ad un altro apparato (caso cioè in cui serve una modifica dei requisiti di altri elementi del sistema, per semplificare un certo elemento). In tal caso è necessaria una analisi complessa dei vantaggi e svantaggi sia tecnici (rischi) che economici, derivanti dall'opzione di cambiamento in esame, al fine di valutarne la attrattività, generalmente al livello 4

Fig. 6.1 Livelli di utilizzo dei dati economici di un programma

In molte applicazioni del settore spaziale, essendo questo caratterizzato da elevate complessità progettuali e da bassi quantitativi di fornitura, i costi non ricorrenti risultano particolarmente importanti al fine di valutare globalmente il grado di "attrattività" di una iniziativa.

In certi contesti, il costo non ricorrente è oggetto di un finanziamento dedicato, rilasciato per ragioni strategiche dall'ente finanziatore (spesso pubblico).

Ove questo finanziamento dedicato non fosse disponibile, la sostenibilità del costo non ricorrente è affidata all'accumularsi dei margini esistenti tra prezzo ricorrente e costo ricorrente all'aumentare degli item forniti nel tempo (vedasi la trattazione del "Business Plan" nel seguito).

4	Livello: Responsabile di programma (Program Manager)	Il Responsabile di programma collabora con il Responsabile Tecnico per eseguire le analisi di trade-Off relative alle varie opzioni disponibili, in particolare circa l'analisi degli impatti economici. Questa collaborazione è fondamentale anche relativamente a come comparare correttamente i rischi tecnici e i benefici economici identificati al livello 5. La comparazione non deve essere qualitativa, bensì basarsi su uno specifico algoritmo che traduca il rischio tecnico e la sua probabilità in un costo equivalente (vedi seguito). In aggiunta, gestendo gli aspetti contrattuali, è l'unico in grado di evidenziare particolari condizioni finanziarie, tecniche o operazionali che consentano una riduzione dei costi di programma. In tal caso questi aspetti divengono l'oggetto di ulteriori analisi di trade-off da eseguirsi in collaborazione con il Responsabile tecnico.
3	Livello industriale Amministratore Delegato (CEO)	Molte delle decisioni tipiche al livello CEO, quali: a) a quali competizioni partecipare, e con quale prezzo b) su quali attività di ricerca indirizzare le risorse c) quali ruoli tentare di ricoprire, e come, all'interno del mercato nazionale e internazionale sono fondate su analisi di tipo tecnico-economico
2	Livello nazionale (Governo)	Al livello Nazionale l'utilizzo delle valutazioni economiche è la base per stabilire le priorità di finanziamento pubblico. In aggiunta, tali valutazioni sono fondamentali per identificare quali dei settori/attività di interesse nazionale, possono presentare un ritorno di investimento in misura e termini temporali ragionevoli per l'industria privata, e quali no. Questo al fine di concentrare l'intervento pubblico su questi ultimi (i.e. ove il ritorno di investimento è incerto, o troppo lontano nel tempo)
1	Livello continentale (i.e. EU....)	Al livello continentale, le valutazioni economiche sono la base per definire la priorità dei finanziamenti, per definire le linee di sviluppo considerate strategiche e per elaborare i piani poliennali di implementazione, che sono basati sulla previsione delle risorse messe a disposizione dagli stati membri.
0 massimo	Livello mondiale (ONU, NATO ....)	Valgono considerazioni analoghe a quelle svolte per il livello Continentale

Fig. 6.2 Livelli di utilizzo dei dati economici di un programma

Costi e prezzi

Il *Costo* è l'ammontare delle risorse di cui ha bisogno il produttore di un oggetto al fine di completare una fornitura dello stesso. Il *Prezzo* è il valore economico cui l'oggetto è venduto.

In generale il prezzo è pari al costo aumentato del margine di profitto sviluppato dal produttore dell'oggetto.

Ove non esplicitamente specificato nel testo, useremo sempre il termine costo (invece del più appropriato termine prezzo) come se ogni oggetto fosse considerato dal punto di vista del compratore finale.

Unità di misura dei costi

Anche nel settore spaziale vi è il problema di come tenere conto dei tassi di cambio tra le varie valute, della differenza tra il costo del lavoro tra le varie aree geografiche, e anche di fenomeni inflattivi.

Una soluzione brillante è quella suggerita nella Fig. 6.3 dove tutti i costi sono espressi in costo di anni uomo, "Man-Year" MYr, ove ovviamente il costo di uno anno uomo vale un certo numero di $ in USA, e un certo altro numero di €in Europa.

Il tutto ovviamente cambia con il passare del tempo, e la Fig. 6.3 è un estratto di quella che è introdotta in [1] e che viene solitamente utilizzata. Questo risolve il problema della valuta, quello dell'area geografica di origine e, parzialmente, il problema inflattivo

Anno	USA (US $)	Europa (Euro)	Japan (Mio. Yen)
2000	208700	190750	23.2
2001	214500	195900	23.8
2002	220500	201200	24.4
2003	226400	205600	25.0
2004	232100	210000	25.6
2005	238000	214200	26.3
2006	242700	219000	26.9

Fig. 6.3 Costo storico di 1 "Anno Uomo" (1MYr) per area geografica

Qualifica e Accettazione

Un'altra fondamentale distinzione per poter valutare correttamente i costi è quella tra prove (o costi) di accettazione e prove (o costi) di qualifica.

Le attività, prove (costi) di accettazione sono quelle che vengono eseguite dal fornitore di un oggetto su ciascuno degli oggetti in consegna.

Tali prove hanno il compito specifico di verificare la corretta esecuzione del processo di fabbricazione eseguito sull'oggetto; in generale i carichi associati a tali prove sono pari ai carichi massimi considerati possibili nel corso della missione dell'oggetto.

Banalizzando si potrebbe dire che se l'oggetto supera tali prove, nella restante parte della sua vita (la missione operativa) dovrà semplicemente (al più) sostenere nuovamente i medesimi carichi, e l'esperienza pratica dice che se un oggetto ha funzionato correttamente una volta, è *probabile* che funzioni una seconda volta, purché impiegato nelle medesime condizioni (carichi).

D'altra parte assoggettare l'elemento in consegna (e che poi dovrà volare) a carichi più elevati di quelli massimi previsti in volo, creerebbe un rischio eccessivo di potenziale danneggiamento, proprio a causa delle prove in fase di accettazione.

Le attività, prove (costi) di qualifica sono invece quelle che vengono eseguite dal fornitore su un solo oggetto, identico a quelli in consegna, e mirate a dimostrare sperimentalmente l'esistenza di un "margine di progetto" tra i carichi massimi previsti in volo (quelli usati in accettazione) e la capacità dell'item di sopportare carichi più elevati, sino a un livello definito di "qualifica".

Conseguente a questa definizione è il fatto che l'oggetto che ha subito le prove di qualifica non possa essere più usato per il volo: la sua avvenuta "sopravvivenza" in piena funzionalità agli elevati livelli di qualifica, dimostra l'esistenza del margine di progetto richiesto, ma l'oggetto potrebbe essere giunto "al limite di resistenza" e quindi non è più utilizzabile per il volo.

È possibile considerare le prove di Qualifica come un *esame* alla bontà del progetto dell'oggetto.

CBS (Cost Break-down Structure)

Per stimare il costo totale di un sistema complesso esistono due principali approcci (di solito entrambi simultaneamente utilizzati):

- Approccio di similarità, "Top down"

Si cerca di partire da un costo totale orientativo ricavato per similarità con sistemi già realizzati e di cui si conosce il costo e le principali caratteristiche. Poi s'introducono uno per uno i fattori correttivi che tengono conto delle differenze di costo legate alle differenze tra le caratteristiche dei sistemi: attuale e di similarità.

Un'alternativa, se non si dispone di un valore di costo totale ricavabile per similarità, è quello di partire dal valore di costo più elevato che si ritiene consenta l'utilizzo commerciale del sistema. Tale valore totale viene poi apporzionato su una serie di valori relativi alle parti costituenti il sistema (sottosistemi), nel tentativo di scendere a livelli che consentano l'applicazione di similarità di costo con elementi già realizzati. Alla fine di questo processo si valuta l'esistenza di sottosistemi ove il costo apporzionato sia troppo ridotto rispetto a una stima basata su similarità. Se questi casi non esistono, o se sono compensati da casi in cui il costo apporzionato risulti superiore a quello di similarità, si può procedere a modificare la stima iniziale ed eseguire un secondo loop di valutazione.

- Approccio di aggregazione, "Down-Top"

In questo caso, il sistema complesso viene suddiviso in una serie di elementi di minore livello (i livelli possono essere anche molti: 4-10) sino a quando il livello più basso (i.e. semplice) risulta stimabile con ragionevole approssimazione.

Questa struttura ad albero che costituisce il sistema complesso si chiama "Cost Break-down Structure", e il costo totale del sistema è pari all'aggregazione dei costi di tutti gli elementi della struttura CBS.

CER (Cost Estimating Relationship)

Al fine di stimare un costo, spesso si ricorre a una formulazione matematica, CER, che fornisce il costo cercato in funzione di pochi parametri macroscopici del sistema, e che solitamente sono disponibili già nelle fasi iniziali di un progetto.

Ad esempio per stimare il costo di sviluppo e qualifica di un motore a propellente liquido con turbopompa, e ignorando per il momento i fattori correttivi, la relazione utilizzata in [2] è:

$$\text{Costo di Sviluppo e Qualifica (in costo anni uomo)} = 197.5 \cdot M^{0.52}$$

ove: M: è la massa, senza fluidi, del sistema motore espressa in Kg.

Il CER mostrato è stato ricavato sulla base di analisi statistiche, come mostrato nella Fig. 6.4.

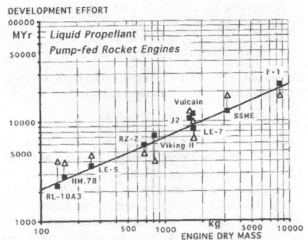

Fig. 6.4 CER di base per motori a razzo di progetti di riferimento (da [1], riproduzione su autorizzazione)

Il fattore tempo nell'analisi economica

È probabilmente superfluo far rilevare l'importanza del fattore tempo nella valutazione degli effetti economici legati all'implementazione di un'opzione di progetto. Questo è legato alle due principali considerazioni seguenti:

- il denaro ha un prezzo (tasso di interesse);
- il prezzo è funzione dell'area geografica di riferimento, e delle caratteristiche di affidabilità di chi lo richiede (il tutto è funzione del tempo).

Pur considerando due diverse opzioni realizzative di un sistema che hanno un uguale valore di costo totale, queste possono essere più o meno convenienti a seconda di ulteriori caratteristiche economiche, tra le quali:

- tempo di ritorno dell'investimento;
- tasso di interesse pagato da chi acquista il denaro;
- tasso di redditività media dell'impresa (i.e. conviene investire in quest'attività? o non piuttosto in altre?).

Allo scopo di rendere più semplice la valutazione di tali effetti economici, sono stati definiti diversi parametri che sono di seguito presentati, quali il ROI, NPV e altri, e che vengono chiamati "fattori di merito" dell'investimento.

Redditività: ROI (Return On Investment)

È uno dei parametri che si utilizzano per giudicare l'attrattività di un investimento. Si esprime come:

ROI = Risultato operativo (della gestione; semplificando = ricavi vendita − costi totali sostenuti) diviso i costi totali sostenuti.

Confrontando la previsione del ROI con il costo del denaro è possibile avere una prima grossolana idea della attrattività del programma.

Costi diretti e indiretti

Per costo diretto s'intende un costo imputabile in maniera certa e univoca a un solo oggetto di costo. I costi indiretti invece sono riconducibili a due o più oggetti di costo. I costi indiretti devono essere pertanto allocati ai vari oggetti di costo da cui scaturiscono assegnando un peso all'importanza che ciascun oggetto di costo ha avuto nella genesi del costo stesso; tale peso assume comunemente il nome di *coefficiente di allocazione* o *coefficiente di ripartizione*.

Esempio di costo indiretto è quello dei servizi generali come amministrazione, sorveglianza, ecc., che risultano erogati, in parallelo, su più programmi.

TRL (Technology Readyness Level)

Un numero nella scala TRL (comune a ESA e NASA) è utilizzato per indicare quantitativamente lo stato di sviluppo di una specifica tecnologia a partire dal livello più basso (conoscenza dei soli principi di base) sino a quello più elevato (tecnologia correntemente utilizzata in volo).

La scala TRL è mostrata nella Tabella 6.1.

Il raggiungimento di livelli sino a 3-4 implicano costi solitamente ridotti; i livelli 5,6,7 e 8 rappresentano la gran parte dei costi non ricorrenti di sviluppo (> 80% del totale).

Il livello 9 fa già parte della "vita" della tecnologia in ambito commerciale e non più di sviluppo.

Aspetti probabilistici e di rischio

La valutazione degli aspetti probabilistici e di rischio costituiscono la "parte pregiata" (e difficile) delle valutazioni tecnico-economiche.

Molte delle decisioni chiave relative a un programma sono quelle prese all'inizio dello stesso (i.e. la prima in assoluto, è quella se intraprendere il programma, o meno); tali decisioni si baseranno su alcuni dati certi, ma molti altri solo stimati.

Alcuni esempi, tra l'altro quelli che determinano il ROI e che risultano sempre stimati, sono i seguenti:

- il numero di sistemi "venduti" per anno (dipende dal prezzo);

Tabella 6.1 Definizione dei livelli Technology Readiness Levels (TRR)

Level	Definition
1	Basic principles observed and reported
2	Technology concept and/or application formulated
3	Analytical and experimental critical function and/or characteristics proof of concept
4	Component and/or Breadboard validation in laboratory environment
5	Component and/or Breadboard validation in relevant environment
6	System/ Subsystem model or prototype demonstration in a relevant environment (Ground or Space)
7	System prototype demonstration in a space environment
8	Actual System, completed and "Flight Qualified" through test and demonstration (Ground or Space)
9	Actual System "Flight Proven" through successful mission operation

- il prezzo di vendita del sistema sul mercato (dipende dalla situazione futura del mercato);
- il costo di realizzazione di un sistema;
- il costo del credito sul mercato finanziario (dipende dal futuro mercato finanziario).

Nella analisi di attrattività di una particolare opzione del sistema, per ciascuno dei parametri citati (e per i moltissimi altri che influenzano l'analisi tecnico-economica) è possibile definire una distribuzione probabilistica del parametro stesso.

È poi possibile quindi effettuare un'analisi statistica, del tipo "Montecarlo", nella quale far variare ciascuno dei parametri di input secondo la propria curva probabilistica, e ricavare infine la distribuzione probabilistica dei macrorisultati (vedi Fig. 6.5 curva a).

La difficoltà, e criticità, delle scelte è evidente nella Fig. 6.5 dove si è riportata la curva b relativa a una differente opzione realizzativa dello stesso sistema.

Con i soli dati presi in esame non è infatti possibile scegliere tra un'opzione a più elevato ROI massimo b), ma con distribuzione più allargata a comprendere anche ROI molto bassi, e quella con ROI massimo più ridotto a), ma con distribuzione meno dispersa.

Sistemi di calcolo commerciali oggi largamente disponibili per effettuare le analisi citate, e sempre con grafiche "mozzafiato", non devono illudere circa la potenza degli stessi. Infatti le simulazioni sono fondamentali al fine di permettere all'analista di comprendere molto velocemente i rapporti di influenza tra i vari parametri in gioco, ma, da sole, non producono la soluzione ottimale.

Questa, discende sempre dal fatto che l'analista, di fronte ai dati raccolti, ponga a se stesso le domande *giuste*, ad esempio:

- come posso ridurre le distribuzioni probabilistiche dei parametri che più influenzano il risultato (figura di merito scelta)?

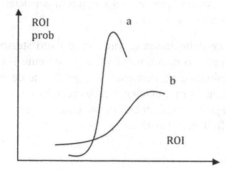

Fig. 6.5 Distribuzione probabilistica del RoI

- come posso, agendo su tutti i gradi di libertà del sistema in esame, eliminare/ridurre gli aspetti più penalizzanti la figura di merito scelta?
- la figura di merito scelta è effettivamente la sola (e totalmente) adeguata a rappresentare la convenienza? (non è mai così).

Comparazione tra costo di un'eventuale failure e costo per aumentare l'affidabilità (e quindi diminuire la probabilità di una failure)

I costi non ricorrenti, ma anche quelli ricorrenti (vedi ad esempio l'aspetto della ridondanza), sono molto sensibili *a quanto si vuole che un sistema sia affidabile.*

È abbastanza evidente che il costo di un sistema risulti sempre più elevato man mano che gli si richieda un'affidabilità più elevata.

È altrettanto comprensibile che all'aumentare della affidabilità di un sistema, il numero degli incidenti di volo e delle perdite di missione calerà, e con esso il costo di ripristino, e assicurativo, associato.

Il problema "ingegneristico" è: quando bisogna "fermarsi" nella ricerca di sempre più elevata affidabilità? Il processo di analisi è rappresentato nella Fig. 6.6 ove con "X" è identificato come il punto ottimale.

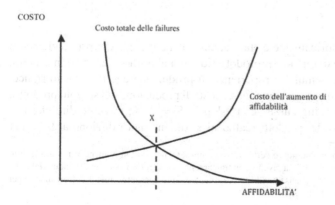

Fig. 6.6 Curva di ottimizzazione del costo

I problemi pratici, nell'applicare l'approccio sopra descritto, e quindi per determinare il punto ottimale "X", sono essenzialmente i seguenti:

- difficoltà di definizione del costo totale delle failures, come visto dallo stesso ente che deve mettere i fondi per l'aumento di affidabilità (i.e. se un ente x è quello che paga per l'aumento di affidabilità e un altro ente, y, è quello che deve assorbire i costi dei fallimenti di missione, il ragionamento cade, vedi[1]);
- scarsa statistica applicabile in ambito spazio, e quindi non buona correlazione tra aumento della affidabilità teorica ed effettiva del sistema.

LCC (Life Cycle Cost)

Questo è il tipo di costo che prende in esame tutta la vita di un sistema: dalla sua concezione, sviluppo e qualifica, alla sua vita operativa commerciale, e sino al suo "smantellamento" (da gestire alla fine della fase di utilizzo commerciale).

In formula: LCC = DDQC + PRODC + OPERC + DISPC dove:

- DDQC: "Design Development and Qualification Cost": è il costo totale della fase di sviluppo e qualifica.
- PRODC: è il costo totale di produzione (i.e. di tutti gli elementi fabbricati nella vita del sistema.
- OPERC: è il costo delle operazioni (sia a terra sia in volo) per tutta la durata commerciale del prodotto; esso si compone di:
  - DOC: Costo Diretto Operazioni = somma costo operazioni di terra, costo materiali e propellenti, costo operazioni di volo, costo delle operazioni di trasporto e recupero, costo di affitti e assicurazioni;
  - RSC: costo di refurbishment e degli spare (ricambi);
  - IOP: costi indiretti delle operazioni (sono in generale quelle di volo, particolarmente significative per Satelliti a causa della loro temporalmente lunga missione rispetto a quella, brevissima, di un lanciatore).
- DISPC: è il costo di "chiusura" delle attività e degli impianti alla fine della vita commerciale del sistema[2].

Learning Curve o Learning factor

Sperimentalmente e storicamente è stato appurato che il costo del primo elemento realizzato, è maggiore di quello dei prodotti (identici al primo) realizzati in seguito. Questo è dovuto all'accumulo di esperienza di produzione che man mano riduce, anche se in maniera sempre più contenuta, i costi di produzione del singolo prodotto.

Definendo una "learning curve" con "slope", S = 95%, si vuole dire che imponendo un raddoppio dei prodotti realizzati si ottiene una riduzione al 95% del

---

[1] In ambito spaziale Europeo, che non è certo di tipo commerciale puro, si è anche verificato il fatto che l'insorgere di avarie, "failures", si riveli economicamente vantaggioso per l'entità industriale che ne è stata responsabile. Questo, a causa degli ingenti finanziamenti aggiuntivi messi a disposizione per risolvere le cause dei fallimenti occorsi.

[2] Per un ulteriore dettaglio dei costi che formano OPERC, vedi [1].

costo unitario di produzione inizialmente pari al valore TFU, da cui la seguente formulazione matematica:

$$L = \text{learning factor} = N^B \text{dove:}$$

N : numero totale dei prodotti (identici) realizzati

$$B = 1 - (\ln(100/S)/\ln(2))$$

Con tali parametri è possibile esprimere le seguenti grandezze:

Costo del lotto di produzione costituito da N prodotti $= L * TFU$

Costo dell'ultimo prodotto realizzato della serie di $N = (L(N) - L(N-1)) * TFU$

Costo medio del lotto di N prodotti $= TFU * L/N$

Il tutto è rappresentato in Fig. 6.7.

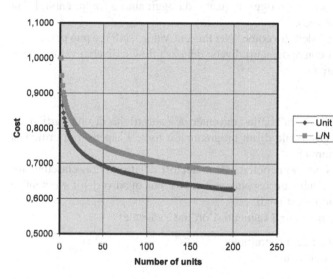

Learning curve S=0.95

Fig. 6.7 Andamento % del costo unitario (Unit) e medio di lotto (L/N) per un valore di learning curve slope del 95% (S)

NPV (Net Present Value)

Una delle difficoltà tipiche delle valutazioni, i "trade-off", tecnico-economiche è quella legata al confronto tra opzioni in cui la tempistica di generazione dei costi e dei ricavi non sia identica.

In tale caso si è soliti utilizzare l'andamento del "cash-flow", il flusso di cassa calcolato come i ricavi meno i costi, nel tempo che, per un generico progetto, ha l'andamento mostrato nella Fig. 6.8.

Ora, il cash flow è quello che evidenzia dei flussi positivi o negativi di cassa che avvengono nel tempo.

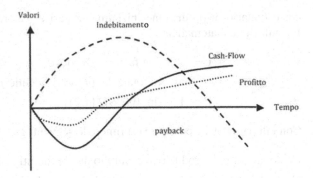

Fig. 6.8 Andamento generale
del flusso di cassa

È possibile calcolare qual è il valore "attuale" (o in una data qualsiasi) di un finanziamento unitario previsto in data x (futura) trasportandolo alla data attuale opportunamente adattato per tener conto dell'andamento medio previsto per la remunerabilità dei capitali dal tempo attuale al tempo x (i.e. 1 € preso fra un anno equivale a *1 € – qualcosa* preso oggi in quanto da oggi, sino a fra un anno, ho la possibilità di far fruttare l'€).

Questo valore attuale è definito come "Net Present Value", NPV, e può permettere il confronto tra opzioni con andamenti diversi del cash flow e diverso valore finale a chiusura del programma.

Criteri di misura / figure di merito

La scelta dei "criteri di misura" della convenienza / attrattività di una particolare opzione realizzativa e gestionale di un programma è forse l'aspetto più critico di un'analisi tecnico-economica.

Questo perché esistono molti potenziali indicatori di attrattività, ciascuno focalizzato a mettere in risalto un aspetto particolare nel quadro degli elementi e caratteristiche economico- gestionali.

Ad esempio di possono citare i seguenti (l'ordine è casuale):

- costo di sviluppo totale del programma;
- deviazione standard del costo totale;
- life Cycle Cost LCC;
- deviazione standard del LCC;
- return On Investment ROI;
- deviazione standard del ROI;
- tempo di ritorno di investimento (payback period);
- rischio economico totale;
- valore totale (e visibilità) dei benefici sociali attesi;
- Net Present Value NPV;
- quantità di finanziamento totale necessario;
- appetibilità dell'investimento da parte finanziatori esterni;
- livello di cash flow e profitto annuo;
- tempo minimo al primo anno di profitto (annuo).

La scelta dei criteri di misura da adottare dipende fortemente dalle caratteristiche della struttura che eroga il finanziamento, in particolare dai vincoli a essa posti a fronte del rilascio di un finanziamento (vincoli verso il mercato, vincoli verso i soci, vincoli verso l'opinione pubblica, vincoli verso l'autorità di Governo ecc.).

In generale è bene analizzare l'elenco degli indicatori più comuni e selezionare quelli che più si considerano importanti dal punto di vista del proprio ente finanziatore.

Il "trade-off" finale è bene sia basato su tale cerchia ristretta di figure di merito, ulteriormente pesata a fronte della importanza relativa degli indicatori, che varia nel tempo: condizioni di espansione o di crisi economica, necessità di ridurre indebitamento, necessità di particolari profili di cash flow ecc.

6.3
Il business plan

Il Business Plan è il documento che riporta l'analisi quantitativa della "attrattività" di un'attività tecnico economica che si sviluppa su più anni. Esso costituisce il documento principale che guida le decisioni di investimento sui programmi.

Nella sua forma più semplice esso può ridursi alla tabella di analisi economico finanziaria presentata nella Fig. 6.9.

Anno		1	2	3	4	5	Totale
N. unità prodotte/vendute (1)		5	10	10	10	20	55
Prezzo unitario (2)		20	20	20	20	20	N/A
Totale ricavi (3)	'(1)*(2)	100	200	200	200	400	1100
Costo unitario (4)		18	18	18	18	18	N/A
Totale costi (5)	'(4)*(1)	90	180	180	180	360	990
Profitto annuo	'(3)-(5)	10	20	20	20	40	**110**
Profitto cumulato		10	30	50	70	110	

Fig. 6.9 Esempio semplificato di analisi economico finanziaria

In essa sono riportati, per ciascuno dei cinque anni di durata ipotizzata del programma, alcuni parametri di base per la valutazione dell'investimento:

- il numero di unità (elementi/oggetti) prodotti e venduti;
- il prezzo unitario di vendita;

- il totale dei ricavi;
- il costo unitario per la produzione di un elemento;
- il totale dei costi.

E quindi il conseguente:

- profitto annuo;
- profitto cumulato da inizio programma.

A fronte dei dati in tabella, in particolare del fatto che esiste un valore di profitto positivo (e significativo) sia per i singoli anni di piano, che in valori totali integrati nel tempo, l'investimento appare attrattivo.

La rappresentazione dell'investimento mostrata in Fig. 6.9 non tiene però conto di numerosi fattori, alcuni dei quali vengono di seguito brevemente descritti:

Non identità tra numero di unità prodotte e vendute nell'anno

Le unità prodotte un anno potrebbero non essere tutte vendute nell'anno stesso. In tale caso i costi associati graverebbero sul plan mentre i ricavi non esisterebbero. Questo porterebbe a ridurre il profitto annuale.

L'esistenza di costi pregressi rispetto alla fabbricazione della prima unità (i.e. sviluppo e qualifica)

In particolare per i programmi spaziali, esiste un costo estremamente rilevante per la (lunga) fase di sviluppo e qualifica di un sistema, e che deve essere totalmente sostenuto prima di iniziare la fase commerciale del sistema stesso. Questo porta a un valore dei costi (anche molto) superiore a quello calcolato in figura.

L'esistenza di costi associati al processo di vendita

In generale la commercializzazione di un prodotto ha dei costi (parzialmente diretti e parzialmente indiretti) che devono essere sostenuti, e che non compaiono in figura. Essi devono essere considerati, e questo porta a ridurre ulteriormente il profitto.

L'esistenza di altri costi indiretti (costi societari diversi: personale, amministrazione)

Esistono e sono indispensabili per l'operatività della struttura che produce i sistemi; non considerarli porta a sovrastimare il profitto reale.

L'esistenza di oneri finanziari legati al reperimento dei fondi per sviluppo e qualifica

La necessità di sostenete i costi pregressi alla vendita (in generale quelli di sviluppo e qualifica del sistema) richiede l'accensione di un finanziamento da parte di terzi. Questo ha un costo in termini di interessi che deve essere introdotto tra i costi totali. Questo fattore si rivela solitamente importante in ambito spaziale a causa della necessità di ingenti finanziamenti, e con periodi di restituzione notevolmente lunghi.

L'esistenza di imposte

Le imposte esistono, e vanno considerate (i.e. sottratte) nel calcolo del profitto netto derivante dall'attività.

L'esistenza di impieghi alternativi dei fondi impegnati per il programma in esame

Qualora risultasse che i profitti, come calcolati tenendo in conto tutte le osservazioni di cui sopra, fossero zero, vorrebbe dire che tutta l'attività che si prevede nel periodo sarebbe solo in grado di "pagare se stessa" e i costi associati della società. Questo, in generale, è insufficiente in quanto la società potrebbe avere degli impieghi alternativi delle sue risorse tecnologiche e umane che potrebbero condurre a profitti maggiori di 0. Questo per dire che per approvare un'iniziativa deve essere stato verificato che non esistono impieghi alternativi più remunerativi delle risorse societarie correnti (nel periodo indicato).

In generale, nell'industria, le nuove iniziative dovrebbero possedere una redditività maggiore della *media* delle attività societarie (vedi punto seguente).

L'esistenza della necessità di remunerare il finanziamento di costituzione della Società agli azionisti

Sempre nel caso di profitto 0 del caso precedente, si pone il problema della remunerazione degli azionisti (o dei singoli cittadini contribuenti) che hanno fornito il finanziamento che ha creato le risorse tecnologiche, impiantistiche e umane che costituiscono il "patrimonio" della società. Tale patrimonio (i.e. valorizzazione di mercato della Società) costituisce un immobilizzo di risorse che devono generare un interesse attivo. Questo interesse ha di solito un valore minimo che è legato a quello fornito da impieghi puramente finanziari del patrimonio societario immobilizzato. In altri termini, è ragionevole che gli azionisti si attendano dall'attività industriale proposta (di solito a medio/ alto rischio) un profitto almeno pari a quello di titoli di stato a basso rischio.

Una volta che si sia tenuto conto di tutti i fenomeni sopra presentati, e si sia aggiornata la tabella precedente introducendo tutte le voci addizionali di costo, supponiamo che si sia ricavato un valore di profitto che porta a un rendimento del 17% che è considerato attrattivo rispetto agli impieghi alternativi alle attività proposte, e accettabile dal punto di vista degli azionisti.

A questo punto esiste un ulteriore limitazione della tabella di analisi economico finanziaria presentata: essa non dice "quanto è sicuro" il rendimento sopra calcolato. È questa una limitazione critica perché è evidente che nessun giudizio di merito è fornibile senza una valutazione quantitativa, e tecnicamente supportata, della probabilità di ottenimento del beneficio atteso.

L'approccio è quello di passare ad analizzare un sistema un po' più complesso, come quello mostrato nella Fig. 6.10.

Analizziamo separatamente due problemi:

Interdipendenza tra diversi blocchi di input al modello finanziario

Il più evidente è quello tra mercato (che fornisce i ricavi come prodotto del prezzo di vendita per il numero di sistemi venduti) e prezzo unitario: più basso è quest'ultimo, e più alto sarà il numero di sistemi venduti, con impatto sul valore dei ricavi.

I costi diretti sono fortemente influenzati dal numero di sistemi venduti, in quanto calano significativamente con l'aumento di produzione secondo la cosiddetta "learning curve" (vedi sezione dedicata nel paragrafo 6.2).

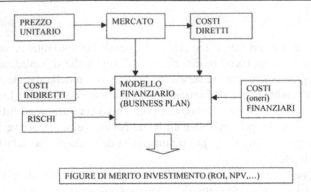

Fig. 6.10 Modello di calcolo della attrattività di investimento

Anche i rischi (di sovra costi in produzione o di sua interruzione a causa di failure in volo) sono dipendenti dagli oneri finanziari che hanno finanziato una più accurata (costosa), o meno accurata, fase di sviluppo e qualifica del sistema.

Si possono poi trovare molte ulteriori interdipendenze scendendo a un livello di maggiore dettaglio del modello.

Questa problematica si affronta tentando di modellizzare matematicamente ogni singola interdipendenza e definendo, mediante l'uso del modello globale ricavato, il punto di funzionamento (input) che massimizza la figura di merito ritenuta più adatta al caso in esame.

Non è superfluo sottolineare che tali relazioni matematiche hanno una forte influenza sul calcolo delle figure di merito; pertanto devono essere sottoposte a revisione critica generalmente basata sull'utilizzo di database storici, o altro mezzo ritenuto idoneo.

Infine deve essere tenuta in conto la necessità di associare una tolleranza, o margine di validità, ai modelli matematici impiegati, e che deve essere utilizzata nel contesto del punto seguente.

Distribuzione probabilistica di ciascun input attorno al valore più probabile

Ciascuno degli input al modello finanziario risulta un valore su base probabilistica che deve essere accuratamente valutato. In generale si usano le seguenti distribuzioni: gaussiana; uniforme tra un valore minimo e un valore massimo; e trapezoidale (tra minimo e massimo), vedi Fig. 6.11.

A fronte di tali input a carattere probabilistico, di generano valori probabilistici per ciascuna figura di merito in output.

La tipica forma della funzione probabilistica in output è quella mostrata in Fig. 6.12.

Con la distribuzione probabilistica delle figure di merito è possibile confrontare diverse opzioni di implementazione di un programma, come pure dare un giudizio globale di merito circa l'opzione considerata la più attrattiva.

Oggi, con la diffusione di software tipo Excel della Microsoft, il calcolo della distribuzione probabilistica delle figure di merito è piuttosto semplice. In alterna-

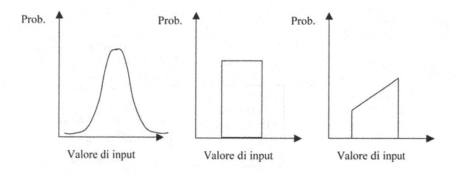

Fig. 6.11 Vari tipi di distribuzione probabilistica degli input

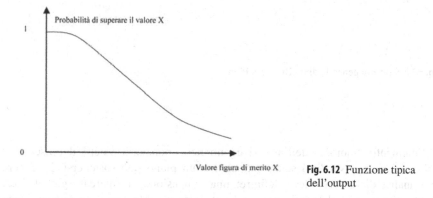

Fig. 6.12 Funzione tipica dell'output

tiva esistono programmi commerciali (tipo @RISK) che sono stati appositamente sviluppati per eseguire analisi statistiche di tipo Montecarlo applicate all'analisi dei rischi.

In alternativa, con un po' di pratica con l'uso di un foglio elettronico di lavoro e con le sue funzioni "macro", è possibile generare un efficiente strumento di analisi.

Il business plan di un programma di dimensioni significative ha una struttura piuttosto complessa tipo quella mostrata in Fig. 6.13.

Gli elementi fondamentali per il supporto del Piano di Analisi Economico–Finanziaria, che costituisce il cuore del Business Plan, sono i seguenti:

L'analisi di beneficio

È particolarmente importante nel caso di committente pubblico, ove cioè è fondamentale "tradurre" l'implementazione del programma in termini di beneficio sociale, e farlo in modo a) quantitativo, b) in termini comprensibili da parte dell'Amministrazione Pubblica. È ovvio, che la valutazione quantitativa dei benefici sociali richiede una serie di ipotesi; ciascuna di queste deve essere elencata, ben spiegata, e supportata quantitativamente in termini di "credibilità".

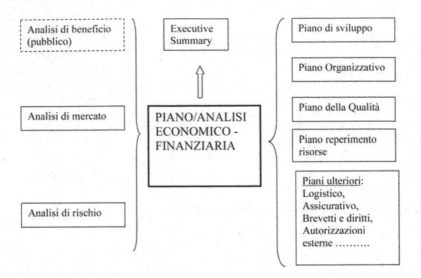

Fig. 6.13 Struttura generale di un Business Plan

L'analisi di mercato

È l'elemento "motore" dell'analisi economico finanziaria poiché definisce il livello dei ricavi (vendite) senza i quali nessun piano può sostenersi. In generale l'analisi di mercato deve definire: una dimensione di "mercato globale" esistente e previsto nel tempo, una sua sottoparte definita "mercato potenzialmente acquisibile" e un ulteriore sottoassieme che si chiama "mercato probabilmente acquisito". Anche in questo caso, è fondamentale elencare e supportare ciascuna delle ipotesi introdotte, eventualmente indicandone il particolare aspetto di conservatività (o di non conservatività) rispetto alla valutazione dei ricavi effettuata.

Una parte importante dell'analisi di mercato è quella costituita dalla identificazione e caratterizzazione dei concorrenti attuali e di quelli prevedibili. In tale contesto viene talvolta inserita la cosiddetta analisi SWOT, "Strenght, Weaknesses, Opportunity and Threat", che definisce, per il sistema proposto, e rispetto ai competitori previsti:

- i punti di forza;
- i punti di debolezza;
- le opportunità da cogliere;
- le minacce (strategico commerciali) da cui difendersi.

È molto importante che tutti coloro che concorrono all'elaborazione del Business Plan abbiano ben chiaro tali punti; infatti ogni sezione del Piano deve sistematicamente porsi la domanda di come è possibile aumentare i punti di forza, ridurre quelli di debolezza, sfruttare al massimo le opportunità identificate, e difendersi dalle minacce esterne.

L'analisi di rischio

Di solito, una buona indicazione circa l'accuratezza di un Business Plan, è fornita dall'esame dell'analisi dei rischi. Questo perché tale analisi richiede equilibrio tra due opposte tendenze:

- individuare, e definire, rischi "credibili" ovunque;
- minimizzare i rischi tenuti in conto dall'analisi.

È ovvio che il primo atteggiamento porta a fuorviare l'attenzione su i rischi realmente più critici per il programma, e quindi a diluire le azioni di abbattimento del rischio che s'intende mettere in opera per contrastarli.

Nello stesso tempo esso porta a penalizzare troppo (indebitamente) il valore previsto di attrattività del programma.

Un esempio in area tecnica è quello relativo alla stesura di un "budget di massa" di un sistema con un gran numero di elementi costituenti; per ciascuno di essi è corretto individuare un valore massimo credibile della massa (oltre a quello definito come previsto o nominale). Non è però corretto, valutare la massa del sistema come somma di ciascuna delle masse massime dei singoli elementi; infatti la probabilità che tali "massimi" si realizzino contemporaneamente è assai bassa (se i valori nominali assegnati sono "in buona fede"!!).

D'altra parte il secondo atteggiamento (minimizzare) porta a ignorare ingiustificatamente rischi effettivi e penalizzanti.

L'analisi di rischio deve quindi mostrare equilibrio (cioè esperienza) nel considerare tutti quei rischi che risultano più significativi in termini di impatti sul business e di probabilità di occorrenza.

Ove l'esperienza diretta non consente una sicura individuazione di tali rischi, è possibile cercare di utilizzare il seguente approccio:

- considerare come "a rischio" tutti i parametri di input per l'analisi economico finanziaria;
- valutare l'effetto dello scostamento di ciascun parametro di input dal valore nominale, in termini di impatto su una/più figure di merito del business;
- valutare approssimativamente la probabilità dello scostamento dal valore nominale dell'input di cui sopra;
- costruire un diagramma di priorità di intervento come quello mostrato in Fig. 6.14.

Il piano di sviluppo

Il piano di sviluppo costituisce il documento tecnico di base del Business Plan; esso deve:

- Descrivere dettagliatamente il sistema proposto e le sue parti costitutive (incluso albero del prodotto).

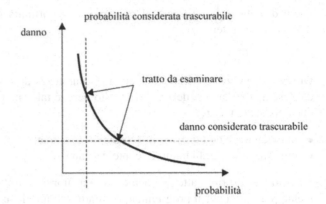

Fig. 6.14 Diagramma delle
priorità di intervento

- Definire la logica di "make or buy" degli elementi costitutivi, e il loro "heritage" (i.e. livello di innovatività e, conseguentemente, di rischio tecnico di sviluppo). In particolare, la decisione se acquistare da un fornitore esterno un sottoassieme ("Buy"), o svilupparlo all'interno della struttura industriale proponente ("Make"), è delicata in quanto coinvolge numerosi aspetti quali: costo da fornitore rispetto al costo interno, livello di strategicità della sottofornitura e quindi di dipendenza del business da elementi al di fuori del controllo del primo contraente, livello di carico delle risorse e impianti, adeguatezza tecnica, possibili sinergie con sviluppi interni attuali o previsti.
- Definire la logica di sviluppo sino all'avvio della commercializzazione (incluso l'elenco e la motivazione tecnica dei modelli di sviluppo, con relativa matrice dei materiali, "hardware matrix" o H/W matrix). L'H/W matrix è l'elenco delle singole parti costituenti ciascuno dei modelli del sistema previsti nella fase di sviluppo dello stesso.
- Definire la tempistica di sviluppo (inclusa pianificazione di dettaglio di tutte le attività principali del programma e che deve evidenziale i legami logici, e di input – output tra le diverse attività).
- Definire la struttura e i costi di sviluppo, chiamata solitamente "Cost Breakdown Structure", CBS.
- Definire l'elenco completo e motivato dei "Ground Support Equipment", GSE, che sono le apparecchiature / attrezzature indispensabili per poter realizzare il programma proposto. Esempi di GSE sono i seguenti: contenitori di trasporto, installazioni per il supporto o la movimentazione dei pezzi specifici del sistema, sistemi di misura integrata o di prova da eseguire sul sistema completo o sulle sue parti costitutive, sistemi di caricamento fluidi o di carica batterie ecc.
- Definire dettagliatamente i rischi di origine tecnica, e le contromisure previste nel piano per renderli non più critici.
- Definire la struttura e i costi ricorrenti di produzione.
- Definire la "Work Breakdown Structure", WBS. La WBS è la struttura che definisce la suddivisione delle attività da svolgere tra diverse organizzazioni parte-

cipanti e tenendo anche conto della tipologia di lavoro (attività tecnica, attività amministrativa, attività di Qualità, di Fabbricazione, di prova ecc.).

- Definire tutti i pacchi di lavoro, " Work Packages" o WP's. Il WP è l'elemento di livello inferiore utilizzato per definire il lavoro da svolgere, e collegarlo a uno specifico costo. Un WP fa parte di un solo elemento della WBS (cioè deve essere eseguito da una sola organizzazione e si riferisce a una precisa tipologia di attività (ad esempio attività tecnica). Nel caso generale, esso specifica tramite le tre principali sezioni:

    - input;
    - elenco attività di dettaglio;
    - output;

le condizioni informative iniziali necessarie a svolgere l'attività, l'elenco solitamente molto dettagliato delle singole sottoattività da eseguire, e infine il risultato prodotto da tali attività. Il risultato è, in generale, un insieme di documentazione, disegni, hardware e software che devono essere singolarmente identificati sia in termini di contenuto richiesto, che di data di consegna.

Il piano organizzativo

Il piano organizzativo o di management deve definire in dettaglio la struttura industriale responsabile della implementazione del programma e le procedure previste per il suo funzionamento operativo.

Elementi fondamentali del piano sono:

- struttura del team industriale proposto e relative responsabilità;
- logica di costituzione del team industriale, e le competenza specifiche possedute dai componenti, e che risultano indispensabili per la realizzazione del programma proposto;
- struttura organizzativa di dettaglio del primo contraente, e struttura specifica definita al suo interno per la gestione delle attività di programma;
- definizione di tutte le posizioni di interfaccia tra le organizzazioni partecipanti al programma;
- definizione sintetica delle principali procedure di management previste per la realizzazione del programma (comunicazione, approvazione e revisione, riunioni formali, controllo e gestione costi, fatturazione, incassi, controllo avanzamento, gestione imprevisti, gestione contrattuale, documentazione, archivio, trasporti e assicurazione, inventario);
- definizione di criteri di management di particolare importanza in ambito tecnico, come gestione del software e la gestione del controllo di configurazione;
- definizione delle figure chiave del programma, con presentazione dei rispettivi curriculum vitae;
- piano dei pagamenti e loro condizioni. Il piano di pagamento viene sviluppato riportando il valore (prezzo) delle attività, oggetto del programma, rispetto al tempo. Con tale piano si chiede a cliente di "pagare" le attività previste man mano che il contraente deve provvedere al loro finanziamento. Un pagamento

tutto a inizio attività risulterebbe troppo rischioso ed economicamente oneroso per il cliente; viceversa un pagamento tutto al completamento dell'ultima attività prevista, sarebbe insostenibile da parte del contraente in termini di oneri finanziari.

Nota sulle condizioni di pagamento

Sulle condizioni di pagamento esistono varie possibilità (e ne sorgono spesso di nuove). Alcune vengono di seguito riportate a titolo di esempio:

a) FFP: Prezzo Fermo e Fisso – Valore in valuta x non dipendente dal tempo in cui avviene il pagamento.

b) Valore in valuta x definito con riferimento a uno specifico anno y. Il pagamento effettivo si calcola rivalutando il valore x tra data di riferimento e data attuale del pagamento. È ovvio che questa tipologia di condizione si sotto divide a seconda delle differenti opzioni circa il criterio di rivalutazione.

c) Cost Reimbursment (a rimborso dei costi sostenuti): si determina il pagamento da effettuarsi sulla base dei costi formalizzati dal Contraente con aggiunta di un valore di profitto x. Anche questa forma può essere sottodivisa a seconda della rivalutazione temporale dei costi da applicare.

d) Sistemi "misti": tipo "cost reimbursment" per una parte, e FFP per un'altra.

e) Sistemi a incentivo – penalizzazione: sono sistemi basati su uno dei precedenti, ma che introducono una forma di incentivazione o penalizzazione legata a particolari caratteristiche circa l'avanzamento del programma.

Tipiche caratteristiche oggetto di incentivazione/ penalizzazione sono la massa in orbita per un lanciatore, o la data di consegna finale di un sistema.

• Lista delle riunioni chiave del programma, tipo Design Review, o altro.
• Lista della documentazione da produrre, e suo piano di consegna e di approvazione.
• Lista degli item consegnati, "deliverables", a fronte del programma, sia di tipo H/W sia S/W.

Il Piano della Qualità

Riporta lo standard aziendale circa i processi critici per il livello qualitativo garantito al cliente; in generale è opportuno emettere una appendice dedicata al programma in esame, con l'identificazione di specifiche norme di "Qualità" che s'intende implementare in caso di acquisizione del programma, e allo scopo di garantirne ancor più efficacemente il livello qualitativo, e il basso livello di rischio.

Il piano di reperimento risorse

Ove non tutte le risorse, umane, finanziarie o tecniche (apparecchiature, impianti) non fossero già disponibili all'interno della organizzazione proposta per l'implementazione del programma, è necessario presentare un piano di reperimento di tali risorse, e di valutare i rischi presenti nel processo di reperimento, insieme alle relative conseguenze.

Questo piano può risultare di importanza molto elevata qualora esista la necessità di un complesso processo per il suo finanziamento da parte di terzi (azionisti, consorzi ecc.).

Si devono infine menzionare altri piani specifici, che possono risultare anche molto importanti a seconda del contenuto specifico del programma proposto:

- piano logistico: prevede, e razionalizza, tutte le attività inerenti i trasporti di materiale o di persone relativi alle attività del programma;
- piano assicurativo: identifica, e motiva, tutte la assicurazioni e/o fideiussioni da stipulare, o di cui tenere conto, nell'implementazione del programma;
- piano dei brevetti e dei diritti: identifica i brevetti esistenti e che possono condizionare l'implementazione tecnica del programma;
- piano delle autorizzazioni esterne: identifica tutte quelle aree di attività, prevista a programma, che potrebbero richiedere autorizzazione da parte di terzi;
- piano di "decommissioning", o di chiusura attività: previsto solitamente in ambito nucleare o spaziale militare, e mirato alle attività necessarie a "smaltire" / mettere in sicurezza qualsiasi materiale prodotto nel corso del programma, e non più necessario dopo la sua conclusione. Si noti che in taluni casi, vedi l'industria impiantistica nucleare, i costi legati al decommissioning sono risultati fondamentali per una corretta valutazione del business.

L'Executive Summary

È il breve documento che riporta la sintesi di tutte le principali conclusioni, tratte dalle analisi tecnico-economiche svolte, al fine di valutare l'attrattività del programma proposto da un punto di vista globale.

Costituisce l'"estratto" documentale che di suppone sia posto all'esame del top management della organizzazione che deve decidere circa il finanziamento del programma (anche se non ho mai visto un top manager prendere una decisione in tal senso, senza aver revisionato in dettaglio almeno l'analisi economico finanziaria).

Stabilità nel tempo dei risultati ottenuti dalle analisi: leggi fisiche vs convenienza economica

L'analisi tecnico-economica ha un profilo di variabilità nel tempo che è particolare.

La parte tecnica si basa solitamente su leggi fisiche che possono considerarsi stabili, e sulla disponibilità di materiali e tecnologie che risultano (moderatamente) variabili nel tempo.

Ne consegue che la definizione del sistema dal punto di vista delle sue caratteristiche tecniche e di costo / tempi di realizzazione, risulta abbastanza stabile nel tempo.

Al contrario, la parte relativa alle caratteristiche economiche delle varie possibilità di implementazione del programma, può risultare fortemente variabile nel tempo a fronte di eventi esterni.

Una organizzazione (una industria o un ente pubblico) può improvvisamente ritrovarsi in condizioni di difficilissimo accesso al credito (vedi crisi finanziaria globale del 2008-2009), e questo ad esempio modificherebbe totalmente il peso relativo delle figure di merito sopra descritte.

Questo porta alla necessità di considerare sempre "instabili" le analisi tecnico-economiche, e alla necessità periodica di riesaminarle (durante le fasi di progetto) al fine di identificare prontamente l'insorgere di fenomeni che ne possano invalidare i risultati.

Schema di analisi tecnico-economica generica

Una generica analisi tecnico economica si basa sui seguenti passi di carattere generale:

- s'ipotizza una specifica configurazione tecnica del sistema e delle sue operazioni;
- si definisce un piano temporale dello sviluppo e qualifica del sistema, e della durata della fase commerciale (e di smantellamento, se applicabile);
- si valutano tutti i costi (LCC) legati alla configurazione e alla sua commercializzazione;
- si aggiungono i costi (finanziari) legati alla necessità di acquisizione delle risorse necessarie nel tempo;
- si aggiungono i costi relativi agli imprevisti (legati al livello di rischio associato alla configurazione in esame);
- s'ipotizza un piano delle vendite corrispondente, a un particolare prezzo (nasce una serie di sottocasi derivati dal cosiddetto "modello di marketing");
- si calcolano i ricavi nel tempo conseguenti alle vendite;
- si deriva l'andamento del cash flow;
- si calcolano le figure di merito dell'opzione considerata;
- si esegue una analisi statistica di probabilità per valutare la deviazione standard delle figure di merito di maggiore interesse, vedi Fig. 6.15 in cui il merito è associato al solo valore del NPV;
- si torna al primo passo e si analizza una altra opzione.

Alla fine si esegue una analisi di trade-off tra le varie opzioni.

Nota: la Fig. 6.15 si riferisce a due diverse opzioni tecnico-economiche per la realizzazione di un sistema, per il quale si sia deciso che il criterio più importante per il trade-off di convenienza sia quello di massimizzare il "Net Present Value".

È immediato notare che l'opzione A risulta a rischio maggiore, e quella B a rischio minore (ove con ciò comunque non discende "automaticamente" che questa sia necessariamente la migliore). È importante osservare che se ci si fosse limitati a

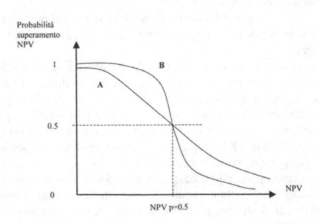

Fig. 6.15 Analisi del Net Present Value

calcolare i soli "valori più probabili" del NPV delle opzioni A e B, questi sarebbero risultati identici, *non permettendo così la valutazione di aspetti di rischio* e che differenziano fortemente le due opzioni esaminate.

6.4
Esempio di analisi di costo per un lanciatore spaziale

Uno dei passi più importanti dell'analisi tecnico-economica generica sopra presentata è costituito dal calcolo dei costi, LCC, di un sistema.

Di seguito viene presentato un caso esempio relativo a un sistema di lancio da utilizzare per il rimpiazzo dei satelliti della costellazione Galileo per la navigazione satellitare.

Il metodo utilizzato è quello definito in [1] e si basa sull'utilizzo del "Cost Estimating Relationship", CER, e fattori correttivi specifici della applicazione in esame.

Descrizione del programma: considerare due lanci all'anno dalla base europea di Kourou per venti anni, con lo scopo di immettere nella sua orbita finale circolare a circa 23000 Km di altezza e 56 gradi di inclinazione, un satellite alla volta (peso al lancio di 1000 Kg).

Il lanciatore atto a eseguire la missione richiesta è risultato avere un peso al lancio di circa 398t e configurato come segue:

1. primo stadio con un motore a solido da circa 107t (derivato direttamente dal progetto Vega dell'ESA) e quattro booster da circa 34t, di nuova progettazione;
2. secondo stadio con motore analogo al motore centrale del primo stadio;
3. terzo stadio equipaggiato con un nuovo motore criogenico a ossigeno e metano liquidi da circa 14t e con 100KN di spinta.

Analisi dei costi: *INPUT*.

I dati di input sono dati derivanti dalle caratteristiche del lanciatore e del team industriale che ha in carico le attività di sviluppo e qualifica, come anche di produzione, dello stesso lanciatore. Proprio al fine di ottenere stime di costo aderenti alla realtà, le stime calcolate con i CER sviluppati in [1] sono "adattati" al contesto industriale di implementazione del programma, tramite una serie di fattori correttivi come quelli presentati in Tabella 6.2.

L'input, nel caso esempio citato è di seguito mostrato in Fig. 6.16, 6.17, 6.18 e 6.19.

Analisi dei costi: *calcolo dei costi di sviluppo e qualifica*.

Il calcolo dei costi di sviluppo e qualifica si sviluppa nei seguenti passi caratteristici:

- passo 1: definizione dei CER per sviluppo e qualifica;
- passo 2: applicazione dei fattori correttivi al CER;

Tabella 6.2 Fattori correttivi

Fattore	Nome	Valore
f0	Livello di complessità del Lanciatore	$1.04^\wedge$ numero stadi
f1	Livello di esperienza disponibile sul sistema da realizzare (Technical Development Standard)	1.3-1.4: sistemi alla prima generazione, nuovi concetti o approcci che coinvolgono nuove tecniche / tecnologie. 1.1-1.2: Nuovi progetti con alcune nuove caratteristiche tecniche o operazionali. 0.9-1.1: progetto standard allo stato dell'arte (sistemi simili risultano già operativi) 0.7-0.9: Modifiche di progetto di un sistema esistente 0.4-0.6:Minori variazioni di un progetto esistente.
f2	Livello qualitativo del sistema (Technical quality)	Tab 2_11 motori a propellente liquido (2-11) 1: SRM: non ancora definito; 1 è suggerito Moduli propulsivi: non ancora definito Stadi a liquido = NMF in TCS ref / NMF previsto a progetto
f3	Livello di esperienza del team di personale previsto (Team Experience)	1.3-1.4: Nuovo team; nessuna esperienza diretta disponibile 1.2-1.2: Attività parzialmente nuove per il team previsto 1: Società e team con esperienza applicabile al progetto 0.8-0.9: Il team ha già svolto lo sviluppo di progetti simili 0.7-0.8: Il Team è in possesso di elevata esperienza nel tipo di progetto previsto
f4	Riduzione del costo ricorrente per "apprendimento" (Learning factor)	Letto da Fig. 3-05 del rif.4), (vedi anche definizione learning curve a para 6.2) in funzione del learning fct e del numero di unità (identiche) da produrre
f6	Livello di scostamento rispetto alla pianificazione che minimizza i costi (Optimal schedule)	1,1 to 1,2 70-80% schedule ottimale per costi 1,0 to 1,1 80-100% schedule ottimale per costi 1 100% schedule ottimale per costi 1,0 to 1,1 100-120% schedule ottimale per costi 1,1 to 1,3 120-140% schedule ottimale per costi 1,3 to 1,5 140-160% schedule ottimale per costi 1,5 to 1,6 160-180% schedule ottimale per costi
f7	Livello di efficacia della organizzazione industriale	Numero di "prime contractors"$^\wedge$0.2 Il fattore tiene conto che talvolta l'organizzazione "più semplice": 1 solo Cliente e 1 solo Prime contractor, non è implementabile a causa della struttura del committente (governo) o della realtà industriale disponibile. A titolo di esempio è citabile il caso dello sviluppo del Lanciatore Ariane 5 in Europa, ove il ruolo di Prime Contractor è stato "splittato" tra quello di Architetto industriale, tenuto dal CNES, e quello di sistemista tenuto da Aerospatiale
f8	Livello di produttività legato all'area geografica (Productivity)	1 USA 0,86 ESA 0,77 France 0,77 Germany 0,7 Japan 2,11 Russia 1,5 Cina

```
1st stage
motor     N. test di fuoco in qualifica    =    3          3 to 6 TCS standard per SRM medio grandi
          tecnologia propulsiva:           =    SOL
          Massa propellente (Mg):          =    107
          f1(tech develoment std)          =    0,7
                                                           1.3-1.4: Sistemi alla prima generazione, nuovi
                                                           concetti o approcci che coinvolgono nuove
                                                           tecniche / tecnologie.
                                                           1.1-1.2: Nuovi progetti con alcune nuove
                                                           caratteristiche tecniche o operazionali.
                                                           0.9-1.1: Progetto standard allo stato dell'arte
                                                           (sistemi simili risultano già operativi)
                                                           0.7-0.9: Modifiche di progetto di un sistema
                                                           esistente
                                                           0.4-0.6:Minori variazioni di un progetto esistente.
          f2 (tech quality)                =    1         motori a propellente liquido (Tab: 2-11)
                                                           SRM: non ancora definito; 1 è suggerito
                                                           Moduli propulsivi: non ancora definito
                                                           Stadi a liquido =  NMF in TCS ref / NMF  previsto a
                                                           progetto
          f3 (esperienza team)             =    0,75
                                                           1.3-1.4: Nuovo team; nessuna esperienza diretta
                                                           disponibile
                                                           1.2-1.2: Attività parzialmente nuove per il team
                                                           previsto
                                                           1: Società e team con esperienza applicabile al
                                                           progetto
                                                           0.8-0.9: IL team ha già svolto lo sviluppo di progetti
                                                           simili
                                                           0.7-0.8: Il Team è in possesso di elevata
                                                           esperienza nel tipo di progetto previsto
```

Fig. 6.16 INPUT

```
                   f8 (produttività)            =    0,86
                                                      1       USA
                                                      0,86    ESA
                                                      0,77    France
                                                      0,77    Germany
                                                      0,7     Japan
                                                      2,11    Russia
                                                      1,5     Cina

Boosters   N. test di fuoco in qualifica    =    5
           Numero booster/LV                =    4
           Massa propellente (Mg):          =    34
           f1(tech develoment std)          =    0,8    vedi definizione sopra

           f2 (tech quality)                =    1      vedi definizione sopra
           f3 (esperienza team)             =    0,75   vedi definizione sopra
           f8 (produttività)                =    0,86   vedi definizione sopra
```

Fig. 6.17 INPUT

```
2nd stage
motor      N. test di fuoco in qualifica       =
           tecnologia propulsiva:              =
           Massa propellente (Mg):             =
           f1(tech develoment std)             =
           f2 (tech quality)                   =
           f3 (esperienza team)                =
           f8 (produttività)                   =
identico a primo stadio
```

Fig. 6.18 INPUT

```
3rd stage
motor     N. test di fuoco in qualifica     =     200
          tecnologia propulsiva:            =     LCO
          Spinta in vuoto (kN)              =     100
          Massa prop usabile (Mg)           =     14
          f1(tech develoment std)           =     1,1      vedi definizione sopra
          f2 (tech quality)                 =     0.7      vedi definizione sopra
          f3 (esperienza team)              =     1,1      vedi definizione sopra
          f8 (produttività)                 =     0,86     vedi definizione sopra


stage
          f1(tech develoment std)           =     1,1      vedi definizione sopra
          f2 (tech quality)                 =     1        vedi definizione sopra
          f3 (esperienza team)              =     1,2      vedi definizione sopra
          f8 (produttività)                 =     0,86     vedi definizione sopra


Assieme LV:
          n: num di PrimeContr              =     1
          f0                                =     1,125    1,04^numero degli stadi
          f6                                =     1,2
                                                  1,1 to 1,2    70-80% schedule ottimale per costi
                                                  1,0 to 1,1    80-100% schedule ottimale per costi
                                                  1             100% schedule ottimale per costi
                                                  1,0 to 1,1    100-120% sched ottimale per costi
                                                  1,1 to 1,3    120-140% sched ottimale per costi
                                                  1,3 to 1,5    140-160% sched ottimale per costi
                                                  1,5 to 1,6    160-180% sched ottimale per costi
          f7                                =     1 numero "prime contractors"^0.2
          f8                                =     0,86     vedi definizione sopra

          N: numero totale di LV (identici) da produrre =   40

Segmento di Terra:
          L: rateo di lancio (Lanci/anno)   =     2
          N: Numero stadi                   =     3
          fv: Fattore tipo LV               =     1
                                                  con propulsione criogenica=1;
                                                  Con propulsione storabile =0.8;
                                                  Con solo propulsione a solido= 0.3
          fc: LV approccio AIT              =     1
                                                  1= integr in verticale sul Pad;
                                                  0.7=integr in vert + transp al Pad;
                                                  0.5= integrazione in orizzontale
          Q1: specifico fattore per 1st stage  =  0,15
                                                  0.15=propellente solido;
                                                  0.4= prop liquido o grandi boosters
          Q2: specifico fattore per 2nd stage  =  0,15 vedi definizione sopra
          Q3: specifico fattore per 3rd stage  =  0,4 vedi definizione sopra
Finanz.:  Cambio EURO/MYr                   =     219000 (2006), da Rif.2)

GLOW= 398 t
```

Fig. 6.19 INPUT

- passo 3: calcolo del costo totale di sviluppo e qualifica;
- passo 4: calcolo del CER per attività di produzione;
- passo 5: calcolo e applicazione dei fattori correttivi dei CER di produzione;
- passo 6: calcolo dei costi totali di produzione;
- passo 7: calcolo dei costi delle operazioni di volo e di terra.

Essi sono sviluppati come segue.

Passo 1. Definizione dei CER per sviluppo e qualifica. La Fig. 6.20 mostra il calcolo del CER applicato allo sviluppo e qualifica del booster.

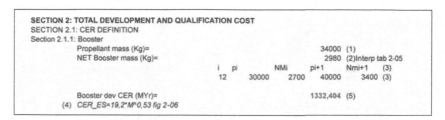

Fig. 6.20 Valutazione CER per sviluppo e qualifica Booster

Al fine di chiarire il tipo di presentazione del calcolo del CER, si vedano le seguenti note:

(1): la massa di propellente (34000 Kg) è l'input di base per il CER; esso è fornito nella sezione di INPUT/ Booster;

(2): è il valore della massa secca del Booster che è il valore utilizzato nella formulazione matematica del CER di interesse. Il valore (2980 Kg) è ricavato dalla figura 2-05 di [1] che è stata espressa nella Tabella 6.3;

(3): sono gli indici e valori parziali utilizzati per l'interpolazione lineare dei dati nella Tabella 6.3;

Tabella 6.3 Tabella 2-05 di [1]

Massa prop (Kg)	SRM massa netta(burnout) (Kg)
1000	90
2000	180
3000	280
4000	380
5000	420
6000	510
7000	600
8000	700
9000	800
10000	900
20000	1800
30000	2700
40000	3400
50000	4000
60000	5000
70000	6000
80000	7000
90000	8000
100000	10000
200000	27000

(4): è la relazione matematica, tratta da [1], che lega il parametro chiave M (in questo caso è la massa secca del booster) al CER;

(5): riporta il valore numerico del CER ottenuto con la formulazione matematica (4).

```
Section 2.1.2: First stage Engine
            Propellant mass (Kg)=                                          107000
            NET SRM mass (Kg)=                                             11190  Interp tab 2-05
                                          i      pi        NMi       pi+1        Nmi+1
                                         19    100000     10000     200000       27000

            Motor dev CER (MYr)=                                          2775,879
            CER_VR=4.9*M^0.68 fig 2-21

Section 2.1.3: 3rd stage engine
            Vacuum Thrust lev (kN)=                                           100
            Engine dev CER (MYr)=                                        3105,294
            CER_EL= 197,5*M^0,52

Section 2.1.4: 3rd stage
            Usable prop.mass (Mg)=                                             14
            Vacuum Thrust lev (kN)=                                           100
            Engine mass (Kg)=                                                 200  Interp tab 2-08
                                          i      Ti        Mi         Ti+1        Mi+1
                                         10     100       200         200          330
            Stage NMF (%)=                                                   17,8  Interp tab 2-26
                                          i      pi        NMi       pi+1        Nmi+1
                                          3      10       19,5        20          15,25
            Dry M with Eng (Kg)=                                          3031,63
            Dry M with Eng (Kg)= NMF*Mprop/(1-NMF)
            Dry M w/o Eng (Kg)=                                           2831,63
            Dry M w/o Eng (Kg)= Dry M with Eng - Engine mass

            Stage dev CER (MYr)=                                         8123,762
            CER_VE=98,6*M^0,555 fig 2-27

Passo 2: applicazione dei fattori correttivi ai CER
SECTION 2.2: H PARAMETER DEFINITION (i.e. CER's with correction factors)
HE1: Dev of 1st stage SRM (MYr)=                                        1253,309
HE1= 1st stage engine CER*f1*f2*f3*f8
HE2: Dev of 2nd stage SRM (MYr)=                                               0
same motor of the 1s stage
HE3: Dev of 3rd stage Engine (MYr)=                                     2261,958
HE3= 3rd stage engine CER*f1*f2*f3*f8
HB1: Dev of boosters (MYr)=                                             687,5203
HB1= Booster CER*f*f2*f3*f8
HV3: Dev of 3rd stage  (MYr)=                                          9222,095
HV3= 3rd stage CER*f1*f2*f3*f8
```

Fig. 6.21 Valutazione CER per altre parti lanciatore, e inizio passo 2

I CER relativi alle restanti parti del lanciatore sono presentati nella Fig. 6.21 e Tabelle 6.3, 6.5 e 6.7.

Passo 3. Calcolo del costo totale di sviluppo e qualifica. Il conseguente calcolo del costo totale di sviluppo e qualifica del lanciatore è presentato nella Fig. 6.22.

```
SECTION 2.3 CALCULATION OF TOTAL DEVELOPMENT AND QUALIFICATION COST
Cd:Total Development and Qualification cost (MYr)=              15584
Cd=f0*(HE1+HE2+HE3+HB1+HV3)*f6*f7*f8           of which:        %
                          Booster              798           5,12
                        1st stage             1455           9,34
                        2nd stage                0           0,00
                        3rd stage            13331          85,54
                                             15584            100
```

Fig. 6.22 Calcolo del costo totale di sviluppo e qualifica

Si rileva che la quasi totalità dei costi di sviluppo e qualifica è nell'area del terzo stadio (85%). Questo è ragionevole in quanto primo e secondo stadio hanno lo stesso motore che risulta "quasi esistente"; i soli booster sono da sviluppare.

Massa al lift-Off (Mg)	Costo totale di svil & qual (KMYr)
100	20
200	27
300	32
400	38
500	42
600	45
700	50
800	52
900	55
1000	58
2000	80
3000	90
4000	100
5000	110
6000	120
7000	130

Tabella 6.4 Tabella 2-01 di [1]

Spinta in vuoto (KN)	Massa motore (Kg)
10	46
20	65
30	90
40	100
50	110
60	120
70	150
80	170
90	190
100	200
200	330
300	500
400	600
500	700
600	800
700	950
800	1050
900	1200
1000	1350
2000	2300
3000	3500
4000	4500
5000	6000

Tabella 6.5 Tabella 2-08 di [1]

Tabella 6.6 Tabella 2-11 di [1]

N. prove a fuoco svil & qual	f2 factor
100	0,53
200	0,7
300	0,85
400	0,94
500	1
600	1,08
700	1,15
800	1,2
900	1,23
1000	1,29
2000	1,59

Tabella 6.7 Tabella 2-26 di [1]

Massa usabile di propellente (Mg)	Net Mass Fraction (%)
8	21,8
9	20,5
10	19,5
20	15,25
30	13,5
40	12,5
50	12
60	11,6
70	11,25
80	11
90	10,75
100	10,5
200	9,5
300	9
400	8,75
500	8,5
600	8,4
700	8,2
800	8,1
900	8,05
1000	8

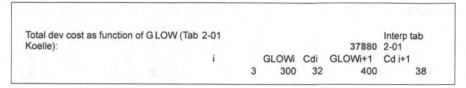

```
Total dev cost as function of G LOW (Tab 2-01                    Interp tab
Koelle):                                                  37880  2-01
                    i       GLOWi  Cdi   GLOWi+1  Cd i+1
                    3       300    32    400      38
```

Fig. 6.23 Valutazione del costo di sviluppo e qualifica basato sulla Tabella 2-01 di [1] (Tabella 6.4)

Al fine di verificare l'ordine di grandezza dei costi di sviluppo e qualifica ottenuti, è possibile utilizzare la Tabella 6.4 che fornisce una macroscopica correlazione tra peso al lancio del lanciatore ("GLOW" pari a 398t) e suo costo di sviluppo e qualifica; questo è mostrato nella Fig. 6.23.

L'ordine di grandezza è confermato; il valore più elevato fornito dalla tabella è motivato dal fatto che il lanciatore ipotizzato risulta costituito da elementi in parte esistenti e dal solo terzo stadio che è nuovo da sviluppare.

Passo 4. Calcolo dei CER per attività di produzione.

Il calcolo dei CER relativi alle attività di produzione è presentato nella Fig. 6.24 e Tabelle 6.8, 6.9, 6.10.

```
SECTION 3: TOTAL PRODUCTION
COST
SECTION 3.1: TFU CER DEFINITION
Section 3.1.1: Booster
        NET Booster mass (Kg)=                          2980
        Booster TFU (MYr)=                              239,2   Interp tab 3-11
        from: FES=2.42*n*M^0.395=                       228,1344
                        i       mi      TFUi   mi+1     TFUi+1
                        12      2000    50     3000     60
Section 3.1.2: First stage Engine
        NET SRM mass (Kg)=                              11190
        SRM TFU (MYr)=                                  103,57  Interp tab 3-11
        from: FES=2.42*n*M^0.395=                       96,18409
                        i       mi      TFUi   mi+1     TFUi+1
                        16      10000   100    20000    130
Section 3.1.2 bis: Second stage Engine:
        NET SRM mass (Kg)=                              11190
        SRM TFU (MYr)=                                  103,57

Section 3.1.3: 3rd stage engine
        Engine mass (Kg)=                               200
        Engine TFU (MYr)=                               55      Interp tab 3-13
        from: FELC=5.16*M^0.45                          55,99035
                        i       mi      TFUi   mi+1     TFUi+1
                        8       200     55     300      65

Section 3.1.4: 3rd stage
        Dry M w/o Eng (Kg)=                             2831,63
        Stage level TFU (MYr)=                          212,4234  Interp tab 3-17
        from: FVP=1.3*M^0.65=                           227,912
                        i       mi      TFUi   mi+1     TFUi+1
                        11      2000    175    3000     220
```

Fig. 6.24 Calcolo dei CER per attività di produzione

Passo 5. Calcolo e applicazione dei fattori correttivi dei CER di produzione. Il calcolo e applicazione dei fattori correttivi dei CER di produzione è presentato in Fig. 6.25 e 6.26.

Tabella 6.8 Tabella 3-11 di [1]

SRM massa inerte motore (Kg)	TFU (MYr)
10	5
20	7
30	8
40	9
50	10
100	14
200	19
300	21
400	23
500	27
1000	38
2000	50
3000	60
4000	70
5000	76
10000	100
20000	130
30000	160
40000	190
50000	215
100000	300

```
SECTION 3.2: "CORRECTED" CER DEFINITION (i.e. CER's with correction factors)
Section 3.2.1: Booster
FESb: (boosters production cost) (MYr)=                              5190,611
FES=CER*N*f4
```

Fig. 6.25 Calcolo e applicazione dei fattori correttivi dei CER di produzione

Il fattore f4 tiene conto che man mano che vengono prodotte unità identiche, il loro costo di produzione unitario tende a diminuire per effetto dell'accumulo di esperienza (si veda parte su definizione di "learning curve" al paragrafo 6.2).

Quindi, per realizzare N unità, il costo non sarà N*CER bensì N*CER*f4 (con f4 < 1).

Il calcolo del fattore f4 parte dalla definizione di learning factor "p": un fattore di apprendimento p (T.P. Wright 1936) pari a 0.8 (o 80%) vuol dire che raddoppiando le unità prodotte, il costo unitario si riduce ad assumere il valore 0.8 (80%) di quello iniziale.

Una analisi storica dei valori di p applicabili al settore spaziale (e suggerito da [1]) porta a scegliere valori di p tra 0.8 e 1.0.

Chiaramente essendo il fattore f4 moltiplicato per il numero totale di elementi prodotti, non va considerato il fattore di riduzione applicabile all'ultimo elemento

Tabella 6.9 Tabella 3-13 di [1]

Massa secca Motore (Kg)	Cryo Eng. TFU(MYr)	Stor Eng TFU (MYr)
40	27	14
50	30	15
60	32	17
70	35	18
80	37	19,5
90	39	21
100	41	22
200	55	30
300	65	40
400	75	47
500	82	52
600	90	57
700	97	62
800	102	67
900	108	72
1000	115	75
2000	150	105
3000	185	130
4000	208	148
5000	220	160
6000	240	195
7000	260	205
8000	290	220
9000	310	230
10000	325	240

prodotto, bensì va calcolato il fattore di riduzione medio cumulato sul totale della produzione (i.e. nel caso di due elementi prodotti con learning factor 0.8: il primo costa 1, il secondo costa 0.8, ma la media dei due è 0.9).

Nel caso dell'esempio mostrato è stato assunto un valore di p=0.9 (90%).

Passo 6. Calcolo dei costi totali di produzione. Il calcolo dei costi totali di produzione è mostrato in Fig. 6.27.

Passo 7. Calcolo dei costi delle operazioni di volo e di terra. Il calcolo dei costi delle operazioni di volo e di terra è presentato in Fig. 6.28.

Il sommario dei risultati in termini di costo completo di vita (LCC: Life cycle cost) è riportato nella Fig. 6.29, in essa:

- la colonna (1) riporta i valori di costo espressi in MYr;
- la colonna (2) riporta i valori di costo in Meuro 2006;
- la colonna (3) ripartisce i costi totali espressi in Meuro sui quaranta Lanciatori che costituiscono la quantità totale richiesta nella sezione di input.

Tabella 6.10 Tabella 3-17 di [1]

Massa secca stadio (senza motori) (Kg)	TFU Cryo (MYr)	TFU Stor (MYr)
100	26	16
200	39	23
300	50	32
400	60	39
500	70	43
600	80	50
700	89	57
800	93	62
900	100	68
1000	105	70
2000	175	110
3000	220	140
4000	270	175
5000	310	200
6000	355	220
7000	400	240
8000	420	270
9000	480	300
10000	500	315
20000	800	515
30000	1020	700
40000	1200	820
50000	1400	950
60000	1600	1050
70000	1750	1100
80000	2000	1300
90000	2100	1450
100000	2200	1500

Questi valori possono risultare fuorvianti in quanto essi "farebbero ritenere":

- che tutti i costi di sviluppo e qualifica del sistema (circa 50% del totale costi) sia "caricato" esclusivamente sul programma (i.e. conduca ad aumenti del prezzo di lancio al fine di recuperare l'investimento);
- che il numero dei lanci sia limitato al primo lotto dei quaranta lanciatori;
- che nessun valore economico sia assegnato al fatto di poter disporre di un lanciatore in grado di effettuare altre missioni e di costituire una back-up strategica in caso di indisponibilità di un altro lanciatore Europeo (i.e. Soyuz).

In particolare sull'ultimo punto si rileva che l'eventuale valutazione economica di beneficio risulta estremamente complessa e discutibile; essa non può che basarsi su valutazione a carattere politico e sociale.

		n.of boost	160
f4 mean (boosters)=	0,542497	i=	160

Section 3.2.2: First stage Engine
FES1: (1st st SRM production cost)
(MYr)=   2749,029
*FES=CER*N*f4*
f4 mean (1st st SRM)=   0,663568   i=   40

Section 3.2.2 bis: Second stage Engine
FES2: (2nd st SRM production cost)
(MYr)=   2749,029
*FES=CER*N*f4*
f4 mean (2nd st SRM)=   0,663568   i=   40

Section 3.2.3: 3rd stage engine
FELc: 3rd stage engine prod cost (MYr)=
*FELC= CER*N*f4*   1459,849
f4 mean (2nd st SRM)=   0,663568   i=   40

Section 3.2.4: 3rd stage
FVP: 3rd stage production cost (MYr)=   5638,292
*FVP= CER*N*f4*
f4 mean (3rd stage)=   0,663568   i=   40

Fig. 6.26 Calcolo e applicazione dei fattori correttivi dei CER di produzione

SECTION 3.3 CALCULATION OF TOTAL PRODUCTION
COST
CF:Total Production cost (MYr)=   **18231,48**
CF=f0(FESb+FES1+FES2+FELC+ FVP)*
with f0=   1.025 Ref Koelle, para 3.32   of which: %
Booster		5320	29,18
1st stage		2818	15,46
2nd stage		2818	15,46
3rd stage		7276	39,91
		18231	100,00

Fig. 6.27 Calcolo dei costi totali di produzione

6.5
Esempio di analisi di costo per un satellite

Uno dei metodi più noti per la definizione dei costi di sviluppo e qualifica di un satellite è quello presentato in [2], anche lui basato sul metodo dei "Cost Estimating Relationship", CER, con opportuni fattori correttivi.

SECTION 4: GROUND AND FLIGHT OPERATIONAL COST

OPERC (MYr)= DOC + RSC + IOC =   575,621
Where:
DOC: Direct operations cost   =   576 see para 4.1
RSC: Refurbishment and Spare cost   =   0 see para 4.2
IOC: Indirect Operations cost   =   0 see para 4.3

Section 4.1: Direct Operations cost (DOC):
DOC (MYr) = GOP+M&P+F&M+T&R+F&I   =   **575,621**
Where:
GOP: Ground Operations
M&P: Materials and Propellants
F&M: Flight and mission operations:
T&R: Transport and Recovery ops
F&I: Fees and Insurance

Section 4.1.1 GOP Ground Operations
CPLO (MYr) = $8*M0^{0,67}*L^{(-0,9)}*N^{0,7}*fV*fc*f4$ =   = 338,8089
where:
M0:GLOW (Mg)   =   398
L: Launch rate (l/year)   =   2
N: number of stages /LV   =   3
fv: =   1
fc: =   1
f4:   =   0,663568

Section 4.1.2 M&P Materials and propellants
CM&P   =   0 negligible

Section 4.1.3 F&M Flight & Mission Operations
CF&M (MYr) = CF&M (MYr/launch)* number of launches =   236,8121
CF&M (MYr/launch) =$20*(Q1+Q2+Q3)*L^{(-0,65)}*f4$= =   5,920302
where:
Q1: specific 1st stage fct   =   0,15
Q2: specific 2nd stage fct   =   0,15
Q3: specific 3rd stage fct   =   0,4
L: Launch rate (Launches/year)   =   2
f4:   =   0,663568

Section 4.1.4 T&R: Transport and Recovery ops   =   0 No recovery op's
CT&R

Section 4.1.5 F&I: Fees and Insurance   =   0 Not included
CF&I

Section 4.2 RSC: Refurbishment and Spare cost   =   0 ELV system

Section 4.3 IOC: Indirect Operations cost   =   0 Under ESA budget

Fig. 6.28 Calcolo dei costi delle operazioni di volo e di terra

SECTION 1: SUMMARY OF RESULTS		(1)	2006 (2) Meuro	(3) Meuro/LV	
LCC (MYr) = DDQC + PRODC + OPERC	=	**34392**	7532	188	
with:					
DDQC (MYr) : (Total) Dev and Qualification Cost	=	15584	3413	85	See section 2
PRODC (MYr): (Total) Production Cost	=	18231	3993	100	See section 3
OPERC: (Total) Ground and Flight Operations Cost	=	576	126	3	See section 4
			7532	188	

Fig. 6.29 Sommario dei risultati

Di seguito è presentato un esempio del calcolo sviluppato per la fase A di un satellite prototipale.

I costi sono riportati in Kilo $ relativi all'anno 2000, come in [2].

Problema da risolvere

Valutare la possibilità, o meno, di eseguire lo sviluppo e qualifica di un sistema satellite all'interno di un budget totale fissato di venti milioni di €, e calcolo dei budget associati alle varie aree (sottosistemi e attività principali del progetto).

Logica di calcolo

- **Passo a)**. Sulla base dei dati di distribuzione storica dei costi di sviluppo satellite, si apporziona il budget totale disponibile sulle varie voci di costo.
- **Passo b)**. S'introducono fattori correttivi per tener conto delle caratteristiche di progetto e del team industriale che deve svilupparlo.
- **Passo c)**. Si analizza la fattibilità tecnico economica di ciascuna voce di costo all'interno del budget assegnato (tramite l'utilizzo di specifici CER).
- **Passo d)**. Si verifica se gli item in cui il costo apporzionato supera quello previsto è compensato da quelli in cui avviene il contrario e, in caso contrario, si esegue un secondo loop dopo aver introdotto semplificazioni atte a ridurre il costo degli elementi risultati più critici.

Dati macroscopici al livello satellite

I dati macroscopici di base alla progettazione del satellite sono presentati in Tabella 6.11.

S/C total cost (FY$K)=	6200	Prima iterazione	**Tabella 6.11** Dati macroscopici al livello satellite
S/C bus dry mass (Kg)=	100		
Structure mass (Kg)=	25		
Thermal Control mass (Kg)=	5		
Average power (W)=	70		
Power System mass (Kg)=	30		
Solar Array Area (m2)=	2		
Battery capacity (Ah)=	20		
BOL Power (W)=	250		
EOL Power (W)=	250		
TTC S/S mass (Kg)=	3		
Dowlink datarate (Kbps)=	500		
TTC DH mass (Kg)=	0		
Data storage capacity (MB)=	20		
AOCS dry mass (Kg)=	15		
Pointing accuracy (deg)=	0,25		
Pointing knowledge (deg)=	0,1		
satellite volume (M3)=	1		
Number of RCT's (-)=	6		

Distribuzione dei costi di sviluppo e qualifica sulle varie aree del prodotto satellite

Passo a). La generica ripartizione percentuale dei costi relative allo sviluppo e qualifica, risulta quella presentata in Tabella 6.12 e tratta da [2].

Tabella 6.12 Ripartizione % dei costi di sviluppo e qualifica (modificata da [2])

Attività di sotto-sistema	Frazione di costo del bus satellite	NRC %	RC %
1.0 Carico utile (payload)	40,0%	60,0%	40,0%
2.0 Totale piattaforma satellite	100,0%	60,0%	40,0%
2.1 Struttura	18,3%	70,0%	30,0%
2.2 Termico	2,0%	50,0%	50,0%
2.3 Sistema di potenza elettrica	23,3%	62,0%	38,0%
2.4.1. Telemetria e Telecomando	12,6%	71,0%	29,0%
2.4.2. Data Handling	17,1%	71,0%	29,0%
2.5 Controllo di assetto ed orbitale	18,4%	37,0%	63,0%
2.6 Propulsione	8,4%	50,0%	50,0%
3.0 Assemblaggio, Integrazione e Test	13,9%	0,0%	100,0%
4.0 Gestione di Programma	22,9%	50,0%	50,0%
5.0 Ground Support Equipment (GSE)	6,6%	100,0%	0,0%
6.0 LOOS	6,1%	0,0%	100,0%
TOTALE	189,5%	92,0%	97,5%

Passo b). Per tenere conto del livello di esperienza disponibile da parte del team industriale responsabile per lo sviluppo e qualifica de Satellite, si definisce la tabella dei fattori correttivi mostrati nella Tabella 6.13.

Tabella 6.13 Fattori correttivi per costi di sviluppo e qualifica satellite

	Livello di esperienza	Fattore correttivo	Range
Nuovo progetto con sviluppi avanzati	0	1,50	> 1,1
Nuovo progetto su cui esiste qualche esperienza	1	1,00	1
Progetto esistente ma con modifiche maggiori	2	0,80	0,7-0,9
Progetto esistente con modifiche minori	3	0,50	0,4-0,6
Progetto praticamente esistente	4	0,20	0,1-0,3

Assumendo un valore di inizializzazione del costo di sviluppo e qualifica (senza l'introduzione di fattori correttivi) di 17000 K$, si ottiene la distribuzione dei costi mostrata in Fig. 6.30.

Valgono le seguenti note:

La tabella apporziona il valore totale di primo loop (17000 K$) sulle varie voci di costo, basandosi sui valori % ricavati allo step a).

La seconda colonna definisce il fattore "esperienza" ritenuto applicabile al progetto in esame, secondo il codice definito al Passo b).

Input RTDE+TFU cost (FY00$K) =				17000				
Output without heritage factor:								
Subsystem Activity	Dev Heritage code	RTDE+TFU	detail	NRC	detail	RC	detail	Check
1.0 Payload	0	3588,39		2153,03		1435,36		3588,39
2.0 BUS Total	3	8970,98		5382,59		3588,39		8970,98
2.1 Structure	2		1641,69		1149,18		492,51	1641,69
2.2 Thermal	3		179,42		89,71		89,71	179,42
2.3 Electrical Power System	3		2090,24		1295,95		794,29	2090,24
2.4a TT&C	3		1130,34		802,54		327,80	1130,34
2.4b C&DH	3		1534,04		1089,17		444,87	1534,04
2.5 ADCS	3		1650,66		610,74		1039,92	1650,66
2.6 Propulsion	2		753,56		376,78		376,78	753,56
WRAPS							0,00	0,00
3.0 IA&T	1	1246,97		0,00		1246,97		1246,97
4.0 Program Level	3	2054,35		1027,18		1027,18		2054,35
5.0 GSE	2	592,08		592,08		0,00		592,08
6.0 LOOS	3	547,23		0,00		547,23		547,23
TOTAL		17000,00						
				9154,88		7845,12		17000,00
Note: unit as per input								
		check:	8979,95		5414,07		3565,87	

Fig. 6.30 Distribuzione dei costi assumendo un valore di inizializzazione di 17000K$

Le colonne Detail servono per ottenere il dettaglio al livello sotto-sistema e per effettuare un controllo sul valore apporzionato al livello superiore (Bus total).

Introducendo i fattori correttivi si ottengono i costi presentati in Fig. 6.31, sempre espressi in FY00K$ ("Fiscal Year 2000 US $").

Output with heritage factor:								
Subsystem Activity	Dev Heritage factor	RTDE+TFU	detail	NRC	detail	RC	detail	Check
1.0 Payload	1,5	5382,5858		3229,551		2153,034		5382,586
2.0 BUS Total	0,5	5208,5488		3164,826		2043,723		5208,549
2.1 Structure	0,8		1313,351		919,3456		394,0053	1313,351
2.2 Thermal	0,5		89,70976		44,85488		44,85488	89,70976
2.3 Electrical Power System	0,5		1045,119		647,9736		397,1451	1045,119
2.4a TT&C	0,5		565,1715		401,2718		163,8997	565,1715
2.4b C&DH	0,5		767,0185		544,5831		222,4354	767,0185
2.5 ADCS	0,5		825,3298		305,372		519,9578	825,3298
2.6 Propulsion	0,8		602,8496		301,4248		301,4248	602,8496
WRAPS								
3.0 IA&T	1	1246,9657		0		1246,966		1246,966
4.0 Program Level	0,5	1027,1768		513,5884		513,5884		1027,177
5.0 GSE	0,8	473,66755		473,6675		0		473,6675
6.0 LOOS	0,5	273,61478		0		273,6148		273,6148
TOTAL		13612,559		7381,633		6230,926		

Fig. 6.31 Distribuzione dei costi dopo introduzione dei fattori correttivi

Come si vede il totale è diminuito a causa della disponibilità di consistente esperienza applicabile al sistema proposto. Fa eccezione il Payload che passa da 3588 a 5382 FY00K$ proprio a causa della non esperienza nel campo specifico.

Passo c). La fattibilità tecnico economica è presentata nella 6.32.

RDT&E and Theoretical First Unit (Table 20-6 SMAD Iss.3) Cost Component	Parameter ID X	Param Val.	Input data range	S/S cost CER	S/S cost FY00$K	Dev Heritage factor	S/S cost FY00$K w corr fct	totals
a	b	c	d	e	f	g	h	i
1.0 Payload	S/C total cost (FY$K)=	6200	1922-50651	0,4*X	2480	1.5	3720	3720
2.0 BUS Total	S/C bus dry mass (Kg)=	100	20-400	781+26,1*X^1,261	9463	0,5	4732	
2.1 Structure	Structure mass (Kg)=	25	5-100	299+14,2*X*Ln(X)	1442	0,8	1153	1153
2.2 Thermal	Thermal Control mass (Kg)=	5	5-12	246+4,2*X^2	351	0,5	176	157
	Average power (W)=	70	5-410	-183+181*X^0,22	278	0,5	139	
2.3 Electrical Power System	Power System mass (Kg)=	30	7-70	-926+396*X^0,72	3658	0,5	1829	2238
	Solar Array Area (m2)=	2	0,3-11	210631+213527*X^0,0066	3875	0,5	1938	
	Battery capacity (Ah)=	20	5-32	375+494*X^0,754	5103	0,5	2552	
	BOL Power (W)=	250	20-480	-5850+4629*X^0,15	4747	0,5	2373	
	EOL Power (W)=	250	5-440	131+401*X^0,452	4995	0,5	2498	
2.4a TT&C	TTC S/S mass (Kg)=	3	3-30	357+40,6*X^1,35	536	0,5	268	860
	Dowlink datarate (Kbps)=	500	1-1000	3636-3057*X^(-0,23)	2904	0,5	1452	
2.4b C&DH	TTC DH mass (Kg)=	0	3-30	+484+55*X^1,35	484	0,5	242	835
	Data storage capacity (MB)=	20	0,02-100	-27235+29388*X^0,0079	2857	0,5	1428	
2.5 ADCS	AOCS dry mass (Kg)=	15	1-25	+1358+8,58*X^2	3289	0,5	1644	2453
	Pointing accuracy (deg)=	0,25	0,25-12	+341+2651*X^(-0,5)	5643	0,5	2822	
	Pointing knowledge (deg)=	0,1	0,1-3	+2643-1364*ln(X)	5784	0,5	2892	
2.6 Propulsion	S/C bus dry mass (Kg)=	100	20-400	+65,6+2,19*X^1,261	794	0,8	635	1345
	satellite volume (M3)=	1	0,03-1,3	+1539+434*ln(X)	1539	0,8	1231	
	Number of RCT's (-)=	6	1-8	+4303-3903*X^(-0,5)	2710	0,8	2168	
WRAPS								
3.0 IA&T	S/C total cost (FY$K)=	6200	1922-50651	+0,139*X	862	1	862	862
4.0 Program Level	S/C total cost (FY$K)=	6200	1922-50651	+0,229*X	1420	1	1420	1420
5.0 GSE	S/C total cost (FY$K)=	6200	1922-50651	+0,066*X	409	1	409	409
6.0 LOOS	S/C total cost (FY$K)=	6200	1922-50651	+0,061*X	378	1	378	378,2
TOTAL								15830

Fig. 6.32 Analisi fattibilità tecnico-economica

Legenda colonne:

a) indica la voce di costo oggetto della stima;
b) indica il parametro fisico alla base della formulazione matematica del CER;
c) indica il valore del parametro fisico definito in colonna b;
d) indica il range di validità del parametro fisico entro il quale il valore del CER ricavato è da considerarsi affidabile;
e) indica la formulazione matematica del CER;
f) esprime il valore numerico del CER, senza applicazione del fattore correttivo esperienza;
g) indica il fattore correttivo applicato e derivante dalla tabella precedente;
h) esprime il valore numerico del CER, con applicazione del fattore correttivo esperienza;
i) esprime i valori unitari per singola voce di costo presente in colonna a.

In particolare la stima del costo relativa ad alcuni S/S è effettuabile sulla base di diversi parametri, a seconda di quale degli aspetti tecnici del S/S divenga design (cost) driver dello stesso. I totali riportati in colonna "i" sono ottenuti eseguendo la semplice media aritmetica delle diverse valutazioni parziali disponibili.

Quest'approccio è semplice ma, in modo più corretto, si dovrebbe valutare quale aspetto del S/S possa costituire il driver effettivo e "traslare" il costo stimato più vicino alla stima relativa a tale parametro.

Passo d). Il confronto tra budget economico apporzionato e stima dei costi da CER è presentato nella Fig. 6.33.

Questa tabella pone a confronto i valori di costo derivanti dal semplice apporzionamento, a quelli ricavati dalla stima basata sui CER.

Comparison between allocation and cost estimate
Cost expressed in FY00K$

Subsystem Activity	Allocation RTDE+TFU	detail	Cost estimate RTDE+TFU	detail	C/E %
1.0 Payload	5383		3720		69,11
2.0 BUS Total	5209		9041		173,58
2.1 Structure		1313		1153	87,82
2.2 Thermal		90		157	175,26
2.3 Electrical Power System		1045		2238	214,12
2.4a TT&C		565		860	152,16
2.4b C&DH		767		835	108,89
2.5 ADCS		825		2453	297,16
2.6 Propulsion		603		1345	223,06
WRAPS					
3.0 IA&T	1247		862		69,11
4.0 Program Level	1027		1420		138,22
5.0 GSE	474		409		86,39
6.0 LOOS	274		378		138,22
TOTAL	**13613**		**15830**		**116,29**

Fig. 6.33 Confronto tra costi allocati e costi previsti su base CER

Si vede che i valori totali non sono molto differenti, mentre invece i valori relativi ad alcuni sottosistemi divergono: ADCS, Propulsione ed Electrical Power.

Una analisi di secondo loop è in generale necessaria al fine di valutare ove sia più corretto il valore apporzionato, o il valore stimato dai CER

6.6
Criteri di base per la riduzione dei costi

Esiste, tuttora, un consistente margine per la riduzione dei costi in ambito spaziale; in particolare per quanto riguarda i costi di sviluppo e qualifica.

Molti responsabili di programma hanno effettuato analisi mirate a individuare le azioni necessarie a conseguire tale riduzione di costi.

La più importante di tutte, comunque, è quella di diffondere, sino al livello operativo più basso, una reale "sensibilità" alla ricerca di approcci, azioni che possano ridurre i costi. Soprattutto in ambito Europeo, almeno il 90% dei tecnici operanti nel settore non si pongono **realmente** l'obiettivo di ridurre i costi tramite il loro lavoro e la loro creatività.

Questa sensazione è verificabile chiedendo a molti di questi tecnici se ritengono possibile (ovviamente con rischi trascurabili) ridurre i costi su un sistema su cui operano. La risposta solitamente non è immediata, ma dopo ragionamento vengono segnalate sempre una o più ipotesi.

Si verifica che tali ipotesi non sono di solito (dall'interessato) "pubblicizzate" o discusse o espresse ai superiori.

Perché quest'atteggiamento? La risposta non è univoca, ma denota, in generale, stupore dell'interessato che non ritiene la sua idea possa essere importante, o almeno significativa.

Di seguito sono riportate:

1. considerazioni sull'origine di costi potenzialmente riducibili;
2. le linee guida per realizzare un programma di sviluppo di un lanciatore a costo ridotto;
3. quanto applicato come riferimento dalla "Lockheed Martin"per ottenere sviluppi a costo ridotto e, infine;
4. le esperienze, lessons learned", dall'industria Italiana nell'ambito dello sviluppo del lanciatore europeo Vega e i risultati preliminari ottenuti.

a). [1] riporta, al paragrafo 2.6, i fattori principali che hanno generato extracosti non giustificabili tecnicamente:

(1)Forme di duplicazione di management tra cliente e Prime Contractor, con conse-guente sovradimensionamento del team industriale al fine di avere tutte le corrette interfacce con il cliente.
(2)Procedure di gestione non sensibili all'aspetto costi, in particolare:

  – sovra specificazione (requisiti sovrabbondanti e in parte inutili);
  – eccessivi "progress reports" (anche uno la settimana!);
  – eccessive riunioni formali di revisione del progetto, "Design Reviews";
  – eccessiva documentazione;
  – eccessiva preoccupazione per la tracciabilità (in fase di sviluppo e qual);
  – eccessiva burocraticità nella gestione dei cambi contrattuali.

(3)Avversione verso accettazione di rischio (uso sistematico della sola verifica via test).
(4)Eccessiva durata del programma, causata soprattutto da:

  – lunga fase di acquisizione del programma;
  – frequenza di fermate / rallentamenti e riprese delle attività di programma;
  – durata dei processi di cambio tecnico e loro approvazione / implementazione.

(5)Tendenza a pretendere l'ottimalità di qualsiasi soluzione tecnica, con conseguen-te scarso utilizzo di materiale esistente.
(6)Forte suddivisione delle attività su più contratti sequenziali invece di uno solo di dimensioni maggiori.

b). [3] invece riporta nella tabella 1-3 i seguenti metodi per realizzare una riduzione significativa dei costi:

• accurata revisione critica dei requisiti, vedi (a2);
• "Concurrent Engineering";

- "Design to Cost";
- riduzione dei tempi di sviluppo, vedi (a4);
- riduzione dell'impatto di eventuali avarie, vedi (a3);
- utilizzare microprocessori;
- introdurre margini rilevanti per ridurre i test, vedi (a3);
- utilizzare materiale esistente anche non di origine spaziale, vedi (a5);
- utilizzare sistemi a forte autonomia;
- utilizzare componenti e interfacce standard, vedi (a5).

c). I criteri di base definiti invece da Lockheed Martin ("skunk works rules", vedasi nota (1)) sono le seguenti:

- forte gestione del programma con completa autorità;
- ridotto team di gestione da parte del Cliente, e con piena autorità;
- ridotto numero dei contrattori partecipanti al team (ma esperti);
- sistema di rilascio dei disegni, snello;
- ridotta documentazione;
- riunioni di revisione sistematica dei costi;
- Prime contractor direttamente responsabile dei suoi sottocontrattori;
- eliminazione di duplicazione nelle ispezioni;
- controllo finale del cliente in missione di volo;
- stabilità temporale dei requisiti;
- regolare e adeguato rilascio dei fondi;
- Mutua stima tra Prime Contractor e cliente;
- disturbi da ambiente esterno il più possibile ridotti;
- sistema di premiazione economica in caso di eccellenza.

Nota (1)

La definizione tratta dal web è la seguente:

Skunk Works is an official alias for Lockheed Martin's Advanced Development Programs (ADP), formerly called Lockhee advanced Development Projects. Skunk Works is responsible for a number of famous aircraft designs, including the U-2, the SR-71, the F-117, and the F-22. Its largest current project is the F-35 Lightning II, which will be use in the air forces of several countries around the world. Production is expected to last for up to four decades. "Skunk works" or "kunkworks" is widely use in business, engineering, and technical fields to describe a group within an organization given a high degree of autonomy and unhampered by bureaucracy, tasked with working on advance or secret projects.

d). Cosa si è raggiunto con il programma Vega.

All'inizio dello sviluppo del lanciatore europeo a leadership italiana denominato Vega, la società ELV (del gruppo Avio, allora controllato dalla FIAT) Prime Contractor del programma versa ESA, aveva chiaramente individuato una criticità nei costi di sviluppo; così come aveva individuato la necessità di un drastico cambio di punto di vista nella progettazione e gestione del programma. Questo era stato ben

VG-PTE-1-C-003-SYS Iss.2 Rev.1

PROPOSAL FOR THE STEP2 OF THE VEGA SMALL
LAUNCHER DEVELOPMENT PROGRAMME

Prepared by ELV SpA, Colleferro, Italy

in response to the ESA Request For Quotation
RFQ/3-10332/02/F/TB dated 14/02/2002

*"To achieve an extremely challenging (cost)
objective, the resolution to explore not-conventional
approaches, is mandatory."*

Fig. 6.34 Pagina
frontale dell'offerta
della società ELV Spa
all'ESA nel 2002 per il
lanciatore Vega,
riproduzione su
autorizzazione

rappresentato nella cover page dell'offerta relativa alla fase di sviluppo e qualifica
del lanciatore nel 2002, mostrata in Fig. 6.34.

Il piano di gestione definito a quel tempo prevedeva l'implementazione di molte
delle raccomandazioni sviluppate in ambito USA già citate, e adattate all'impiego
in ambito europeo.

Non si è riusciti a implementare tutte le raccomandazioni di cui sopra, ma anche
l'introduzione di solo alcune di esse ha portato a risultati estremamente significativi
e che testimoniano l'efficacia economica anche di una modesta discontinuità rispetto a standard di progettazione, ma soprattutto di management, ritenuti consolidati
nell'ambito spaziale europeo degli ultimi due decenni.

È possibile sintetizzarli come mostrato in Tabella 6.14.

Tabella 6.14 Efficacia economica dell'approccio nel programma Vega alla realizzazione motori a solido

	(1) Costo di riferimento a standard ESA/NASA/GOV	Costo ottenuto in programma Vega
Costo totale di sviluppo e qualifica del Lanciatore	100	10-20 (2)
Costo di sviluppo e qualifica motore a solido di primo stadio (taglia 90t)	100	20-30
Costo di sviluppo e qualifica motore a solido di secondo stadio (taglia 23t)	100	20-30
Costo di sviluppo e qualifica motore a solido di terzo stadio (taglia 10t)	100	20-30 (3)

Valgono le seguenti precisazioni:

1. Come prima approssimazione [1] calcola il costi di sviluppo e qualifica di un lanciatore sulla base del suo peso a decollo: la colonna riporta tali valori (normalizzati al valore 100).
2. Risente favorevolmente della caratteristica di particolare semplicità del progetto Vega (lanciatore con tre stadi a propellente solido e uno stadio a propellente liquido) rispetto ai lanciatori della classe Ariane 5, molto più complessi e progettati anche per voli umani.
3. Il costo include quello relativo all'avaria avvenuta in fase di sviluppo, e alla implementazione di tutte le misure di recupero e riqualifica resesi conseguentemente necessarie.

Bibliografia

[1] Koelle D.E., *Handbook of Cost Engineering for Space Transportation Systems*, TransCostSystems 8.0, Ottobrunn, 2010.
[2] Wertz J.R., *Space Mission Analysis and Design* (3rd ed), Space Technology Library, 1999.
[3] Wertz J.R., *Reducing Space Mission Cost*, Space Technology Library, 1996.
[4] Greenberg J.S., *Economic principles applied to Space Industry decisions*, P. Zarchan editor in chief, AIAA, 2003.

Il management finanziario dei programmi spaziali

7

In questo capitolo verranno analizzati gli aspetti finanziari dei programmi spaziali, intendendo per essi le forme di finanziamento disponibili, con particolare riferimento a quelle di natura privata, e gli elementi di valutazione commerciale, economico – finanziaria dei progetti spaziali.

Verrà infine presentato un caso pratico come esempio, "business case", con l'obiettivo di evidenziare i fattori critici di successo dei progetti d'investimento nel settore spaziale.

7.1
Le forme di finanziamento dei programmi spaziali

Le forme di finanziamento dei progetti spaziali possono essere suddivise, sostanzialmente, in tre categorie:

- finanziamento pubblico, dove la copertura finanziaria del progetto è garantita direttamente o indirettamente dal bilancio dello Stato, normalmente su base pluriennale;
- finanziamento privato, il progetto viene finanziato attraverso l'apporto di capitali privati sia su base corporate finance sia mediante l'utilizzo di tecniche di finanza di progetto (tipo "project financing");
- cofinanziamento pubblico-privato: la copertura finanziaria del progetto viene garantita attraverso finanziamenti pubblici e privati con un mix definito in base alla natura dell'iniziativa oggetto d'investimento e alla sua redditività economico-finanziaria.

Spagnulo M.: Elementi di management dei programmi spaziali
DOI 10.1007/978-88-470-2309-3_7, © Springer-Verlag Italia 2012

Il finanziamento pubblico ricomprende tre tipologie d'intervento:

- quella riferita a spese in conto capitale, ovvero a investimenti pubblici da realizzarsi in più esercizi successivi da parte di singoli Ministeri;
- quella afferente progetti internazionali, ovvero sviluppati da enti pubblici di diritto internazionale quali l'Agenzia Spaziale Europea ESA, l'Unione Europea, l'European Southern Observatory ESO, e altri enti similari;
- quella relativa ad agenzie nazionali, quali l'Agenzia Spaziale Italiana, il CNES francese, la DLR tedesca, la NASA americana ecc.

La prima tipologia ricomprende le spese in conto capitale effettuate dai Ministeri, tali spese necessitano di una legge di autorizzazione, della loro iscrizione in bilancio e della relativa copertura finanziaria che garantisce la previa valutazione dell'impatto della spesa prevista sulla finanza pubblica.

Per quanto riguarda invece l'erogazione della spesa, questa avviene, in esecuzione del bilancio di previsione, attraverso le fasi procedimentali rappresentate dall'assunzione dell'impegno di spesa, ovvero dall'accantonamento in bilancio delle somme occorrenti per determinate spese che determina il vincolo di destinazione della somma, dalla liquidazione (determinazione dell'esatto ammontare della spesa o del debito con contestuale individuazione dell'esatto creditore), ordinazione (emissione del titolo di spesa per il pagamento di una somma di denaro nei confronti dei creditori) e pagamento.

La seconda tipologia riguarda i fondi messi a disposizione dagli enti o organismi internazionali operanti esclusivamente nel settore spaziale o astronomico (in particolare per quest'ultimo settore è attivo l'ESO, oltre all'ESA che finanzia progetti scientifici e applicativi) o aventi finalità più ampie (Unione Europea), che ricomprendono tuttavia lo sviluppo di programmi tecnologicamente avanzati nel settore spaziale.

I programmi sviluppati dall'ESA, in particolare, possono essere "obbligatori" o "facoltativi", quelli obbligatori sono svolti nell'ambito del budget generale e di quello del programma scientifico e comprendono le attività di base dell'agenzia (l'esame di progetti futuri, la ricerca tecnologica, gli investimenti tecnici comuni, i sistemi informativi, i programmi di formazione), a tali programmi contribuiscono finanziariamente tutti i paesi membri proporzionalmente al loro reddito nazionale.

Gli altri programmi, detti facoltativi, interessano solo alcuni dei paesi membri, che sono liberi di stabilire il livello di partecipazione finanziaria a tali programmi sulla base di valutazioni soggettive. Sia i programmi obbligatori sia quelli facoltativi vengono sviluppati attraverso l'assegnazione di contratti alle industrie dei vari paesi membri dell'ESA che seguono la logica del ritorno geografico, pertanto ciascun paese riceve come contropartita per gli investimenti effettuati contratti per le industrie nazionali di valore equivalente.

La regola del ritorno geografico, che caratterizza come detto l'ESA, non si applica invece nell'ambito dell'Unione Europea, la quale finanzia lo spazio prevalentemente attraverso i Programmi Quadro per la Ricerca Scientifica e Tecnologica dell'UE (R&S e innovazione tecnologica) e la rete di trasporto trans-europea (Trans-EuropeanTransport Network - TEN-T).

È importante sottolineare che l'Unione Europea e l'Agenzia Spaziale Europea, in un'ottica di ottimizzazione dell'utilizzo delle risorse finanziarie a livello europeo, concorrono allo sviluppo di progetti d'interesse comune co-finanziando importanti programmi quali, ad esempio, il programma europeo di navigazione satellitare o il GMES, "Global Monitoring for Enviroment and Security".

La terza forma di finanziamento pubblico è quella delle agenzie nazionali, che finanziano lo sviluppo di programmi spaziali in base a piani pluriennali elaborati in funzione degli obiettivi di ricerca e sviluppo, anche industriale, che i governi dei singoli paesi intendono perseguire.

7.2
Il finanziamento privato

I progetti spaziali di natura commerciale, in grado quindi di garantire dei ritorni economici ai loro promotori, possono essere finanziati o nell'ambito delle attività economiche tipiche dell'impresa che li realizza (tipo "corporate finance") o separando l'iniziativa economica che s'intende realizzare dalle normali attività aziendali (tipo "project financing").

Nel primo caso, il progetto da realizzarsi rientra nella normale operatività aziendale e la decisione in merito al suo finanziamento viene presa in base all'impatto che la stessa avrà sull'equilibrio economico finanziario generale dell'impresa che realizza l'investimento, nel secondo la decisione d'investimento ha per oggetto la valutazione dell'equilibrio economico-finanziario di uno specifico progetto imprenditoriale, giuridicamente ed economicamente indipendente dalla gestione caratteristica delle imprese che lo realizzano.

In questo capitolo si tratteranno le metodologie di analisi e valutazione economico finanziaria dei progetti d'investimento evidenziando, nello specifico, le peculiarità dei programmi satellitari.

Poiché tali progetti implicano normalmente la partecipazione di soggetti con competenze diverse (imprese manifatturiere, operatori satellitari, società di servizi di lancio, istituzioni finanziarie ecc.) e vengono finanziati attraverso le tecniche della finanza di progetto, il "project financing" appunto, in questa sezione ci si focalizzerà prevalentemente su tali tecniche evidenziando le principali tipologie di "project financing", la tipologia di soggetti che a vario titolo vi partecipano, le strutture contrattuali e legali di tali operazioni e, in particolare, i meccanismi di garanzia (i cosiddetti "security packages") normalmente richiesti dai soggetti finanziatori.

Il capitolo si concluderà poi con un'analisi di un business case relativo ad un'operazione di project financing nel settore satellitare.

7.3
Il "project financing" nel settore spaziale

Iridium, Globalstar, ICO, Thuraya, Sea Launch sono solo alcuni dei vari esempi di iniziative commerciali ove hanno trovato applicazione le tecniche di "project financing" ai programmi spaziali.

A partire dagli anni '80, con il pieno sviluppo di un mercato commerciale per i servizi di telecomunicazione, osservazione e lancio, il "project financing" ha trovato largo utilizzo in tutti quei progetti satellitari, e spaziali in genere, in grado di generare ritorni economici rilevanti per gli sponsor industriali e finanziari coinvolti.

Poiché il "project financing" è un'operazione di finanziamento basata sulla capacità da parte della società finanziata di rimborsare i finanziamenti ottenuti in forma di capitale di rischio e di debito, tale tecnica di finanziamento trova come detto applicazione esclusivamente nei progetti spaziali di natura commerciale, o prevalentemente commerciale.

7.3.1
Definizione di "project financing"

Il "project financing" può essere definito come un'operazione di finanziamento nella quale:

- l'iniziativa economica viene realizzata dai promotori attraverso la costituzione di una società di progetto, detta "Special Purpose Vehicle" o società di scopo, che consente la separazione economica e giuridica di un'iniziativa, "Ring Fencing", oggetto di finanziamento dalle attività generali delle imprese che a tale iniziativa partecipano in veste di sponsor;
- l'iniziativa viene valutata dagli enti finanziatori, ad esempio banche e azionisti, principalmente per la sua capacità di generare ricavi e flussi di cassa;
- i flussi di cassa connessi alla gestione dell'iniziativa rappresentano la fonte primaria per il servizio del debito e per la remunerazione del capitale di rischio;
- le principali garanzie a favore delle banche, o comunque dai soggetti finanziatori, sono prevalentemente di natura contrattuale.

Il "project financing", pur presentando caratteristiche simili a un normale finanziamento d'impresa, cioè il "corporate financing", si distingue da quest'ultimo in quanto la decisione di finanziamento si basa sulla valutazione economico-finanziaria di una singola iniziativa imprenditoriale, separata dalle attività generali dei soggetti partecipanti (sponsors) attraverso la costituzione di una società di scopo, la SVP di cui sopra o una "project company", che ha come oggetto sociale la realizzazione di uno specifico progetto d'investimento. Da ciò deriva, quindi, che la decisione d'investimento non è dipendente dall'equilibrio economico-finanziario degli sponsor ma dal profilo di redditività del progetto.

Sebbene sia innegabile che la valutazione del merito di credito e quindi della forza finanziaria delle imprese che partecipano in veste di azionisti a un'operazione di "project financing" possa influenzare positivamente la disponibilità delle banche a finanziare un'iniziativa, il "project financing", come tecnica di finanziamento, prescinde di base da tale valutazione e analizza quindi la singola operazione di finanziamento in base ai ritorni economici che essa prospetta.

In tale ottica, pertanto, la decisione di finanziamento delle banche dipende in maggior misura dall'esperienza e dalla capacità gestionale degli sponsor rispetto alla loro capacità finanziaria, in quanto è la capacità degli sponsor, e non il loro standing finanziario, la principale garanzia di successo dell'iniziativa oggetto di finanziamento.

Il "ring fencing", quindi, inteso come separazione economica e giuridica dell'iniziativa tramite una società costituita ad hoc e avente come oggetto sociale la realizzazione di un'iniziativa specifica, rappresenta il primo elemento caratterizzante di un'operazione di "project financing".

La società progetto, normalmente nella forma di una società di capitali, viene costituita dagli sponsor nella fase iniziale dell'iniziativa ed ha in genere una capitalizzazione limitata che s'incrementa nel tempo in funzione del grado di sviluppo dell'iniziativa e quindi delle necessità finanziarie della società che la realizza. Il piano di finanziamento della società progetto viene definito in funzione di un business plan che viene definito dai soci fondatori e, successivamente, viene concordato con le banche.

I soci fondatori sono rappresentati dai soggetti interessati, per motivi legati allo sviluppo del proprio *core business,* a realizzare l'iniziativa, e per tale ragione vengono infatti definiti core sponsor, o soci industriali, o strategici. La loro partecipazione al finanziamento dell'iniziativa viene valutato non soltanto in base alle prospettive reddituali della società progetto ma anche in funzione dei ritorni industriali che possono derivare dalla realizzazione del progetto stesso, sia nella fase d'investimento (costruzione dell'opera o dell'infrastruttura) sia in quello di gestione (sfruttamento commerciale dell'infrastruttura o dell'opera finanziata).

Nel settore spaziale, nello specifico, i soci industriali o strategici, possono essere rappresentati da società manifatturiere aventi l'interesse a costruire, attraverso un contratto da siglarsi con la SPV, l'infrastruttura del progetto (segmento spaziale e segmento di terra), da operatori di telecomunicazioni satellitari interessati a erogare servizi di varia natura attraverso l'infrastruttura commissionata dalla SPV, da società di telecomunicazione in generale o da aziende produttrici di stazioni o apparecchiature di terra.

A titolo d'esempio, la compagine degli sponsor del progetto Thuraya [1], rappresentato da un sistema "chiavi in mano" (cioè realizzato con un contratto che includeva costruzione, lancio e messa in operazioni) di tre satelliti per telecomunicazioni fisse e mobili, è stato implementato attraverso una società dedicata costituita negli

---

[1] Thuraya è una società di capitali privata, basata negli Emirati Arabi Uniti, che fornisce servizi di telecomunicazione satellitare.

Emirati Arabi a gennaio 1997, e avente come azionisti la Boeing Satellite System, la ETILASAT (Emirates Telecommunications Corporation – UAE), varie altre società di telecomunicazione ubicate nei paesi rientranti nella copertura del sistema, una organizzazione internazionale (Arabsat), e una serie di investitori finanziari quali l'Abu Dhabi Investment Company (ADIC), la Dubai Investments PJSC ecc. La società Thuraya fu capitalizzata inizialmente con ca. 25 M\$, aumentati dopo circa un anno a circa 500M\$ a seguito della sottoscrizione di nuove azioni da parte di nuovi soci.

Un altro esempio, ma nel settore dei lanciatori, è rappresentato dal progetto Sea Launch relativo alla fornitura di servizi di lancio per satelliti geostazionari mediante una piattaforma posizionata nell'oceano pacifico. Tale iniziativa è stata realizzata attraverso una "Joint Venture" internazionale formatasi nel 1995 tra la Boeing Commercial Space, che aveva la responsabilità della gestione operativa e della commercializzazione dei servizi, la compagnia aerospaziale russa RSC Energia, quella norvegese Kvaerner, ora Aker Solutions, responsabile della costruzione della piattaforma Odissey e dall'ucraina Yuzhnoye/Yuzhmash, fornitrice dei primi due stadi del vettore ex-militare Zenith 3SL. All'investimento in capitale azionario dei soci industriali si sono aggiunti nel tempo altri impegni finanziari da parte di alcuni di essi (prestiti subordinati e garanzie a favore delle banche), nonché rilevanti finanziamenti da parte del sistema bancario internazionale in parte garantiti da impegni diretti da parte degli sponsors.

Come segnalato, nel caso di iniziative industriali con buone prospettive di ritorno finanziario, possono partecipare al finanziamento anche sponsor finanziari che non hanno un interesse industriale nell'iniziativa ma vi partecipano in un'ottica di puro ritorno finanziario. Tali soggetti, normalmente rappresentati da società d'investimento o venture capital, acquisiscono di norma una partecipazione minoritaria nella società progetto nella sua fase iniziale di sviluppo per poi smobilizzarla in momenti successivi al fine di ricavarne un "capital gain".

7.3.2

Le fonti di finanziamento

Nelle operazioni di "project financing" è possibile individuare diverse categorie di fonti di finanziamento – capitale proprio, fondi assimilabili al capitale proprio e capitale di debito - classificabili in funzione del grado di priorità con il quale vengono rimborsate, livello detto di "seniority", nel caso in cui, in particolare, la società progetto fallisca o venga liquidata.

Il capitale proprio, l'"equity", o capitale di rischio, rappresenta il capitale sociale del quale viene dotata la società progetto e viene fornito, in misura preponderante, dai promotori dell'iniziativa (sponsor o investitori strategici) tramite la sottoscrizione di azioni o quote della società.

Il capitale proprio può essere apportato anche da soggetti diversi dai promotori, cioè i "financial investor", in una logica, come detto, di puro investimento finanziario, ma tale apporto è sempre minoritario rispetto a quello degli sponsor strategici.

Il capitale sociale può essere rappresentato da azioni di diverse classi (ordinarie, privilegiate ecc.) alle quali sono associati differenti diritti da parte dei sottoscrittori. Il capitale sociale viene versato a stato avanzamento lavori, quindi in fase di costruzione dell'opera, o al verificarsi di determinati eventi pianificati e/o imprevisti nella fase di gestione commerciale dell'iniziativa.

I progetti satellitari sviluppati negli ultimi anni hanno presentato una leva finanziaria ("leverage"[2]) piuttosto elevata, con apporti in capitale di rischio limitati talvolta al 20% del totale degli investimenti. Il livello di capitalizzazione delle società progetto viene comunque determinato in funzione del profilo di rischio dell'iniziativa[3], che a sua volta dipende da una serie di fattori quali, ad esempio, la complessità tecnica del progetto, la tipologia del servizio, la rigidità della domanda, la presenza o mebo di impegni ("committment") da parte dei clienti SPV ad acquistare i servizi della SPV a prezzi e quantità prestabiliti ecc.

I fondi assimilabili al capitale proprio, generalmente chiamati "quasi equità", sono invece strumenti ibridi di finanziamento che presentano caratteristiche tipiche sia del capitale di rischio sia del capitale di debito. Rientrano in questa categoria i prestiti subordinati, il debito mezzanino, le obbligazioni convertibili e in generale tutte le forme di finanziamento che sono privilegiate nel rimborso rispetto al capitale di rischio ma postergate rispetto al debito ordinario e privilegiato.

L'utilizzo del "Quasi Equity" ha come scopo quello di ridurre il costo medio ponderato del capitale, in quanto tale strumento di finanziamento comporta un costo inferiore rispetto al capitale di rischio (anche se più elevato rispetto al capitale di debito), non attribuisce pieni diritti di voto e consente di aumentare il "leverage" del progetto.

Il capitale di debito, detto "senior debt", è costituito dai prestiti bancari che vengono contratti dalla SPV, prestiti che hanno priorità di rimborso rispetto a tutte le altre forme di finanziamento del progetto, sia per quanto attiene il rimborso del capitale sia per quanto concerne il pagamento degli interessi. In altri termini può essere detto che il flusso di cassa, "cash flow", generato dalla società progetto deve essere utilizzato in primo luogo per il rimborso dei prestiti, poi per il rimborso del "Quasi Equity" e solo in via residuale per il pagamento dei dividendi che rappresentano il ritorno atteso dagli azionisti sul capitale di rischio versato.

Anche il capitale di debito, come il capitale sociale, viene erogato dalle banche alla società progetto a stato avanzamento lavori in base a un piano finanziario preliminarmente valutato e accettato dai finanziatori. I programmi satellitari vedono normalmente il ricorso, nella fase iniziale dell'iniziativa, al capitale di rischio apportato dai soci industriali quale fonte di finanziamento del progetto per la co-

---

[2] Rapporto tra capitale di rischio (Equity) e capitale di debito (Debt).

[3] A titolo di esempio può essere citato il finanziamento della società New Dawn Satellite Company Ltd., formata dalla Intelsat e una società di investimento sudafricana, Convergence Partners, in cui il valore complessivo dell'investimento (circa 240 M$) è stato finanziato per circa 40 M$ attraverso capitale di rischio apportato dai soci e per il residuo attraverso finanziamenti bancari della Nedbank Capital e della Industrial Development Corporation of South Africa.

pertura dei costi non ricorrenti (ricerca e sviluppo, spese di pre-investimento, studi, ecc.) e, nelle fasi successive, al ricorso al capitale di debito, che viene erogato in tranche in linea con il piano d'investimento della società progetto.

Il capitale di debito, a causa dei minori rischi che comporta in conseguenza della priorità di rimborso rispetto alle altre forme di finanziamento, ha chiaramente un costo inferiore rispetto al capitale di rischio e al "quasi equity", di conseguenza un'elevata leva finanziaria comporta una riduzione del costo medio ponderato del capitale dell'iniziativa.

Il capitale di debito può avere differenti forme, sostanzialmente riassumibili nei finanziamenti bancari a breve, medio e lungo termine, nei prestiti obbligazionari e nei leasing.

Nei progetti satellitari possono essere presenti tutte e tre gli strumenti di finanziamento, anche in combinazione tra di loro, con un mix e un timing che dipendono dal piano finanziario della SPV e dalla tipologia di investimenti che debbono essere realizzati.

7.3.3
L'analisi economico-finanziaria dei progetti

La corretta analisi economico-finanziaria di un progetto parte dall'individuazione delle tre macro fasi che lo caratterizzano: costruzione dell'infrastruttura, collaudo finale/accettazione dell'infrastruttura, gestione commerciale.

La fase di costruzione è quella in cui viene realizzato l'investimento, il cosiddetto Capex o "Capital Expenditure", e quindi vengono erogati alla SPV i finanziamenti in capitale di rischio e di debito da parte dei finanziatori. In tale fase, i finanziamenti vengono erogati a stato avanzamento lavori, quindi l'esposizione dei finanziatori cresce in funzione dello sviluppo dell'infrastruttura e raggiunge il suo picco massimo nel momento precedente alla fase di collaudo/accettazione dell'infrastruttura stessa. La fase iniziale del progetto è quella appunto di costruzione dell'infrastruttura, in cui la SPV ha flussi finanziari in uscita, detti "cash out", rappresentati dai costi d'investimento e flussi in entrata rappresentati dalle erogazioni dei finanziamenti in "equity" (sottoscrizione di azioni) e a debito (erogazioni dei finanziamenti). In questa fase la SPV non genera ricavi e flussi di cassa, quindi non è in grado né di distribuire dividendi agli azionisti, nè di pagare gli interessi sui prestiti erogati, interessi che, per tale motivo, vengono capitalizzati e vanno quindi ad aggiungersi al capitale finanziato determinando in tal modo l'ammontare complessivo del debito da rimborsare.

La seconda fase è rappresentata dal collaudo dell'infrastruttura, che prevede chiaramente una serie di test definiti contrattualmente che, se superati, determinano l'accettazione finale dell'infrastruttura, il pagamento del saldo al costruttore e l'avvio del periodo di garanzia, la cui durata dipende dalla tipologia di progetto e quindi dal tipo di infrastruttura. La fase di collaudo è chiaramente quella più critica per i finanziatori, in quanto tutti finanziamenti sono stati erogati ma non v'è certezza che l'infrastruttura superi i test finali e quindi possa essere avviata la fase commerciale. Nella fase di collaudo i flussi in uscita sono rappresentati dai pagamenti finali al costruttore e dalle spese di funzionamento degli impianti, mentre i flussi in entrata ("cash-in"), sono generalmente ancora assenti a meno che, come evidenziato nel proseguo, la società non eroghi già i cosiddetti "interim services".

La terza fase del progetto è quella di gestione, in cui la SPV eroga i servizi e quindi genera ricavi e flussi di cassa in entrata, i "cash-in". In tale fase la società non sostiene più costi d'investimento in quanto l'infrastruttura è stata ultimata, pertanto il cash-out è generato dai costi operativi della società.

In un progetto satellitare, le tre fasi sopra descritte possono essere rappresentate graficamente come segue:

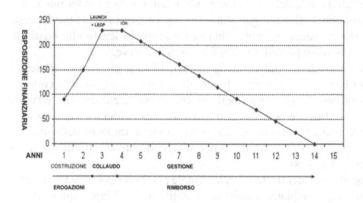

Fig. 7.1 Fasi di un'operazione di "project financing" in un progetto satellitare

La fase d'investimento comprende la costruzione del satellite, la campagna di lancio e la fase LEOP, "Low Earth Orbit Operations"; la fase di collaudo consiste nelle attività di "commissioning" del satellite e del centro di controllo e termina con la "In-Orbit –Acceptance" o "System Acceptance Review", mentre la fase di gestione ha inizio con l'erogazione dei servizi e si conclude quando il satellite termina la propria vita operativa.

Talvolta, nei progetti spaziali, tali fasi possono parzialmente sovrapporsi, per cui è possibile che la SPV avvii la fase commerciale e quindi cominci a generare ricavi/flussi di cassa prima che la fase d'investimento/costruzione sia stata ultimata. Ciò avviene in particolare nei programmi satellitari nei quali il "time-to-market", cioè l'ingresso sul mercato della SPV, rappresenta il principale fattore critico di successo ed è quindi necessario anticipare il più possibile tale fase. In tali casi la SPV, al fine di assicurarsi quote di mercato o catturare determinati clienti, avvia la fase commerciale, "interim service", utilizzando satelliti non proprietari (esempio tipico l'affitto di trasponder dagli operatori esistenti), in modo tale da poter completare la fase di costruzione e avviare il servizio attraverso l'infrastruttura satellitare partendo da una buona base di clientela. La fase di costruzione e quella di gestione possono inoltre sovrapporsi quando il progetto è di tipo modulare, come per esempio una costellazione di satelliti che vengono costruiti, lanciati e testati in orbita in fasi successive, e, quindi, cominciano il servizio commerciale (fase operativa) in momenti differenti.

7.3.4
L'analisi dei rischi

L'analisi dei rischi è un aspetto fondamentale per lo sviluppo di un'operazione di "project financing" ed è strettamente correlata all'aspetto delle garanzie sopra menzionato.

In termini generali, i rischi debbono essere individuati e valutati in termini d'impatto sull'iniziativa, eliminati o mitigati, trasferiti o accettati; in quest'ultimo caso sarà necessario valutare adeguatamente l'impatto finanziario legato alla possibile manifestazione del rischio e prevedere quindi le relative riserve.

La ripartizione dei rischi residui coinvolge principalmente gli sponsor strategici dell'iniziativa (per esempio la garanzia di completamento di un satellite coinvolgerà la società manifatturiera mentre quello di commercializzazione del servizio a determinati prezzi indipendentemente dall'andamento congiunturale del mercato riguarderà l'operatore satellitare) che accetteranno i rischi in funzione della loro capacità di gestirli e, soprattutto, del ritorno economico collegato all'attività connessa all'assunzione del rischio stesso.

Una corretta ripartizione dei rischi è fondamentale per il successo di un'operazione di "project financing", in quanto conferisce stabilità ed equilibrio a quest'ultima e, in definitiva, ne assicura la fattibilità tecnico-economica e finanziaria, e quindi la bancabilità.

Il concetto di fattibilità finanziaria di un'operazione di "project financing" coincide con quello di bancabilità, un progetto può definirsi "bancabile" quando i rischi a esso associati sono complessivamente accettabili per le banche alla luce del ritorno finanziario alle stesse rivenienti dall'operazione di finanziamento, ritorno che è per definizione inferiore a quello atteso dagli azionisti per il fatto che quest'ultimi sopportano rischi, appunto, superiori rispetto alle banche e, di conseguenza, si attendono un ritorno sull'investimento più elevato; il ROE, "Return on Equity" è difatti superiore al ritorno atteso da una banca su un'operazione di finanziamento, ritorno costituito dagli interessi, dalle commissioni e dalle spese connesse al prestito.

È bene quindi evidenziare che, anche a fronte di un ritorno finanziario elevato sull'operazione (elevato tasso di interesse sul prestito, elevate commissioni ecc.), le banche non accetteranno comunque di correre rischi che non siano funzionali al loro business e, pertanto, chiederanno agli sponsor/azionisti garanzie di varia natura, ma tutte aventi più lo scopo di assicurare la corretta implementazione del progetto che di recuperare parzialmente i prestiti erogati. A questo riguardo va sottolineato che il problema delle garanzie è talmente importante nelle operazioni di "project financing" che, proprio in base alle garanzie, si possono definire due macro-categorie di finanziamenti, quella "without recourse" e quella "limited recourse".

La definizione di "project financing without recourse", cioè senza rivalsa sugli sponsor, individua un'operazione di finanziamento in cui la bancabilità del progetto si basa unicamente sulla capacità del progetto di generare flussi di cassa tali da garantire il servizio del debito, cioè il rimborso del prestito bancario, e sul valore degli "asset" della società progetto. Essa trova però raramente applicazione, e nella realtà dei fatti tutte le operazioni di "project financing" sono "limited recourse", con rivalsa limitata sugli sponsor, e prevedono pertanto degli obblighi in capo agli sponsor, c.d. "garanzie di seconda linea", che assieme al flusso di cassa atteso dall'iniziativa e alle garanzie contrattuali che verranno trattate nel proseguo, sono condizione necessaria per la bancabilità di un'iniziativa.

Si parla di rivalsa limitata perché le garanzie non coprono l'intero valore del finanziamento (capitale più interessi) ma solo una parte di esso, il che comporta l'assunzione diretta di parte dei rischi commerciali da parte delle banche.

Le garanzie di seconda linea sono prevalentemente di natura finanziaria e sono costituite, per esempio, dall'impegno da parte degli sponsor di versare capitale sociale aggiuntivo in caso di aumento dei costi d'investimento o di gestione della società (e/o di deterioramento di alcuni indici di copertura finanziaria o di redditività della società progetto), dall'impegno a iniettare liquidità nella società progetto per sopperire ai fabbisogni di capitale circolante e altre necessità.

Talvolta, specie nella prima fase di gestione commerciale dell'iniziativa, gli sponsor possono essere anche richiesti di contro-garantire le obbligazioni di una controparte commerciale, in tale caso, ad esempio, la garanzia può essere costituita dall'impegno ad acquistare a determinati prezzi determinate quantità di prodotti o servizi della società progetto.

Le garanzie di seconda linea possono assumere svariate forme ma, per quanto ampie possano essere, non possono sostituirsi alle garanzie contrattuali che rappresentano comunque il cardine di un'operazione di project financing.

Le garanzie contrattuali consistono in obbligazioni legali sottoscritte dai soggetti partecipanti a un'iniziativa per garantire il rispetto delle assunzioni sottostanti il "business plan" della SPV, e quindi, ridurre la volatilità economico-finanziaria di quest'ultima.

Le garanzie contrattuali impattano quindi le componenti di costo e ricavo dell'iniziativa e dunque la profittabilità della stessa. Le garanzie contrattuali sono rappresentate, in particolare, sul fronte dei costi, dai contratti costruzione, i "turnkey contract", o a essi collegati, su quello dei ricavi dai contratti di cessione dei prodotti/servizi.

A questi contratti, fondamentali, si aggiungono poi quelli di natura prettamente finanziaria, quali la convenzione di finanziamento, le garanzie sugli asset progettuali, e, più in generale, tutto l'insieme della documentazione legale/contrattuale del progetto, che, al fine della buona riuscita dell'operazione, è fondamentale che sia coerente, armonizzata e, soprattutto, equilibrata nella ripartizione dei rischi tra le varie parti coinvolte nello sviluppo dell'iniziativa.

In un progetto satellitare i principali contratti possono essere schematizzati come
segue:

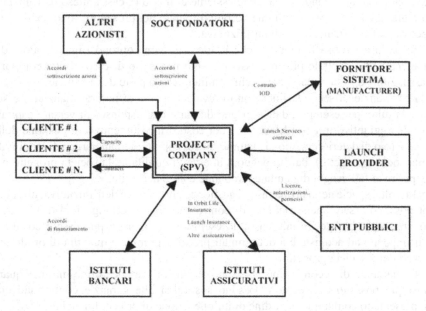

Fig. 7.2 Schema contrattuale di un'operazione di "project financing" di un progetto satellitare

*a) Il contratto di fornitura in orbita del sistema satellite ("In-orbit-delivery con-
tract"), e dell'infrastruttura di terra (ground-segment e, se previsto, network control
centers e gateway locali)*

Viene stipulato nella maggior parte dei casi direttamente tra la società progetto e la
società manifatturiera satellitare, è un contratto a prezzo fermo e fisso, "firm fixed
price contract", che prevede la fornitura in orbita del satellite pienamente testato
e funzionante, e quindi, include i servizi LEOP, "Launch and Early Orbit Phase"
ovvero le attività di controllo del satellite dopo la separazione dal lanciatore e sino al
posizionamento nell'orbita finale, il "commissioning" e l'I.O.T., "in-orbit-testing".

I pagamenti avvengono a SAL, Stato Avanzamento Lavori, secondo un piano
dettagliato di eventi chiave, c.d. "milestone", fatturazione e pagamento.

Nella maggioranza dei casi il contratto prevede, oltre a un meccanismo di penali
per ritardata consegna che prevede come estrema ratio l'eventuale recesso unilate-
rale, "termination", in caso di gravi inadempimenti contrattuali del fornitore, an-

che un meccanismo di penali legate a malfunzionamenti in orbita del satellite e/o dell'infrastruttura di terra.

Tale meccanismo prevede che una determinata percentuale del prezzo (in genere ricompresa tra il 5% e il 20%) venga corrisposta al fornitore, il "contractor", solo nel caso in cui il sistema spaziale, satellite e centro di controllo, sia conforme alle specifiche tecniche e quindi perfettamente funzionante al termine della fase LEOP, In-Orbit-Commissioning and Testing.

Ove ciò non avvenga, il contratto prevede l'applicazione di penali (mancato pagamento di parte del prezzo) di importo crescente in funzione della gravità delle anomalie riscontrate. In taluni casi è previsto anche che il pagamento di quota parte della fornitura sia dilazionato su un periodo variabile, in genere, tra i tre e i sette anni, e possa essere trattenuto dalla SPV in caso di malfunzionamenti in orbita del satellite che si manifestino negli anni successivi all'accettazione in orbita dello stesso.

Nei contratti IOD è previsto sempre, dopo l'accettazione finale del sistema, un periodo di garanzia di almeno un anno sull'infrastruttura di terra, nonché l'obbligo da parte del fornitore di effettuare a sue spese tutte le attività volte a correggere eventuali malfunzionamenti del satellite.

Tra le obbligazioni assunte dal fornitore rientrano, inoltre, la fornitura di tutti gli equipaggiamenti, dati, documentazione e software per gestire il sistema, il reperimento di tutte le licenze, autorizzazioni e permessi import-export, e, generalmente, le attività finalizzate al coordinamento della posizione orbitale e delle frequenze con l'ITU, la "International Communication Union".

Possono rientrare infine nello scopo del contratto il supporto al cliente nella scelta del provider del servizio di lancio, nella negoziazione del relativo contratto e, talvolta, nella negoziazione dei contratti assicurativi, "Launch-Insurance e In-Orbit-Insurance".

b) Il contratto di fornitura del servizio di lancio, LSC "Launch Services Contract"

Viene in genere stipulato direttamente dalla SPV con un Launch Service Provider – LSP, (Ariane, Sea-Launch, BLS ecc.) ed il relativo costo rientra tra quelli d'investimento del progetto ("CAPEX").

La gestione del contratto viene di norma effettuata direttamente dal contractor che può anche gestire i relativi pagamenti, anch'essi a stato avanzamento lavori.

Il LSC, anch'esso a prezzo fermo e fisso, definisce dettagliatamente le attività in carico al LSP (ottenimento delle necessarie licenze e autorizzazioni dalle autorità locali, effettuazione del lancio in accordo con le finestre di lancio definite, eventuale ri-lancio del satellite in caso di avaria o rottura del lanciatore, ecc.) e quelle in carico al contractor (ottenimento delle autorizzazioni dalle autorità del proprio paese, trasporto del satellite al sito di lancio, preparazione del satellite per il lancio, gestione del satellite post-lancio).

Il contratto definisce ovviamente le finestre temporali del lancio e gli impegni reciproci in caso di ritardi nella messa a disposizione del satellite da parte del contractor o di posposizione del lancio per ragioni imputabili al lanciatore. Definisce puntualmente le obbligazioni del LSP il caso di fallimento del lancio e contempla, come qualsiasi contratto di servizio, il sistema di penali a carico del LSP per inadempimenti, le cause di recesso, forza maggiore, trasferimento dei rischi ecc.

Vale la pena di ricordare che, talvolta, la fornitura del servizio di lancio è parte integrante delle obbligazioni previste nel contratto IOD di cui sopra, in tal caso il LSC sarà un sotto-contratto stipulato tra il contractor e il LSP.

c) I contratti assicurativi (Pre-launch Insurance, Launch and In-Orbit- Insurance, In-Orbit-Incentives Insurance, political risk insurance ecc.)

Rappresentano uno degli aspetti principali dell'impianto contrattuale che caratterizza un'operazione di "project financing" nel settore spaziale.

Possono rappresentare, nel loro complesso, la terza voce di costo di un progetto satellitare ed il loro contenuto varia in funzione dei rischi coperti, del loro valore e della loro durata.

A parte la polizza "pre-Launch", che ha caratteristiche abbastanza standard (assicura il satellite contro i danni che possono a esso occorrere nella fase di trasporto e durante le attività presso il sito di lancio sino all'accensione dei motori del lanciatore), la "Launch and In-Orbit-Insurance" e la "In-Orbit-Incentives Insurance", o In Orbit Life Insurance", variano in maniera significativa in funzione dei rischi effettivamente assicurati, delle esclusioni, delle franchigie, degli scoperti, ecc.

Volendo schematizzare tali coperture, si può affermare, con qualche semplificazione, che la Launch and In-Orbit-Insurance assicura il satellite contro i rischi di perdita totale e parziale dello stesso per cause imputabili a una avaria parziale o totale del lanciatore (ivi incluso il posizionamento in una orbita di trasferimento non corretto) e/o per problemi occorsi durante la fase LEOP, Commissioning e IOT, mentre la "In-orbit-Incentives Insurance" assicura il rischio di malfunzionamenti totali o parziali che occorrano al satellite successivamente alla fase IOT.

La durata di questa polizza dipende dalla capacità del mercato assicurativo al momento del collocamento del rischio, in genere la loro durata si attesta intorno ai 3-5 anni, i valori da assicurare vengono determinati sulla base del costo di ricostruzione del satellite, del lancio e della relativa assicurazione.

Il processo di assicurazione di un satellite è estremamente complesso, tipicamente inizia con la scelta da parte della società manifatturiera o della SPV di un broker assicurativo che presenta a dei potenziali sottoscrittori, gli "underwriter", un report contenente informazioni di natura tecnica, contrattuale ed economica sull'operazione; gli "underwriter" conducono analisi approfondite per valutare il rischio da assicurare (affidabilità del satellite e del lanciatore, orbita di collocamento del satellite, ecc.) e presentano al broker delle offerte contenenti le condizioni e i termini della copertura assicurativa.

Le condizioni economiche offerte dipendono non solo dalla "risk analysis" dell'operazione specifica, ma anche dalla capacità del mercato assicurativo, che è in relazione inversa con il livello dei premi. Quando le condizioni economiche sono generalmente favorevoli, le società assicurative hanno in genere buone performance economico-finanziarie e possono offrire elevata capacità assicurativa e livelli di premio congrui, l'esatto contrario si manifesta in condizioni economiche generali avverse, dove gli elevati livelli di premi assicurativi possono generare impatti sul business plan della società progetto e, talvolta, alterarne il profilo reddituale e quindi la bancabilità.

Il processo di assicurazione procede con la presentazione delle offerte al cliente, la selezione di quella che meglio risponde alle sue esigenze, la stipula del contratto assicurativo e il relativo pagamento del premio che è condizione necessaria per l'entrata in effettività della polizza.

Alle assicurazioni sopra menzionate si aggiungono di norma quelle contro il rischio politico e commerciale "Political and Commercial Risk Insurance", quelle di responsabilità civile prodotto vs. terzi ("Third Party Space Liability"), quelle a copertura dei danni alla proprietà ("Property Damage" and "Business Interruption"), e quelle generiche aziendali (Directors & Officers, General Liability ecc.).

d) I contratti di cessione dei servizi ("capacity lease agreements", "imagery services contracts", ecc.)

Vengono stipulati tra la SPV e i suoi clienti diretti, che possono essere clienti "wholesale", ovvero operatori regionali o locali che acquistano capacità trasmissiva e dati per rivenderli a degli utilizzatori finali, o clienti "retail", ovvero gli utilizzatori finali dei servizi; la tipologia di clienti varia a seconda del modello di business e distributivo della società progetto.

Nei programmi satellitari finanziati su base "project-finance" è importante che tali contratti abbiano durata pluriennale, che vengano stipulati con controparti affidabili dal punto di vista commerciale e finanziario, che assorbano in buona parte la capacità operativa del satellite, che siano già in essere, almeno con i principali clienti, al momento dell'entrata in operatività del sistema.

A tali contratti di durata pluriennale si aggiungono quelli occasionali, che prevedono per esempio l'allocazione di capacità "on-demand" per video brodcasting digitale, o la fornitura di immagini satellitari legate a esigenze specifiche (un esempio tipico è quello delle immagini scattate in situazioni di crisi, inondazioni, terremoti, incidenti nucleari ecc.).

Dal punto di vista delle banche è importante che tali contratti siano preceduti già nella fase d'investimento da lettere d'interesse, "letter of interest", da parte dei potenziali clienti, e che la società progetto inizi a erogare alcuni servizi prima della entrata in operatività del sistema utilizzando altri satelliti (cd. "interim system services") in modo da catturare e fidelizzare la clientela potenziale e quindi ridurre il rischio di mercato.

È importante sottolineare che la titolarità dei diritti nascenti dai contratti in esame, come anche quelli derivanti dagli altri contratti afferenti il progetto, sono in genere trasferibili da parte della società progetto agli istituti finanziatori in base a clausole contenute nei contratti stessi e negli accordi di finanziamento.

e) I contratti di finanziamento

Il contenuto di tali contratti varia a seconda della tipologia di finanziamento che viene accordato alla società progetto.

I finanziamenti strutturati nell'ambito di un'operazione di "project financing" possono assumere forme differenti, spesso presenti contemporaneamente in un medesimo progetto.

Come sopra evidenziato i finanziamenti possono essere bancari, obbligazionari, all'esportazione, leasing e cofinanziamenti, finanziamenti diretti da parte del fornitore del sistema ("vendor financing").

I relativi contratti sono in genere molto articolati e non possono essere descritti dettagliatamente in questa sede, tuttavia gli elementi di base che li costituiscono sono: l'ammontare del finanziamento, la sua destinazione, le garanzie, il tasso d'interesse, le commissioni, le modalità e il periodo di erogazione e di rimborso, le condizioni sospensive per l'effettività del finanziamento, le obbligazioni finanziarie da rispettare, ecc. I contratti di finanziamento sono chiaramente tarati sul business plan della società e vengono stipulati direttamente dalla società progetto, o da società da essa controllate, con i finanziatori.

Ai contratti sopra identificati, che comunque non completano l'impianto contrattuale di un'operazione di "project financing" satellitare, si aggiungono le autorizzazioni governative e i permessi necessari per la costruzione, il lancio e la gestione del satellite e della relativa infrastruttura di terra.

La parte più significativa di tali autorizzazioni è costituita dalle licenze e dagli accordi relativi alla posizione orbitale e al relativo spettro di frequenze, a tali autorizzazioni si aggiungono le licenze per il dispiegamento e la gestione delle gateway e dei terminali fissi e mobili (ove presenti) che sono in genere a carico degli operatori locali ma che rappresentano, tuttavia, uno dei principali fattori critici di successo delle iniziative oggetto di finanziamento e vengono quindi attentamente valutati dai finanziatori a causa degli impatti che eventuali ritardi nell'ottenimento delle autorizzazioni possono generare sul profilo reddituale dell'iniziativa.

7.3.6
L'analisi del "business plan"

Il "business plan" è il cardine di qualsiasi operazione di finanza di progetto, consiste in un documento informativo che descrive il progetto ai potenziali investitori e finanziatori - siano essi apportatori di capitale di rischio o di debito - sia dal punto di vista qualitativo che quantitativo.

Il "business plan" contiene tutti gli elementi rilevanti ai fini della decisione d'investimento, quali:

- le finalità del progetto;
- gli sponsor e il relativo ruolo;
- l'analisi di mercato;
- gli aspetti tecnici e tecnologici;
- gli aspetti regolamentari, contrattuali e legali;
- la struttura societaria della SPV e le regole di "corporate governance";

- i fattori di rischio;
- il piano economico-finanziario.

Una prima elaborazione del business plan viene effettuata dagli sponsor strategici dell'iniziativa ed ha lo scopo di definire l'idea progettuale, qualificarne i principali elementi e quantificarne in prima battuta le grandezze economiche.

Il business plan viene poi sottoposto a elaborazioni e affinamenti successivi che riflettono il livello di dettaglio delle analisi effettuate e, nella quasi totalità dei casi, le analisi e considerazioni effettuate dalle società di consulenza, che, di norma, vengono incaricate dagli sponsor (o direttamente dalla SPV) di affinare il piano di business e validarlo prima della presentazione ai potenziali investitori.

La prima difficoltà che si incontra nell'elaborazione del business plan risiede nel quantificare la domanda globale per i servizi/prodotti che verranno offerti dalla società progetto e nel determinare la quota di mercato aggredibile in base al prezzo di vendita del prodotto/ servizio offerto.

La difficoltà di effettuare una corretta analisi della domanda è direttamente proporzionale al grado di innovazione del servizio o del prodotto offerto, e, quindi, alla disponibilità o meno di informazioni e dati qualitativi e quantitativi che consentano di effettuare un "benchmarking" tra il "business plan" dell'iniziativa specifica e quello di progetti simili.

Va detto, comunque, che anche nel caso di progetti che si basino su tecnologie, servizi e/o prodotti che non presentino particolari caratteristiche in termini di innovazione, l'analisi della domanda e le valutazioni di posizionamento competitivo della società progetto rappresentano senza dubbio uno degli aspetti più difficili, se non forse il più difficile, da analizzare nel "business plan".

Per tale motivo è prassi normale che gli sponsor dell'iniziativa ricorrano a società di consulenza specializzate per analizzare nel dettaglio il "business plan" dell'iniziativa e quindi validarlo agli occhi dei potenziali finanziatori; ovviamente tale validazione risulterà utile solo ove la società di consulenza abbia una conoscenza specifica del mercato di riferimento e delle dinamiche commerciali afferenti l'iniziativa oggetto di finanziamento.

Poiché tra le cause di insuccesso delle operazioni di "project financing" rientra nella maggior parte dei casi (vedi ad esempio i casi Globalstar e Iridium) un'errata analisi della domanda, intendendo per tale anche un'errata valutazione del "pricing" da applicare al prodotto/ servizio offerto, i finanziatori dell'iniziativa porranno particolare attenzione a tale aspetto e sottoporranno quindi il modello economico-finanziario del progetto a una "sensitivity analysis" che, in sostanza, misurerà le variazioni degli indicatori di profittabilità dell'iniziativa, in particolare l'IRR "Internal Rate of Return", in funzione di differenti parametri di costo (incremento dei costi d'investimento e operativi della SPV) e ricavo (incremento/diminuzione delle sales alla luce di differenti scenari di mercato e/o di "pricing" del prodotto/servizio offerto dalla SPV).

Un secondo aspetto fondamentale del "business plan" afferisce agli aspetti tecnici e tecnologici del progetto che debbono essere analizzati allo scopo di dimostrare la fattibilità, in primis, tecnica dell'iniziativa e, ove presenti, di rappresentare in maniera trasparente i rischi tecnici associati.

Anche in questo caso, maggiore sarà il grado di complessità tecnica del progetto minore sarà il gradimento dell'iniziativa da parte dei finanziatori, ciò in quanto a un elevato grado di complessità tecnica del progetto è normalmente associato un rischio di extra costi o di dilatazione dei tempi di realizzazione del progetto che può impattare anche in maniera determinante sul profilo di redditività dell'iniziativa.

È quindi opportuno basare il progetto su soluzioni tecniche che limitino o addirittura annullino i rischi di ritardo nei tempi di realizzazione dell'opera, o di extra costi o addirittura di malfunzionamenti dell'infrastruttura attraverso la quale verrà erogato il servizio da parte della società progetto.

È evidente che tale aspetto riveste un'importanza fondamentale nel caso di progetti nel settore spaziale dove scelte tecniche e tecnologiche non corrette, non potendo essere di fatto modificate in fase di costruzione o addirittura dopo il lancio del satellite, possono determinare il fallimento dell'iniziativa.

Altro punto fondamentale da valutare è senz'altro rappresentato dalla compagine degli sponsor, dal loro livello di esperienza nello sviluppo di iniziative analoghe o simili a quelle oggetto d'investimento, e dal livello di partecipazione finanziaria all'iniziativa che determina ovviamente il livello di rischio finanziario assunto dagli sponsor e quindi di "commitment" sull'iniziativa.

Si parta dal presupposto che un'operazione di "project financing" ha normalmente dimensioni economiche rilevanti e richiede la partecipazione di soggetti che hanno competenze differenti e, spesso, interessi divergenti che devono necessariamente trovare un punto di equilibrio per consentire una corretta gestione del progetto.

Si pensi ad esempio al caso di un progetto satellitare che abbia tra gli sponsor una società manifatturiera spaziale e un operatore satellitare, gli interessi di questi soggetti saranno necessariamente divergenti in quanto lo sponsor manifatturiero cercherà di massimizzare il proprio ritorno economico nella fase di implementazione industriale dell'iniziativa, mentre l'operatore satellitare cercherà di ridurre i costi e i tempi di sviluppo dell'infrastruttura per massimizzare il ritorno sull'investimento, ritorno che verrà peraltro valutato in una logica di lungo periodo legata all'operatività commerciale del sistema che, di per se, è una logica estranea a quella della società manifatturiera.

È pertanto fondamentale che i soggetti detentori delle competenze necessarie a sviluppare l'iniziativa siano parte della compagine degli sponsor e, possibilmente, partecipino adeguatamente al finanziamento dell'iniziativa.

Atro elemento importante da analizzare è rappresentato dagli aspetti normativi e regolamentari, in quanto essi possono impattare notevolmente sui tempi di sviluppo dell'iniziativa e talvolta possono mettere a repentaglio il buon esito dei programmi.

Si pensi, ad esempio, alle problematiche import-export legate ai programmi satellitari che impiegano materiali soggetti alla normativa EAR o ITAR degli USA, o alle problematiche normative, sia a livello internazionale (ITU) sia a livello nazionale, connesse all'allocazione e all'utilizzo delle frequenze, o ai permessi necessari per il dispiegamento delle infrastrutture di terra necessarie per la fornitura di servizi nell'ambito di programmi di telecomunicazione o di navigazione satellitare.

Tutti questi aspetti dovranno essere chiaramente analizzati e valutati soprattutto per quanto riguarda gli impatti che gli stessi possono avere sui tempi di sviluppo dell'iniziativa, un aspetto, questo, fondamentale, soprattutto nelle iniziative di natura commerciale dove il "time to market" del servizio offerto è un fattore critico di successo per l'iniziativa.

Sarà inoltre importante descrivere l'impianto contrattuale dell'iniziativa, parten- do dal contratto di fornitura dell'infrastruttura (oggetto della fornitura, prezzo, tem- pistica, sistema delle penali, garanzie ecc.) che dovrà fornire adeguata sicurezza ai finanziatori, e alle banche in particolare, riguardo ai costi e ai tempi di sviluppo del- l'infrastruttura, per arrivare a quelli relativi ai contratti di cessione dei servizi che dovranno essere, ove possibile, finalizzati, almeno in parte, in corrispondenza della sottoscrizione delle convenzioni di finanziamento.

Rientra, infine, nella valutazione degli aspetti contrattuali e legali dell'iniziativa il cosiddetto "security package", ovvero il sistema di garanzie contrattuali e reali di vario tipo che viene strutturato nell'ambito delle operazioni di finanza di progetto e che rappresenta, de-facto, l'unico strumento di mitigazione dei rischi associati al progetto stesso.

7.3.7
Esempio di "business case"

Il business case che si andrà a esaminare a titolo di esempio è rappresentato dal- la progettazione, costruzione e gestione di un sistema satellitare per servizi di co- municazione a banda larga con copertura multi spot su Europa, Africa e Medio Oriente.

Il finanziamento del progetto avviene su base "project finance", con apporti di capitale di rischio da parte degli sponsor/azionisti della società progetto e di finanziamenti bancari.

Il valore dell'iniziativa ammonta a 330 milioni di euro e comprende i costi per la realizzazione dell'infrastruttura (segmento spaziale e segmento di terra, descrit- ti nel proseguo), il servizio di lancio e i premi assicurativi, le spese di sviluppo progettuale, le spese pre-operative e gli interessi maturati durante il periodo di costruzione.

Il valore dell'iniziativa non include i costi di sviluppo (costruzione e installazio- ne) della rete di terra, che il "business plan" prevede siano a carico degli operatori locali.

Per la realizzazione del progetto i suoi promotori hanno costituito una società veicolo, una SPV denominata SAT-Pro, che riceverà quindi i finanziamenti necessari alla copertura dei fabbisogni sopra identificati e stipulerà i contratti attivi e passivi descritti nel proseguo.

Il sistema SAT-Pro

Il sistema è costituito da due principali segmenti, quello spaziale e quello di terra.

Il segmento spaziale, di proprietà della SPV, è rappresentato da un satellite geo- stazionario per telecomunicazioni e da un centro di controllo a terra (NCC "Network Control Center") con funzioni di controllo del satellite e allocazione della sua capacità trasmissiva agli operatori di telecomunicazioni.

Il segmento di terra comprende le stazioni, "gateway", necessarie per la gestione e il controllo della rete degli operatori e dei terminali fissi e mobili di telecomunicazione collegati con tale rete.

Il "business plan" assume che il segmento di terra venga sviluppato da una rete di operatori regionali che, dislocati nei paesi coperti dal servizio, stipuleranno dei contratti pluriennali di servizio con la SPV.

Il business plan prevede quindi che tali operatori abbiano la proprietà e quindi finanzino la costruzione delle stazioni di terra e distribuiscano agli utenti finali del servizio i terminali fissi e mobili di telecomunicazione, gli "end-user terminals".

I costi connessi allo sviluppo del segmento di terra non sono quindi considerati nel business case descritto nel proseguo.

La società progetto SPV

La società progetto, denominata SAT-Pro, ha sede nel paese Alfa, dove può beneficiare di un regime fiscale favorevole.

I suoi azionisti di riferimento, o sponsor strategici, sono la società Sat-Manufacturing S.A., una primaria società manifatturiera di satelliti che svilupperà e costruirà per conto della SPV la costruzione del segmento spaziale, la Gat-Manufacturing Ltd, società produttrice di gateway e terminali utente che fornirà agli operatori il segmento di terra necessario per la fornitura dei servizi di telecomunicazione via satellite, due operatori regionali di telecomunicazioni, Sat-Service X e Sat-Service Y, che avranno, rispettivamente, i diritti esclusivi di distribuzione dei servizi di telecomunicazione della SAT-Pro in alcuni paesi coperti dal servizio.

A fronte di un costo totale d'investimento di 330 milioni di euro, gli sponsor strategici si sono impegnati a finanziare la Sat-Pro, con capitale di rischio, "equity", sino a 100 milioni di euro, la rimanente quota d'investimento è previsto venga finanziata per 200 milioni di euro tramite finanziamenti bancari, "debt", e per la rimanente quota di 30 milioni di euro attraverso finanziamenti per la ricerca e sviluppo erogati da alcuni enti istituzionali.

Il rapporto "debt / equity" presenta quindi un'elevata leva finanziaria.

L'investimento

I costi totali da finanziare ammontano a 330 milioni di euro e comprendono:

	Costo (milioni di €)
Satellite	147
Centro di controllo (NCC)	54
Servizio di Lancio	82
Assicurazioni	37
LEOP + Commissioning	10
Costo totale progetto	330

Il periodo d'investimento (fase di costruzione) è di due anni, il periodo di gestione (commercializzazione del servizio), sebbene la vita utile del satellite sia stimata in circa quindici anni, è stato prudenzialmente determinato in tredici anni per tenere conto di eventuali deterioramenti della capacità trasmissiva del satellite nella fase finale della sua vita operativa.

Data la tipologia di investimento realizzato non è prevista una fase di avviamento, infatti una volta completato, lanciato e testato in orbita è previsto che il satellite operi al 100% della propria capacità trasmissiva.

La pianificazione temporale delle attività di costruzione e lancio del sistema è indicata nella figura seguente.

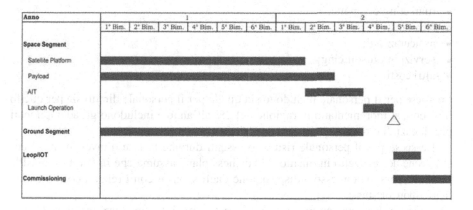

Fig. 7.3 Fasi di implementazione del sistema SAT-Pro

I ricavi

I ricavi della SPV sono stimati assumendo che la fornitura del servizio avvenga in tre aree geografiche differenti, nelle quali ci si attende una crescita elevata della domanda, con un trend tale da saturare la capacità trasmissiva del satellite già alla fine del quarto anno di commercializzazione del servizio.

A partire dal quinto anno i ricavi sono previsti stabili proprio in funzione di tale saturazione, mentre la domanda per i servizi offerti è prevista sempre in crescita elevata e quindi tale da offrire ampi margini di sicurezza rispetto al livello dei ricavi attesi.

Le ipotesi di ricavo assumono una penetrazione di mercato da parte della SPV nell'ordine del 30% della domanda potenziale complessiva prevista nelle tre aree geografiche di copertura del servizio, distinta per categorie di utenti.

La domanda globale è stata valutata attraverso studi di mercato specifici, "primary research", commissionati ad hoc dalla SPV a primarie società di consulenza.

I ricavi del primo anno di operatività commerciale (ovvero del terzo anno di piano) sono pari al 50% di quelli del secondo anno di operatività in quanto si ritiene che il servizio venga erogato a partire dal secondo semestre.

Il modello di business della SPV assume che quest'ultima operi come fornitore di capacità a livello "wholesale" e venda quindi la capacità trasmissiva a dei service provider regionali che, a loro volta, offriranno servizi di telecomunicazioni fisse e mobili agli utenti finali; la SPV non è quindi coinvolta nella fornitura di servizi su base "retail", ovvero offerti direttamente agli utenti finali.

I costi operativi

I costi operativi della SPV sono divisi nelle sette voci sotto identificate:

- personale;
- manutenzione;
- marketing e vendite;
- royalties;
- assicurazioni;
- servizi in outsourcing;
- altri costi.

Le spese per il personale includono sia quelle per il personale diretto sia per quello indiretto, si incrementano in ragione del 2% all'anno e includono gli adempimenti previdenziali e fiscali.

Le spese per il personale risultano assenti durante la fase d'investimento / costruzione del progetto in quanto il "business plan" assume che in tale fase la SPV ricorra a personale messo a disposizione dagli sponsor con i relativi costi a carico degli sponsor stessi.

Le spese di manutenzione sono relative ai servizi di manutenzione al NCC, agli aggiornamenti dei software, alla manutenzione degli uffici e degli impianti generali.

Le spese di manutenzione del NCC sono calcolate parametricamente in funzione del valore del NCC stesso.

Le spese di manutenzione si incrementano del 3% all'anno in linea con gli incrementi medi registrati in aziende operanti nel medesimo settore.

Le spese di marketing e vendita sono calcolate in misura del 5% dei ricavi, includono le spese di distribuzione, le spese pubblicitarie e quelle per le attività promozionali; il valore delle spese di marketing e vendita risulta contenuto in considerazione del business model della società, basato come detto sull'erogazione di servizi a dei service provider e non a una clientela "retail".

La voce "royalties" include gli importi che la Sat-Pro si è impegnata a corrispondere agli enti pubblici che è previsto eroghino i finanziamenti a copertura di alcuni costi non ricorrenti (costi di ricerca e sviluppo del satellite).

Le "royalties" sono calcolate in percentuale sui ricavi che la società progetto svilupperà nel periodo di piano (13 anni).

Le spese assicurative riguardano principalmente l'assicurazione del satellite contro i rischi connessi al lanciatore, "Launch Insurance", e alle attività LEOP, sino al posizionamento del satellite nell'orbita definitiva.

Tali spese sono da considerarsi come una voce d'investimento e quindi sono rappresentate nella tavola fonti impieghi alla voce "Insurance".

I premi assicurativi relativi a tale copertura sono stati stimati in funzione del valore di ricostruzione del satellite, del costo di un nuovo lancio e del valore del corrispondente premio assicurativo.

Le spese assicurative che sono invece rappresentate nella tavola di conto economico afferiscono le polizze di responsabilità civile, per danni al centro di controllo, per rischi politici e per rischi generali legati al business della società; esse ammontano a 3 milioni di euro nel primo anno di operatività del servizio e si incrementano in ragione dell'1% all'anno.

Il business plan della SAT-Pro non prevede coperture assicurative per eventuali degradazioni prestazionali del satellite nel corso della sua vita operativa.

Le spese per i servizi in outsourcing sono state stimate in circa 3 milioni di euro all'anno.

La voce "altre spese" include eventuali altre spese operative che dovranno essere sostenute dalla società progetto, anche per tale voce è previsto un incremento annuo del 2%.

Le spese d'ammortamento degli investimenti è stabilito in circa 8% all'anno, si prevede quindi che l'investimento, dal punto di vista economico, sarà recuperato in tredici anni.

Il carico fiscale è pari al 35% degli utili e non varia durante la vita del progetto.

Gli oneri e proventi finanziari sono calcolati al tasso d'interesse annuo, rispettivamente, del 5% e 3%.

Modello Economico-Finanziario

Il modello economico-finanziario è costituito sostanzialmente da:

- una tavola Fonti – Impieghi, "Sources & Uses of Funds", che evidenzia il fabbisogno dei fondi per la realizzazione dell'infrastruttura, il CAPEX "Capital Expenditures", e le differenti fonti dalle quali dalle quali sarà possibile acquisire i finanziamenti (Fig. 7.4);
- una tavola di Conto-Economico che contrappone i costi e i ricavi di competenza del periodo amministrativo e illustra quindi il risultato economico della gestione negli anni di piano. Il conto economico in particolare individua tutti i fattori che hanno contribuito al ciclo gestionale e permette d'individuare i risultati parziali di tutte le fasi gestionali in cui può essere scomposta l'attività dell'impresa (Fig. 7.5);
- una tavola di Stato Patrimoniale che fotografa la situazione patrimoniale dell'impresa in un dato momento, mettendo a confronto attività e passività. Attraverso questa tavola è possibile individuare quali sono le fonti di finanziamento e gli investimenti effettuati dall'impresa (Fig. 7.6);
- una tavola di "Cash Flow" che rappresenta l'ammontare delle disponibilità finanziarie che si generano nell'impresa in un determinato periodo di tempo. Corrisponde al saldo tra le entrate correnti (ricavi di esercizio) e le uscite correnti (costi di competenza del periodo) che hanno generato un esborso finanziario. Nell'analisi degli investimenti la tavola di cash flow individua tutte le entrate (incassi) e le uscite (esborsi) che si generano durante la vita operativa del progetto (Fig. 7.7);

- una tavola riepilogativa delle risultanze del modello economico finanziario che comprende due categorie di indicatori: quelli di redditività dell'investimento e quelli di copertura finanziaria del progetto (Fig. 7.8).

Gli indici di redditività sono rappresentati dall'Internal Rate of Return IRR, che corrisponde al tasso d'interesse che rende nulla la somma algebrica dei flussi di cassa attualizzati del progetto e dal "Net Present Value" NPV che è la somma algebrica dei flussi di cassa del progetto attualizzati a un tasso pari al costo opportunità del capitale, "cut off rate".

L'IRR e il NPV sono indicatori che vengono calcolati per verificare la convenienza da parte dei promotori alla realizzazione del progetto, mettono quindi in evidenza la capacità del progetto di creare ricchezza e solo indirettamente esprimono la capacità di quest'ultimo di rimborsare e remunerare il capitale di debito.

Questo secondo, importante aspetto, è invece valutabile attraverso gli indici di copertura del debito, che rappresentano in particolare per le banche un elemento fondamentale di valutazione della viabilità di una iniziativa.

I principali indici di copertura sono il Pcr "Project cover ratio", che esprime il rapporto tra il valore attuale netto dei flussi di cassa di tutta la vita del progetto e il valore attuale del debito; l'Adscr "Annual debt service cover ratio" che misura il rapporto tra il flusso di cassa del progetto (al netto delle imposte) in un dato anno e il servizio del debito totale dell'anno; e il Lldscr "Loan life debt service cover ratio" che misura il rapporto tra il valore attuale netto dei flussi di cassa per la durata dei finanziamenti e il valore del debito all'inizio del periodo di attualizzazione.

L'analisi finanziaria basata su tali ipotesi evidenzia un ritorno sull'investimento IRR pari a circa il 28%, che risulta molto superiore al profilo di redditività di iniziative con caratteristiche analoghe nel medesimo settore.

L'analisi evidenzia un'iniziativa caratterizzata da un buon profilo di redditività e flussi di cassa significativi già a partire dal quarto e quinto anno, circostanza che consente agli azionisti di minimizzare i tempi di recupero del capitale investito, il "payback period", e quindi di contenere, stante la redditività complessiva dell'iniziativa, la rischiosità del progetto dal punto di vista temporale.

Il grado di "leverage" del progetto è abbastanza basso, anche per effetto dei contributi pubblici a copertura di parte dei costi di ricerca e sviluppo.

Gli indici di copertura del debito offrono elevati margini di sicurezza in considerazione dei "cash-flow" attesi e della leva finanziaria abbastanza limitata.

Nella valutazione di un "business plan" l'analisi delle tavole sopra descritte è assolutamente fondamentale.

Esse, infatti, quantificano lungo l'orizzonte temporale di pianificazione del progetto la redditività attesa sull'investimento, il fabbisogno finanziario dell'iniziativa e le fonti di finanziamento della stessa, che come è stato precedentemente visto sono sostanzialmente raggruppabili nelle due categorie di capitale di rischio, "equity", apportato dagli sponsor del progetto e dal capitale di debito, rappresentato principalmente da finanziamenti bancari strutturati in funzione dei previsti flussi di cassa del progetto.

Ovviamente il modello si basa su assunzioni che debbono essere verificate dagli attori principali del progetto ed eventualmente adattate a nuovi scenari di riferimento progettuale che si dovessero verificare nello sviluppo dell'iniziativa. Il modello è quindi fondamentale non solo perché rispecchia la situazione del progetto nella sua configurazione iniziale ma perché sintetizza la struttura contrattuale del progetto e gli interessi delle varie parti in esso coinvolte in maniera dinamica, e quindi muta in funzione dei nuovi scenari di mercato, finanziari e contrattuali che dovessero verificarsi nella fase di strutturazione del progetto.

SATPRO PROJECT

YEAR	1	2	3	4	5	6	7	8	9	10	11	12	13	14	15	tot.
Satellite	80,00	67,00	0,00	0,00	0,00	0,00	0,00	0,00	0,00	0,00	0,00	0,00	0,00	0,00	0,00	147,00
Launch + Leop / Commissioning	0,00	92,00	0,00	0,00	0,00	0,00	0,00	0,00	0,00	0,00	0,00	0,00	0,00	0,00	0,00	92,00
Insurance	0,00	37,00	0,00	0,00	0,00	0,00	0,00	0,00	0,00	0,00	0,00	0,00	0,00	0,00	0,00	37,00
SPACE SEGMENT	80,00	196,00	0,00	0,00	0,00	0,00	0,00	0,00	0,00	0,00	0,00	0,00	0,00	0,00	0,00	276,00
GROUND SEGMENT	24,00	30,00	0,00	0,00	0,00	0,00	0,00	0,00	0,00	0,00	0,00	0,00	0,00	0,00	0,00	54,00
TOTAL FINANCIAL REQUIREMENTS	104,00	226,00	0,00	0,00	0,00	0,00	0,00	0,00	0,00	0,00	0,00	0,00	0,00	0,00	0,00	330,00
Long Term Debt	24,00	176,00	0,00	0,00	0,00	0,00	0,00	0,00	0,00	0,00	0,00	0,00	0,00	0,00	0,00	200,00
Equity + R&D Funding	80,00	50,00	0,00	0,00	0,00	0,00	0,00	0,00	0,00	0,00	0,00	0,00	0,00	0,00	0,00	130,00
TOTAL SOURCES	104,00	226,00	0,00	0,00	0,00	0,00	0,00	0,00	0,00	0,00	0,00	0,00	0,00	0,00	0,00	330,00

Fig. 7.4 Tavola Fonti – Impieghi

SATPRO PROJECT

YEAR	1	2	3	4	5	6	7	8	9	10	11	12	13	14	15
Revenues	0,00	0,00	51,00	110,16	123,55	138,77	138,77	138,77	138,77	138,77	138,77	138,77	138,77	138,77	138,77
Area 1	0,00	0,00	25,00	54,00	58,32	62,99	62,99	62,99	62,99	62,99	62,99	62,99	62,99	62,99	62,99
Area 2	0,00	0,00	16,00	34,56	39,74	45,71	45,71	45,71	45,71	45,71	45,71	45,71	45,71	45,71	45,71
Area 3	0,00	0,00	10,00	21,60	25,49	30,08	30,08	30,08	30,08	30,08	30,08	30,08	30,08	30,08	30,08
Operating Expenses															
Personnel expenses	0,00	0,00	5,00	5,10	5,20	5,31	5,41	5,52	5,63	5,74	5,86	5,98	6,09	6,22	6,34
Maintenance	0,00	0,00	0,54	0,56	0,58	0,61	0,64	0,68	0,71	0,75	0,78	0,82	0,86	0,91	0,95
Marketing and Sales	0,00	0,00	2,55	5,51	6,18	6,94	6,94	6,94	6,94	6,94	6,94	6,94	6,94	6,94	6,94
Royalties	0,00	0,00	1,02	2,20	2,47	2,78	2,78	2,78	2,78	2,78	2,78	2,78	2,78	2,78	2,78
Insurances	0,00	0,00	3,00	3,03	3,06	3,09	3,12	3,15	3,18	3,22	3,25	3,28	3,31	3,35	3,38
Outsourced services	0,00	0,00	3,00	3,00	3,00	3,00	3,00	3,00	3,00	3,00	3,00	3,00	3,00	3,00	3,00
Others	0,00	0,00	0,50	0,51	0,52	0,53	0,54	0,55	0,56	0,57	0,59	0,60	0,61	0,62	0,63
Total Operating Expenses	0,00	0,00	15,61	19,91	21,02	22,25	22,43	22,62	22,80	22,99	23,19	23,39	23,59	23,81	24,02
EBITDA	0,00	0,00	35,39	90,25	102,54	116,51	116,33	116,15	115,97	115,77	115,58	115,38	115,17	114,96	114,75
Depreciation & Amortisation	0,00	0,00	25,38	25,38	25,38	25,38	25,38	25,38	25,38	25,38	25,38	25,38	25,38	25,38	25,38
EBIT	0,00	0,00	10,01	64,87	77,15	91,13	90,95	90,77	90,58	90,39	90,19	89,99	89,79	89,58	89,36
Long term debt interests	0,00	0,00	10,28	9,20	8,07	6,89	5,64	4,33	2,96	1,51	0,00	0,00	0,00	0,00	0,00
Financial earnings	0,00	0,00	-0,07	0,64	1,52	2,58	3,63	4,67	5,69	6,69	8,60	10,52	12,42	14,33	16,57
Net Interests	0,00	0,00	10,35	8,56	6,56	4,30	2,01	-0,34	-2,73	-5,18	-8,60	-10,51	-12,42	-14,33	-16,57
EARNINGS BEFORE TAX	0,00	0,00	-0,35	56,30	70,59	86,82	88,94	91,11	93,31	95,57	98,80	100,51	102,21	103,90	105,93
Income Tax	0,00	0,00	0,00	19,71	24,71	30,39	31,13	31,89	32,66	33,45	34,58	35,18	35,77	36,37	37,08
NET INCOME	0,00	0,00	0,00	36,60	45,89	56,44	57,81	59,22	60,65	62,12	64,22	65,33	66,44	67,54	68,86

Fig. 7.5 Tavola di Conto Economico

SATPRO PROJECT

YEAR	1	2	3	4	5	6	7	8	9	10	11	12	13	14	15
Cash	0,00	0,00	(2,11)	22,01	52,23	89,45	126,87	164,44	202,13	239,91	309,29	379,80	451,44	524,21	609,89
Accounts receivable	0,00	0,00	8,50	26,86	47,45	70,58	93,71	116,84	139,96	163,09	186,22	209,35	232,47	255,60	267,17
Other current assets	0,00	0,00	0,00	0,00	0,00	0,00	0,00	0,00	0,00	0,00	0,00	0,00	0,00	0,00	0,00
TOTAL CURRENT ASSETS	0,00	0,00	6,39	48,87	99,68	160,03	220,58	281,28	342,10	403,00	495,50	589,14	683,91	779,81	877,05
Fixed Asset	104,00	330,00	330,00	330,00	330,00	330,00	330,00	330,00	330,00	330,00	330,00	330,00	330,00	330,00	330,00
Depreciation	0,00	0,00	25,38	50,77	76,15	101,54	126,92	152,31	177,69	203,08	228,46	253,85	279,23	304,62	330,00
TOTAL NET FIXED ASSETS	104,00	330,00	304,62	279,23	253,85	228,46	203,08	177,69	152,31	126,92	101,54	76,15	50,77	25,38	0,00
TOTAL ASSETS	104,00	330,00	311,01	328,10	353,52	388,49	423,65	458,97	494,40	529,93	597,04	665,30	734,68	805,19	877,05
Accounts payable	0,00	0,00	1,95	4,44	7,07	9,85	12,65	15,48	18,33	21,20	24,10	27,03	29,98	32,95	35,95
TOTAL CURRENT LIABILITIES	0,00	0,00	1,95	4,44	7,07	9,85	12,65	15,48	18,33	21,20	24,10	27,03	29,98	32,95	35,95
Bank facility	24,00	200,00	179,06	157,06	133,97	109,73	84,27	57,54	29,47	0,00	0,00	0,00	0,00	0,00	0,00
LONG TERM DEBT	24,00	200,00	179,06	137,06	133,97	109,73	84,27	57,54	29,47	0,00	0,00	0,00	0,00	0,00	0,00
TOTAL LIABILITIES	24,00	200,00	181,01	161,50	141,04	119,58	96,92	73,02	47,80	21,20	24,10	27,03	29,98	32,95	35,95
Equity	80,00	130,00	130,00	130,00	130,00	130,00	130,00	130,00	130,00	130,00	130,00	130,00	130,00	130,00	130,00
Retained earnings (losses)	(0,00)	(0,00)	(0,00)	36,60	82,48	138,92	196,73	255,95	316,60	378,72	442,94	508,27	574,71	642,24	711,10
TOTAL EQUITY	80,00	130,00	130,00	166,60	212,48	268,92	326,73	385,95	446,60	508,72	572,94	638,27	704,71	772,24	841,10
TOTAL LIABILITIES AND EQUITY	104,00	330,00	311,01	328,10	353,52	388,49	423,65	458,97	494,40	529,93	597,04	665,30	734,68	805,19	877,05

Fig. 7.6 Tavola dello Stato Patrimoniale

SATPRO PROJECT

YEAR	1	2	3	4	5	6	7	8	9	10	11	12	13	14	15
Net Income	(0,00)	(0,00)	0,00	36,60	45,89	56,44	57,81	59,22	60,65	62,12	64,22	65,33	66,44	67,54	68,86
Depreciation	0,00	0,00	25,38	25,38	25,38	25,38	25,38	25,38	25,38	25,38	25,38	25,38	25,38	25,38	25,38
Changes in NWC	0,00	0,00	6,55	15,87	17,97	20,35	20,32	20,30	20,28	20,25	20,23	20,20	20,18	20,15	8,56
Cash flow from Operating Activities	(0,00)	(0,00)	18,84	46,11	53,31	61,47	62,87	64,30	63,76	67,25	69,37	70,51	71,64	72,77	85,68
Total Fixed Assets	104,00	226,00	0,00	0,00	0,00	0,00	0,00	0,00	0,00	0,00	0,00	0,00	0,00	0,00	0,00
Cash Flow from Investing Activities	104,00	226,00	0,00	0,00	0,00	0,00	0,00	0,00	0,00	0,00	0,00	0,00	0,00	0,00	0,00
Long term debt proceeds	24,00	176,00	0,00	0,00	0,00	0,00	0,00	0,00	0,00	0,00	0,00	0,00	0,00	0,00	0,00
Long term debt repayment	0,00	0,00	20,94	21,99	23,09	24,25	25,46	26,73	28,07	29,47	0,00	0,00	0,00	0,00	0,00
Equity + R&D Funding	80,00	50,00	0,00	0,00	0,00	0,00	0,00	0,00	0,00	0,00	0,00	0,00	0,00	0,00	0,00
Cash From Financing Activities	104,00	226,00	(20,94)	(21,99)	(23,09)	(24,25)	(25,46)	(26,73)	(28,07)	(29,47)	0,00	0,00	0,00	0,00	0,00
Cash beginning of year	0,00	0,00	0,00	(2,11)	22,01	52,23	89,45	126,87	164,44	202,13	239,91	309,29	379,80	451,44	524,21
Cash in the year	0,00	0,00	(2,11)	24,12	30,22	37,23	37,42	37,57	37,69	37,78	69,37	70,51	71,64	72,77	85,68
Cash end of year	0,00	0,00	(2,11)	22,01	52,23	89,45	126,87	164,44	202,13	239,91	309,29	379,80	451,44	524,21	609,89

Fig. 7.7 Tavola di Cash Flow

SATPRO PROJECT

Timing		Debt service assumptions	
Project life span (years)	15	Starting Point of Repayment (year)	3,0
Investment Period (years)	2	LT Debt Interest rate p.a.	5%
Investment costs		**Ratios**	
Space segment	276	Project IRR	28,5%
Ground Segment	54	Project NPV @ 10%	413,9
Total Investment (capital goods)	330		
Depreciation (linear)		**Debt ratios**	
Space Segment	13	Lldscr	2,29
Ground segment	13	PCR	3,12
Intangible assets	0		
Working capital assumptions		**ADSCR**	
Accounts receivable (days)	120	Year 3	1
Accounts payable (days)	90	Year 4	2
		Year 5	2
CAPEX Coverage (investment period)		Year 6	3
Equity	61%	Year 7	3
Debt	39%	Year 8	3
		Year 9	3
		Year 10	3

Fig. 7.8 Tavola delle assunzioni e degli indicatori progettuali

Acronimi

Acronimo	Definizione
ADCS	Attitude Determination and Control System
Adscr	Annual debt service cover ratio
AGREE	Affidabilità delle Attrezzature Elettroniche
AIT	Assembly, Integration & Test
AIV	Assembly, Integration & Validation
AOCS	Attitude and Orbit Control System
AR	Acceptance Review
ASI	Agenzia Spaziale Italiana
ATP	Authorisation To Proceed
ATV	Automated Transfer Vehicle
B-2-B	Business To Business
BUS	Piattaforma Satellitare
CAPEX	Capital Expenditure
CASC	China Aerospace Corporation
CBS	Cost Breakdown Structure
CCN	Contract Change Notice
CDR	Critical Design Review
CEO	Chief Executive Officier
CER	Cost Estumating Relationship
CGWIC	China Great Wall Industry Corporation
CIA	Central Intelligence Agency
CIPE	Comitato Interministeriale Prezzi
CNES	Centre National des Etudes Spatiales
CNSA	China National Space Agency
CPU	Computer Power Unit
CR	Change Request
CRYO	Cryogenic
CSG	Centre Spatial Guyanese
DD	Definition Document

Acronimo	Definizione
DDQC	Design Development and Qualification Cost
DEV	Development
DISPC	Cost of Disposal operations
DLR	German Aerospace Agency
DOC	Direct Operations Cost
DoD	Department of Defence
DTH	Direct To Home
DVS	Documento di Visione Strategica
EAC	European Astronaut Center
EAR	Export Administration Regulations
ECSS	European Cooperation for Space Standardisation
EIM	Engineering Interface Model
ELDO	European Launcher Development Organisation
ELV	Primo contraente dell'ESA per lanciatore Vega
EM	Engineering Model
ENG	Engineering ovvero Engine
EQM	Engineering Qualification Model
ERNO	ERNO Raumfahrttechnik GmbH
ESA	Agenzia Spaziale Europea
ESO	European Southern Observatory
ESOC	European Space Operations Center
ESP	European Space Port
ESP	European Space Policy
ESPI	European Space Policy Institute
ESRIN	European Space Research Institute
ESRO	European Satellite Research Organisation
ESTEC	European Space and Technology center
EU	European Union
Eumetsat	European Meteorological Satellite Organisation
EutelSat	European Telecommunication Satellite Organisation
FES	CER Figure for Engine with Solid propellant
FFP	Firm Fix Price
FM	Flight Model
FOC	Full Orbital Constellation
FRR	Flight Readiness Review
FY00K$	Migliaia di dollari USA riferiti all'anno 2000
GANTT	Diagramma di Henry Laurence Gantt
GLOW	Gross Lift Off Weight (massa al decollo di un Lanciatore)
GMES	Global Monitoring Environment & Security
GOV	Governativa
GPS	Global Positioning System

Acronimo	Definizione
GSA	Galileo Supervisory Authority
GSE	Ground Support Equipment
GSLV	Geostationnary Satellite Launch Vehicle
GSM	Global System for Mobile Communications
GTO	Geostationnary Transfer Orbit
H/W	Hardware
IA&T	Integration, Assembly and Test
ICD	Interface Control Document
ILS	International Launch Services
IM	Integrated Model
IntelSat	International Telecommunication Satellite Organisation
IOD	In-Orbit-Delivery
IOP	Indirect Cost of Operations
IOT	In-Orbit-Testing
IRL	Integration Readiness Level
IRR	Internal Rate of Return
ISAS	Institute of Space and Aeronautical Science
ISO	International Organization for Standardization
ISRO	Agenzia Spaziale Indiana
ISS	International Space Station
ITAR	International Traffic in Arms Regulations
ITU	International Communication Union
LCC	Lyfe Cycle Cost
LEM	Modulo Lunare di discesa
LEO	Low Earth Orbit
LEOP	Low Earth Orbit Phases
Lldscr	Loan life debt service cover ratio
LSC	Launch Services Contract
LSP	Launch Services Provider
LV	Launch Vehicle
JAXA	Japan Aerospace eXploration Agency
JV	Joint Venture
MBB	Messerschmitt Bolkow Blohm
MeteoSat	Meteorological Satellite
Meuro	Milioni di Euro
MIUR	Ministero Istruzione Università e Ricerca
MYr	Man Year
MMI	Man-Machine Interfaces
NAL	National Aerospace Laboratory
NASA	National Aeronautics & Space Administration
NASDA	National Space Development Agency
NCC	Network Control Center

Acronimo	Definizione
NPV	Net Present Value
NRC	Non Recurring Cost
NRO	National Recoinnesance Office
OBDH	On Board Data Handling
OCOE	Overall Check Out Equipment
OMB	Office of Management & Budget
OPERC	Operations Cost
ORR	Operational Readiness Review
OTS	Operational Telecommunication Satellite
PA	Product Assurance
PC	Personal Computer
PCD	Production Control Document
Pcr	Project cover ratio
PCR	Production Configuration Review
PDR	Preliminary Design Review
PERT	Program Evaluation and Review Technical
PFM	Proto Flight Model
PIL	Prodotto Interno Lordo
PRODC	Production Cost
PSN	Piano Spaziale Nazionale
PSS	Price Standard Sheets
QM	Qualification Model
QR	Qualification Review
RC	Recurring Cost
RCT	Reaction Control Thruster
RFI	Request For Information
RFP	Request For Proposal
R&S	Ricerca & Sviluppo
RIF	Riferimento
RKA	Agenzia Spaziale Russa
RM	Radiofrequency Model
ROE	Return On Equity
ROI	Return On Investment
RSC	Refurbishment and Spare Cost
RTDE	Research, Technology Development
SAL	Stato Avanzamento Lavori
SCOE	Spacecraft Check Out Equipment
SES	Societe Europeenne des Satellites
S/S	Sottosistema
SM	Structural Model
SMAD	Small Mission Analysis and Design
SMP	Sinistro Massimo Possibile
SOP	Satellite OPerators

Acronimo	Definizione
SOW	Statement of Work
SPC	Science Policy Committee
SPV	Special Purpose Vehicle
SRM	Solid Rocket Motor
SRR	System Requirements Review
SSAC	Space Science Advisory Committee
STD	Standard
SW	Software
SWOT	Strenght, Weakness, Opportunity and Threaths
TCS	Thermal Control System
TEN-T	Trans-EuropeanTransport Network
TFU	Teoretical First Unit cost
TLC	Telecomunicazioni
TM	Thermal Model
TRL	Technology Readiness Level
TSS	Tethered Satellite System
TTC	Telemetry and Telecommand
TV	Televisione
URSS	Unione Repubbliche Socialiste Sovietiche
USA	United States of America
V-2	Velthashaung 2
VEGA	Vettore Europeo di Generazione Avanzata
WBS	Work Breakdown Structure
WP	Work Package

Bibliografia

1. @RISK, commercial Software documentation, Palisade EMEA & India, 31 The Green, West Drayton Middlesex UB7 7PN (UK)
2. ASD Eurospace, RT Priorities 2009, www.asd-europe.org
3. Avallone E., Baumeister T., *Mark's standards handbook for mechanical engineers*, Mcgraw Hill, 1978
4. Balduccini M., "Vega Program Business Plan", Avio Spa, 2002
5. Balduccini M., "Vega Program Risk Analysis", Avio Spa, 2002
6. Chvidichenko I., Chevalier J., *Conduite et Gestione des Projets*, Editions Cépaduès, 1994
7. ECSS, European Cooperation for Space Standardisation, http://www.esa.int/TEC/Software_engineering_and_standardisation/index.html
8. Fava C., "Project Financing", Il Sole 24 Ore, 2002
9. Giuri P., Tomasi C., Dori G., "L'Industria aerospaziale", Il Sole 24 Ore, 2007
10. Greenberg J.S., *Economic principles applied to Space Industry decisions*, P. Zarchan editor in chief, AIAA, Washington, D.C., 1992
11. Griffin H., French J., *FredeSpace Vehicle Design*, American Institute of Aeronautics & Space, 2004
12. Harland D.M., Lorenz R., *Space System failures*, Praxis, 2005
13. Koelle D.E., *Handbook of Cost Engineering for Space Transportation Systems*, TransCostSystems 8.0, Ottobrunn, 2010
14. Levy A., *Management Financier*, Éditions Économica, 1993
15. Malaval H., Benaroya C., *Marketing Aeronautique*, Pearson Education, 2001
16. Marty A., *Systemes Spatiaux*, Masson, 1994
17. Missiroli B., Pansa A., *La difesa europea*, Il Melangolo, 2008
18. Murray B., Bly Cox A., *Apollo*, South Mountain Books, 2004
19. Parkinson R.C., "Cost sensitivity as a selection issue for future economic space transportation systems", paper 45th International Astronautical Congress, Jerusalem October 1994
20. Pelelgrin M., Hollister W., *Coincise Encyclopedia of Aeronautics and Space Systems*, Pergamon Press, 1991 Project and Cost Engineers' Handbook", Dekker, 1993.
21. Ritz G.J., *Total Engineering Project Management*, McGraw-Hill, 1990.
22. Ross D., "Project Management Handbook", Dennis Lock, ed. Cambridge, Gower Technical Press, 1987
23. Spagnulo M., Perozzi E., *Lo Spazio oltre la Terra*, Giunti, 2009
24. Valori E., *Geopolitica dello Spazio*, Rizzoli 2006
25. Ward, Sol., *Cost Engineering for Effective Project Control*, J. Wiley, 1992.
26. Wertz J.R., *Reducing Space Mission Cost*, Space Technology Library, 1996
27. Wertz J.R., *Space Mission Analysis and Design*, 3rd ed., Space Technology Library, 1999
28. Wynant A., Edward A., *Project Management: A Reference for Professionals*, Dekker, 1989

Sitografia

Agenzie Spaziali:
www.nasa.gov
www.asi.it
www.cnes.fr
www.esa.int
www.federalspace.ru/
www.dlr.de
www.jaxa.jp
http://www.cnsa.gov.cn/
http://www.isro.org/
http://www.aeb.gov.br/
http://www.conae.gov.ar/

Enti e istituzioni

www.espi.org
www.eurisy.org
http://ec.europa.eu/enterprise/policies/space/
http://ec.europa.eu/enterprise/policies/space/research/
http://www.eumetsat.int
http://www.inaf.it/
http://www.infn.it/
www.cira.it
www.jpl.nasa.gov

Indice analitico